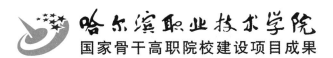

哈尔滨职业技术学院
国家骨干高职院校建设项目成果

给排水与环境工程技术专业

给排水工程施工

马效民　主编

中国铁道出版社
CHINA RAILWAY PUBLISHING HOUSE

内 容 简 介

本书按照高职高专给排水与环境工程技术专业人才培养目标和定位要求,依据《给排水工程施工手册》《给水排水管道工程施工及验收规范》(GB 50268—2008)等编写而成。主要内容包括市政给排水工程施工、建筑给排水工程施工、给排水机械设备安装施工、给排水工程施工组织设计 4 个学习情境。其中,学习情境一包括土方工程施工、降水系统施工、给排水管道及构筑物施工 3 个工作任务;学习情境二包括建筑给水管道工程施工、建筑排水管道工程施工 2 个工作任务;学习情境三包括水泵机组安装施工、非标设备安装施工 2 个工作任务;学习情境四包括编制施工进度计划横道图、编制施工进度计划网络图、编写单位工程施工方案 3 个工作任务。

本书适合作为高职高专给排水与环境工程技术专业的教材,侧重培养学生对给排水工程的施工技术与施工组织的能力,以满足企业对学生知识、技能及素质等方面的要求,对于给排水工程技术、给排水与环境工程技术、市政工程等土建类专业群及相关工程技术人员同样具有参考价值。

图书在版编目(CIP)数据

给排水工程施工/马效民主编 . —北京:中国铁道出版社,2016.3
国家骨干高职院校建设项目成果 . 给排水与环境工程技术专业
ISBN 978-7-113-21423-4

Ⅰ. ①给… Ⅱ. ①马… Ⅲ. ①给排水系统—工程施工—高等职业
教育—教材 Ⅳ. ①TU991

中国版本图书馆 CIP 数据核字(2016)第 012005 号

书　　名:	**给排水工程施工**	
作　　者:	马效民　主编	
策　　划:	左婷婷	读者热线:(010) 63550836
责任编辑:	邢斯思　彭立辉	
封面设计:	刘　颖	
封面制作:	白　雪	
责任校对:	汤淑梅	
责任印制:	郭向伟	

出版发行:中国铁道出版社(100054,北京市西城区右安门西街 8 号)
网　　址:http://www.51eds.com
印　　刷:三河市华业印务有限公司
版　　次:2016 年 3 月第 1 版　2016 年 3 月第 1 次印刷
开　　本:880 mm×1 230 mm　　印张:19　字数:438 千
印　　数:1~1 000 册
书　　号:ISBN 978-7-113-21423-4
定　　价:48.00 元

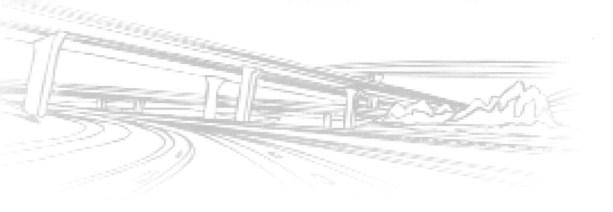

哈尔滨职业技术学院给排水与环境工程技术专业及专业群教材编审委员会

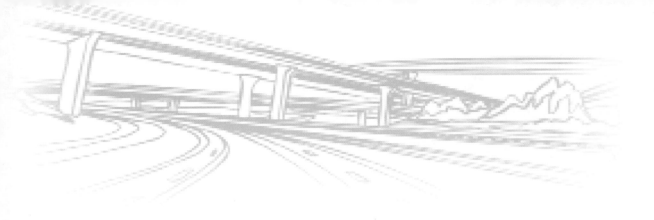

本 书 编 写 组

主　　编：马效民　　（哈尔滨职业技术学院）

副 主 编：林　卓　　（哈尔滨职业技术学院）

　　　　　刘文玲　　（哈尔滨劳动技师学院）

　　　　　陈　洁　　（抚顺市第二中等职业技术专业学校）

参　　编：赵光楠　　（哈尔滨职业技术学院）

　　　　　刘欣铠　　（哈尔滨市建源市政工程规划设计有限责任公司）

　　　　　孙滨成　　（哈尔滨职业技术学院）

　　　　　易津湘　　（哈尔滨职业技术学院）

　　　　　孙淑琴　　（哈尔滨职业技术学院）

主　　审：李晓琳　　（哈尔滨职业技术学院）

　　　　　刘建平　　（哈尔滨市排水有限责任公司）

前 言
FOREWORD

"给排水工程施工"课程是给排水与环境工程技术专业的核心课程，本书根据高职院校培养目标，按照高职院校教学改革和课程改革的要求，本着工学结合，任务驱动，教、学、做一体化教学的原则，充分吸收了近年来给水排水工程建设中的先进技术和施工方法，引入行业标准，在广泛征求行业企业专家意见的基础上编写而成。

本书针对性和实用性强，遵循科学的认知规律，通过对实际工作任务与职业能力的分析，归纳了施工中岗位群的典型工作任务，从而确定学习任务。课程内容基于工作过程而构建，突出对学生自学能力、创新精神和实践技能等职业能力的培养。

本书共设四个学习情境，即市政给排水工程施工、建筑给排水工程施工、给排水机械设备安装施工、给排水工程施工组织设计。涵盖了 10 个工作任务，包括土方工程施工、降水系统施工、给排水管道及构筑物施工、建筑给水管道工程施工、建筑排水管道工程施工、水泵机组安装施工、非标设备安装施工、编制施工进度计划横道图、编制施工进度计划网络图、编写单位工程施工方案。这 10 个任务全部采用任务单、资讯单、信息单、计划单、决策单、实施单、作业单、技术（质量）交底记录、检查单、评价单等工单形式进行编写，参考教学时数为 110 学时。

本书由哈尔滨职业技术学院、哈尔滨市建源市政工程规划设计有限责任公司、哈尔滨市排水有限责任公司、抚顺市第二中等职业技术专业学校和哈尔滨劳动技师学院及黑龙江国润建筑工程有限公司联合编写；由马效民任主编，林卓、刘文玲任副主编；参加编写工作的还有赵光楠、刘欣铠、孙滨成、易津湘、孙淑琴。具体编写分工：马效民编写任务 1、任务 3、任务 4，刘文玲编写任务 2，孙淑琴编写任务 5，易津湘、陈洁编写任务 6，刘欣铠编写任务 7，孙滨成、陈洁编写任务 8，赵光楠编写任务 9，林卓编写任务 10。最后由马效民负责全书统稿和定稿。

本书在编写过程中得到了哈尔滨职业技术学院校长刘敏教授、教务处长孙百鸣教授、建筑工程学院院长李晓琳教授、哈尔滨市建源市政工程规划设计有限责任公司刘欣铠高级工程师、哈尔滨市排水有限责任公司刘建平高级工程师和哈尔滨劳动技师学院兼黑龙江国润建筑工程有限公司刘文玲高级工程师的大力支持和悉心帮助，李晓琳教授和刘建平高级工程师亲自担任了主审，提出了很多宝贵意见和建议，在此表示感谢。在本书的编写过程中，哈尔滨市建源市政工程规划设计有限责任公司和黑龙江国润建筑工程有限公司为我们提供了相关的技术资料，为本书的顺利完成提供了有力的技术保障，在此表示衷心感谢。

由于时间仓促，编者水平有限，书中难免存在疏漏和欠妥之处，恳请读者不吝赐教，多提宝贵意见，以便我们不断改进和完善。

编 者
2015 年 8 月

目 录
CONTENTS

◉学习情境三　给排水机械设备安装施工

◉学习情境四　给排水工程施工组织设计

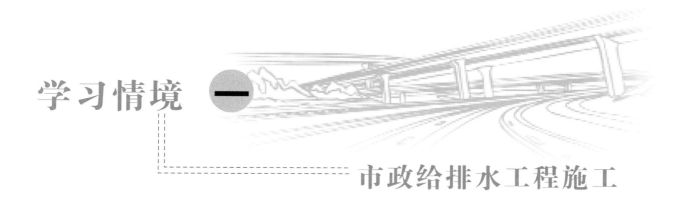

学习情境 一 市政给排水工程施工

学 习 指 南

🔍 学习目标

学生在教师的讲解和引导下,明确工作任务的目的和实施中的关键要素。通过学习,掌握土方工程施工的知识、施工排水及地基处理的手段、给排水管道的开槽和不开槽施工工艺,以及给排水构筑物的施工方法,能够借助工程资料找到完成任务所需的设施、材料、方法,能够最终完成提交土方工程施工技术交底、降水系统施工技术交底、给排水管道及构筑物施工技术交底三项任务。要求在学习过程中锻炼职业素质,做到"严谨认真、吃苦耐劳、诚实守信"。

🛒 工作任务

(1)土方工程施工。
(2)降水系统施工。
(3)给排水管道及构筑物施工。

⬇ 学习情境描述

根据市政给排水工程施工的工作过程选取了"土方工程施工""降水系统施工""给排水管道及构筑物施工"3个工作任务作为载体,使学生通过训练掌握在行业企业中应该做好的市政给排水工程施工有关的工作。学习的内容与组织如下:

(1)学习土方工程施工的知识、施工排水及地基处理的手段、给排水管道的开槽和不开槽施工工艺,以及给排水构筑物的施工方法等内容,通过实际操作掌握市政给排水工程施工技术;

(2)能够借助工程资料找到完成任务所需的设施、材料、方法,完成进行市政给排水工程施工技术交底的任务,使学生对市政给排水工程施工有真实的感受。

任务1 土方工程施工

任 务 单

学习领域	给排水工程施工				
学习情境	市政给排水工程施工		学时		44
工作任务	土方工程施工		任务学时		16
布 置 任 务					
工作目标	1. 能够掌握给排水管道沟槽施工方法 2. 能够检验土方工程施工质量 3. 能够在学习中锻炼职业能力、专业素养和社会能力等				
任务描述	土方工程是给排水管道工程施工中的起点,是其他工程的先行,且工程量较大。根据实际工程资料,其具体工作如下: 1. 确定土方量:分析土的性质与分类,完成土方量的计算 2. 确定土方工程施工工艺 3. 明确土方工程施工质量标准 4. 明确土方工程施工安全技术措施 5. 进行土方工程施工技术交底				
学时安排	资讯	计划	决策	实施	检查	评价
	5 学时	1 学时	2 学时	6 学时	1 学时	1 学时
提供资料	[1] 市政给排水管道工程施工资料. [2] 刘灿生 . 给排水工程施工手册 . 2 版 . 北京:中国建筑工业出版社,2010. [3] 给水排水管道工程施工及验收规范(GB 50268—2008). 北京:中国建筑工业出版社,2009. [4] 虚拟给排水工程施工实训平台.				
对学生的要求	1. 具有工程制图、工程测量、市政给排水管道工程等基本专业理论知识 2. 具有正确识读市政给排水管道工程施工图的能力 3. 具有独立进行工程测量的能力 4. 具有一定的自学能力以及进行基本专业计算的能力 5. 具有良好的与人沟通及语言表达能力 6. 具有团队协作精神及良好的职业道德 7. 能够严格遵守课堂纪律,不迟到,不早退,不旷课 8. 本工作任务学习完成后,需提交土方工程施工技术交底记录				

资 讯 单

学习领域	给排水工程施工		
学习情境	市政给排水工程施工	学　时	44
工作任务	土方工程施工	资讯学时	5
资讯方式	在教材、参考书、专业杂志、互联网及信息单上查询问题;咨询任课教师		
资讯问题	1. 工程中的土包括哪些? 有何性状? 如何识别?		
	2. 沟槽断面的常用形式有哪些? 选择断面形式应考虑哪些因素?		
	3. 沟槽及基坑开挖需要加固的前提是什么? 常用方法有哪些?		
	4. 工程中各种常用支撑方法及适用条件有哪些?		
	5. 如何进行土方量计算?		
	6. 沟槽土方回填应注意的事项及质量要求有哪些?		
	7. 土方工程冬、雨期有哪些注意事项?		
	8. 土方工程的质量要求及安全技术措施是什么?		
	9. 土方工程施工有哪些特点?		
	10. 说明土方调配的意义及其基本原则。		
	11. 土方开挖常用的工程机械有哪些? 说明其特点。		
	12. 影响填方压实的因素有哪些? 怎样控制压实程度?		
	13. 学生需要单独资讯的问题。		
资讯引导	[1] 信息单. [2] 刘灿生. 给排水工程施工手册. 2 版. 北京:中国建筑工业出版社,2010. [3] 给水排水管道工程施工及验收规范(GB 50268—2008). 北京:中国建筑工业出版社,2009. [4] 全国二级建造师执业资格考试用书编写委员会. 市政公用工程管理与实务. 4 版. 北京:中国建筑工业出版社,2013. [5] 全国一级建造师执业资格考试用书编写委员会. 市政公用工程管理与实务. 4 版. 北京:中国建筑工业出版社,2015.		

信 息 单

土方工程是给水排水管道工程施工的起点,是其他分部工程施工的先行,包括场地平整、开挖、运输、填筑、平整与压实等主要施工过程;工程量大,施工工期长,劳动强度大,施工条件复杂,又多为露天作业,施工受地区的气候条件、工程地质及水文地质条件的影响较大。因此,在施工前应根据本地区的工程地质、水文地质条件及施工期间的气候特点,制订合理的施工方案,实行科学管理,以保证工程质量,缩短工期,降低工程成本。

1.1 工程中的土

1.1.1 关于土的资料收集

1. 土的工程分类及现场鉴定方法

土的种类繁多,分类方法也很多,例如,根据土的颗粒级配或塑性指数分类、根据土的沉积年代分类、根据土的工程特点分类等。在土方工程施工中,根据土的坚硬程度和开挖方法将土分为松软土、普通土、坚土、砂砾坚土、软石、次坚石、坚石、特坚石8类。前4类属一般土,后四类属岩石,如表1.1所示。

表 1.1 土的工程分类

土的分类	土的级别	土(岩)的分类	密度/(t·m⁻³)	开挖方法及工具
一类土 (松软土)	I	略有黏性的砂土、粉土、腐殖土及疏松的种植土、泥炭(淤泥)	0.6~1.5	用锹、锄头挖掘,少许用脚蹬
二类土 (普通土)	II	潮湿的黏性土和黄土,软的盐土和碱土,含有建筑材料碎屑、碎石、卵石的堆积土和植土	1.1~1.6	用锹、条锄挖掘,少许用镐翻松
三类土 (坚土)	III	中等密实的黏性土或黄土,含有碎石、卵石或建筑材料碎屑的潮湿的黏性土或黄土	1.8~1.9	主要用镐,少许用锹、条锄挖掘,部分用撬棍
四类土 (砂砾坚土)	IV	坚硬密实的黏性土或黄土,含有碎石、砾石的中等密实黏性土或黄土、硬化的重盐土、软泥灰岩	1.9	整个先用镐、撬棍,后用锹挖掘,部分用楔子及大锤
五类土 (软石)	V~VI	硬的石炭纪黏土;胶结不紧砾岩;软的、节理多的石灰岩及贝壳石灰岩;坚实白垩	1.2~2.7	用镐或撬棍、大锤挖掘,部分用爆破方法
六类土 (次坚石)	VII~IX	坚硬的泥质页岩,坚硬的泥灰岩;角砾状花岗岩;泥灰质石灰岩;黏土质砂岩;云母页岩及砂质页岩;风化花岗岩、片麻岩及正常岩;密石灰岩等	2.2~2.9	用爆破方法开挖,部分用风镐
七类土 (坚石)	X~XIII	白云岩;大理石;坚实石灰岩;石灰质及石英质的砂岩;坚实的砂质页岩;中粗花岗岩等	2.5~2.9	用爆破方法开挖
八类土 (特坚石)	XIV~XVI	坚实细粗花岗岩;花岗片麻岩;闪长岩、坚实角闪岩、辉长岩、石英岩;安山岩、玄武岩;最坚实辉绿岩、石灰岩及闪长岩等	2.7~3.3	用爆破方法开挖

2. 组成

土是由岩石风化生成的松散沉积物,由矿物颗粒(固相)、水(液相)和空气(气相)三部分组成。这三部分之间的比例关系随着周围条件的变化而变化,三者相互间比例不同,反映出土的物理状态也不同,如干燥、稍湿或很湿,密实、稍密或松散。这些指标是最基本的物理性质指标,对评价土的工程性质,进行土的工程分类具有重要意义。

3. 结构

结构主要指土体中土粒的排列与连接,可分为:单粒结构、蜂窝结构、绒絮结构,如图 1.1 所示。

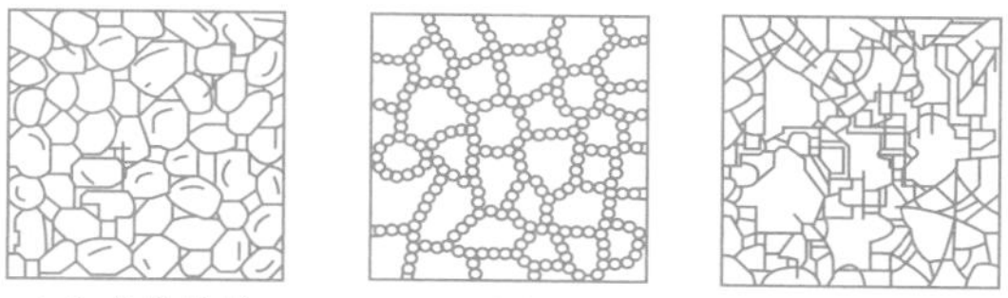

（a）单粒结构 （b）蜂窝结构 （c）绒絮结构

图 1.1 土的结构

具有单粒结构的土是由砂粒等粗土组成,土粒排列越密实,土的强度越大。具有蜂窝结构的土是由粉粒串联而成,存在着大量的空隙,结构不稳定。绒絮结构与蜂窝结构类似,所以研究土的结构对工程施工是非常重要的。

1.1.2 工程性状

土对土方稳定性、施工方法及工程量均有很大影响。

1. 土的质量密度和重力密度

天然状态单位体积土的质量称为土的质量密度,简称土的密度,用符号 ρ 表示。天然状态单位体积土所受的重力称为土的重力密度,简称土的重度,用符号 γ 表示。

$$\rho = m/V \qquad (1.1)$$
$$\gamma = G/V = m \cdot g/V = \rho \cdot g \qquad (1.2)$$

式中:m——土的质量(t);

V——土的体积(m³);

G——土的重力(kN);

g——重力加速度(m/s²)。

天然状态下土的密度值变化较大,通常砂土 $\rho = 1.6 \sim 2.0$ t/m³,黏性土和粉砂 $\rho = 1.8 \sim 2.0$ t/m³。通常砂土 $\gamma = 16 \sim 20$ kN/m³,黏性土和砂土 $\gamma = 18 \sim 20$ kN/m³。

2. 土的天然密度和干密度

土在天然状态下单位体积的质量,称为土的天然密度(简称密度)。一般黏土的密度为 1 800 ~ 2 000 kg/m³,砂土为 1 600 ~ 2 000 kg/m³。土的密度按下式计算:

$$\rho = \frac{m}{V} \qquad (1.3)$$

干密度是土的固体颗粒质量与总体积的比值,用下式表示:

$$\rho_\mathrm{d} = \frac{m_\mathrm{s}}{V} \qquad (1.4)$$

式中:ρ——土的天然密度(kg/m³);

ρ_d——土的干密度(kg/m³);

m——土的总质量(kg);

m_s——土中固体颗粒的质量(kg);

V——土的体积(m³)。

3. 土的含水量

土的含水量是土中水的质量与固体颗粒质量之比,以百分数表示,即

$$\omega = \frac{m_\mathrm{w}}{m_\mathrm{s}} \times 100\% \qquad (1.5)$$

式中：ω——土的含水量；

　　　m_w——土中水的质量（kg）；

　　　m_s——土中固体颗粒的质量（kg）。

一般土的干湿程度用含水量表示。含水量在 5% 以下称为干土；在 5% ~30% 之间称为潮湿土；大于 30% 称为湿土。含水量对土方边坡的稳定性、回填土的夯实等均有影响。在一定含水量的条件下，用同样的夯实机具，可使回填土达到最大的密实度，此含水量称为土的最佳含水量。各类土的最佳含水量如下：砂土为 8% ~12%；粉土为 9% ~15%；粉质黏土为 12% ~15%；黏土为 19% ~23%。

4. 土的渗透性

土的渗透性是指水流通过土中孔隙的难易程度。土的渗透性用渗透系数 K 表示。地下水的流动以及在土中的渗透速度都与土的渗透性有关。地下水在土中渗流速度一般可按达西定律计算确定，其公式如下：

$$v = KI \qquad (1.6)$$

式中：v——水在土中的渗流速度（m/d）；

　　　I——水力坡度，$I = \dfrac{h}{L}$；

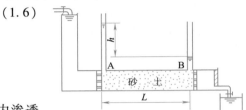

图 1.2　砂土渗透实验

　　　K——土的渗透系数（m/d）。

K 值的大小反映土渗透性的强弱。土的渗透系数可以通过室内渗透试验（见图 1.2）或现场抽水试验测定，一般土的渗透系数如表 1.2 所示。

表 1.2　土的渗透系数

土的名称	渗透系数/（m·d^{-1}）	土的名称	渗透系数/（m·d^{-1}）
黏　土	<0.005	中　砂	5.00 ~20.00
粉质黏土	0.005 ~0.1	均质中砂	35 ~50
粉　土	0.1 ~0.5	粗　砂	20 ~50
黄　土	0.25 ~0.5	圆砾石	50 ~100
粉　砂	0.5 ~1	卵　石	100 ~500
细　砂	1 ~5		

5. 土的孔隙比与孔隙率

土中孔隙体积与颗粒体积相比称为孔隙比，用符号 e 表示；土中孔隙体积与土的体积之比的百分数称为土的孔隙率，用符号 n 表示。

$$e = V_v / V_s \qquad (1.7)$$

$$n = (V_v / V) \times 100\% \qquad (1.8)$$

孔隙比是表示土的密实程度的一个重要指标。一般来说 $e < 0.6$ 的土是密实的，土的压缩性小；$e > 1.0$ 的土是疏松的，土的压缩性高。

6. 土的可松性和压密性

土的可松性是指天然状态下的土经开挖后土的结构被破坏，因松散而体积增大的现象。

土经开挖、运输、堆放而松散，松散土与原土体积之比用可松性系数 K_1 表示。

$$K_1 = V_2 / V_1 \qquad (1.9)$$

土经回填压实后，其体积增加值用最后可松性系数 K_2 表示。

$$K_2 = V_3 / V_1 \qquad (1.10)$$

式中：V_1——开挖前土的自然状态下体积；

　　　V_2——开挖后土的松散体积；

　　　V_3——压实后土的体积。

可松性系数的大小取决于土的种类，如表 1.3 所示。

表1.3　土的可松性系数

土 的 名 称	体积增加百分比		可松性系数	
	最初	最终	K_1	K_2
一类土(种植土除外)	8 ~ 17	1 ~ 2.5	10.8 ~ 1.17	1.01 ~ 1.03
一类土(植物性土、泥炭)	20 ~ 30	3 ~ 4	1.20 ~ 1.30	1.03 ~ 1.04
二类土	14 ~ 28	1.5 ~ 5	1.14 ~ 1.28	1.02 ~ 1.05
三类土	24 ~ 80	4 ~ 7	1.24 ~ 1.30	1.04 ~ 1.07
四类土(泥灰岩、蛋白石除外)	26 ~ 32	6 ~ 9	1.26 ~ 1.32	1.06 ~ 1.09
四类土(泥灰岩、蛋白石)	33 ~ 37	11 ~ 15	1.33 ~ 1.37	1.11 ~ 1.15
五 ~ 七类土	30 ~ 45	10 ~ 20	1.30 ~ 1.45	1.10 ~ 1.20
八类土	45 ~ 50	20 ~ 30	1.45 ~ 1.50	1.20 ~ 1.30

注:(1) K_1 是用于计算挖方工程量装运车辆及挖土机械的主要参数。

(2) K_2 是计算填方所需挖土工程的主要参数。

(3)最初体积增加百分比 = $(V_2 - V_1)/V_1 \times 100\%$。

(4)最后体积增加百分比 = $(V_3 - V_1)/V_1 \times 100\%$。

土的压缩性是指土经回填压实后,使土的体积减小的现象。

土的压实或夯实程度用压实系数表示,压实系数用符号 λ_c 表示。

$$\lambda_c = \rho_d / \rho_{dmax} \tag{1.11}$$

式中:ρ_d——土的控制干密度;

ρ_{dmax}——土的最大干密度。

土的密实度与土的含水量有关,其含水量的大小会影响土的密实度。实践证明,应控制土的最佳含水量,在土方回填时应具有最佳含水量。当土的自然含水量低于最佳含水量20%时,土在回填前要洒水渗浸;若土的自然含水量过高;应在压实或夯实前晾晒。

在地基主要受力层范围内,按不同结构类型,要求压实系数达到0.94 ~ 0.96以上。

7. 土的抗剪强度

土的抗剪强度就是某一受剪面上抵抗剪切破坏时的最大剪应力,土的抗剪强度可用剪切试验确定。

砂是散粒体,颗粒间没有相互的黏聚作用,因此砂的抗剪强度即为颗粒间的摩擦力。黏性土颗粒很小,由于颗粒间的胶结作用和结合水的连锁作用,产生黏聚力。黏性土的抗剪强度由内摩擦力和一部分黏聚力组成。

由于不同的土抗剪强度不同,即使同一种土其密实度和含水量不同,抗剪强度也不同。抗剪强度决定着土的稳定性,抗剪强度越大,土的稳定性越好,反之亦然。

完全松散的土自由地堆放在地面上,土堆的斜坡与地面构成的夹角,称为自然倾斜角。为此要保证土壁稳定,必须有一定边坡,边坡以 1:n 表示,如图1.3所示。

$$n = a/h \tag{1.12}$$

式中:n——边坡率;

a——边坡的水平投影长度(m);

h——边坡的高度(m)。

图1.3　挖土边坡

含水量大的土,土颗粒间产生润滑作用,使土颗粒间的内摩擦力或黏聚力减弱,土的抗剪强度降低,土的稳定性减弱,因此,应留有较缓的边坡。当沟槽上荷载较大时,土体会在压力作用下产生滑移,因此,边坡也要缓或采用支撑加固。

8. 侧土压力

地下给水排水构筑物的墙壁和池壁、地下管沟的侧壁、施工中沟槽的支撑、顶管工作坑的后背,以及其他各种挡土结构,都受到土的侧向压力作用,如图1.4所示。这种土压力称为侧土压力。

根据挡土结构与土的位移及相互间的作用力关系,侧土压力可分为如下三种:

(1)主动土压力:土移动形成的对墙的压力。

(2)被动土压力:墙移动形成的对土的压力。

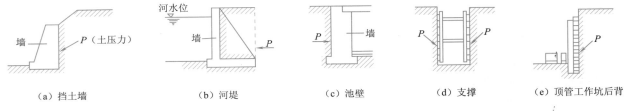

（a）挡土墙　　　　（b）河堤　　　　（c）池壁　　　　（d）支撑　　　　（e）顶管工作坑后背

图 1.4　各种挡土结构

(3)静止土压力:土移(转)动形成的对静止墙的压力,如图 1.5 所示。

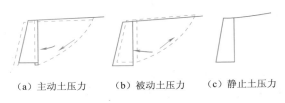

（a）主动土压力　　　（b）被动土压力　　　（c）静止土压力

图 1.5　三种土压力

上述 3 种土压力,在相同条件下,主动土压力最小,被动土压力最大,静止土压力介于两者之间。3 种土压力的计算可按库仑土压力理论或者朗肯土压力理论计算。

掌握土的压力,对于处理施工中的支撑工作坑后背、各类挡土墙的结构是极其重要的。

1.2　场地平整

1.2.1　计算土方量

场地平整就是将天然地面改为工程上所要求的设计平面。场地设计平面通常由设计单位在总图竖向设计中确定,由设计平面的标高和天然地面的标高差,可以得到场地各点的施工高度(填挖高度),由此可以计算场地平整的土方量。其计算步骤如下:

1.划分方格网

根据已有地形图(一般 1/500 的地形图)划分为若干个方格网,其边长为 10 m × 10 m、20 m × 20 m 或 40 m × 40 m。

2.计算施工高度

根据方格网,将自然地面标高与设计地面标高分别标注在方格网角点的右上角和右下角,自然地面标高与设计地面标高差值,即各角点的施工高度,将其填在方格网的左上角,挖方为(+),填方为(-)。

3.计算零点位置

在一个方格网内同时有填方或挖方时,要先算出方格网边的零点位置,并标注在方格网上。将零点连线就得到零线,它是填方区和挖方区的分界线,即填挖分界线位置;在此线上各点施工高度等于零。零点位置(见图 1.6)可按下式计算:

$$x_1 = a \times h_1 / (h_1 + h_2) \quad\quad (1.13)$$
$$x_2 = a \times h_2 / (h_1 + h_2) \quad\quad (1.14)$$

式中:x_1、x_2——角点至零点的距离(m);

h_1、h_2——相邻两角的施工高度(m),计算时均采用绝对值。

a——方格网的边长(m)。

图 1.6　零点位置

4. 计算方格土方工程量

方格土方工程量计算公式如表 1.4 所示。

表 1.4　常用方格网点计算公式

项　目	图　式	计算公式
一点填方或挖方 （三角形）		$V = \dfrac{1}{2}bc\dfrac{\sum h}{3} = \dfrac{bch_3}{6}$ 当 $b = c = a$ 时，$V = \dfrac{a^2 h_3}{6}$
二点填方或挖方 （梯形）		$V_- = \dfrac{b+c}{2} \cdot a \cdot \dfrac{\sum h}{4} = \dfrac{a}{8}(b+c)(h_1+h_3)$ $V_+ = \dfrac{d+e}{2} \cdot a \cdot \dfrac{\sum h}{4} = \dfrac{a}{8}(d+e)(h_2+h_4)$
三点填方或挖方 （五角形）		$V_- = \dfrac{1}{2}bc \cdot \dfrac{\sum h}{3} = \dfrac{bch_3}{6}$ $V_+ = \left(a^2 - \dfrac{bc}{2}\right)\dfrac{\sum h}{5} = \left(a^2 - \dfrac{bc}{2}\right)\dfrac{h_1+h_2+h_4}{5}$
四点填方或挖方 （正方形）		$V_+ = \dfrac{a^2}{4}\sum h = \dfrac{a^2}{4}(h_1+h_2+h_3+h_4)$

5. 工程列表汇总

将计算的各方格土方工程列表汇总，分别求出总的挖方工程量和填方工程量。

1.2.2　土方调配

土方工程量计算完成后，即可进行土方的调配工作。

1. 要求

土方调配，就是对挖土的利用、堆砌和填方三者进行综合协调处理的过程。一个好的土方调配方案，应该是使土方运输量或费用达到最小，而且又能方便施工，即运输的量和费用最小，方便施工。

2. 原则

为使土方调配工作做到更好，应掌握如下原则：

（1）挖（填）体积与运距的乘积最小。力求使挖方与填方基本平衡和就近调配，使挖方与运距的乘积之和尽可能为最小，即使土方运输和费用最小。

（2）近期施工与远期利用相结合。考虑近期施工与后期利用相结合的原则；考虑分区与全场相结合的原则。

（3）合理选择调配方向和运输路线。尽可能与大型地下建筑物的施工相结合，使土方运输无对流和乱流的现象。

（4）尽量使用优质土。

总之，土方的调配必须根据现场的具体情况、有关资料、进度要求、质量要求、施工方法与运输方法，综合考虑的原则，进行技术经济比较，选择最佳的调配方案。

为了更直观地反映场地调配的方向及运输量，一般应绘制土方调配图表，其编制程序如下：

（1）划分调配区。在场地平面图上先划出挖、填区的分界线；根据地形及地理条件，可在挖方区和填方区适当地分别划出若干调配区。

（2）计算各调配区的土方工程量,标在图上。

（3）求出每对调配区之间的平均运距。平均运距即挖方区土方重心至填方区土方重心的距离。

（4）进行土方调配。采用线性规划中的"表上作业法"进行。

（5）画出土方调配图,如图1.7所示。

（6）列出土方量调配平衡表,如表1.5所示。

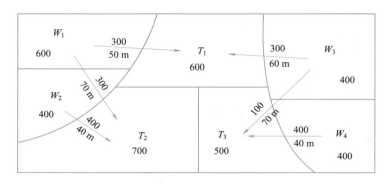

图1.7　土方调配图

注:箭头上面的数字表示土方量(m³),箭头下面的数字表示运距(m);W为挖方区;T为填方区。

表1.5　土方量调配平衡表

挖方区编号	挖方数量/m³	填方区编号、填方数量/m³			
		T_1	T_2	T_3	合计
		600	700	500	1 800
W_1	600	300	300		
W_2	400		400		
W_3	400	300		100	
W_4	400			400	
合计	1 800				

【工程案例】某给水厂场地开挖的土方规划方格网如图1.8所示。方格边长 $a = 20$ m,方格角点右上角标注为地面标高,右下角标注为设计标高,单位均以米(m)计,试计算其土方量。

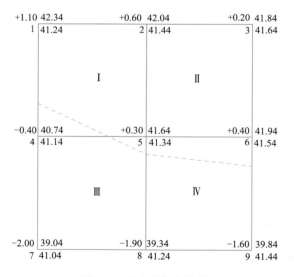

图1.8　土方规划方格图

【解】　(1)计算各角点施工高度

$$施工高度 = 地面标高 - 设计标高$$

如 1 点,施工高度 $= 42.34 - 41.24 = +1.1$。其他计算如上,标在角点的左上角($+$)为挖方,($-$)为填方。

(2)计算零点位置,确定零点线位置

在方格网中任一边的两端点的施工高度符号不同时,在这条边上肯定存在着零点。

如 1—4 边上的零点计算,零点距角点 4 的距离:

$$x_4 = \frac{h_4}{h_4 + h_1} \cdot \alpha = \frac{0.4}{0.4 + 1.1} \times 20 = 5.33 \text{ m}$$

4—5 边上零点距角点 5 的距离:

$$x_5 = \frac{h_5}{h_4 + h_5} \cdot \alpha = \frac{0.3}{0.3 + 0.4} \times 20 = 8.57 \text{ m}$$

同理,5—8 边上零点距角点 8 的距离:$x_8 = 17.27 \text{ m}$

6—9 边上零点距角点 6 的距离:$x_6 = 4.0 \text{ m}$

将各零点连接成线,即可确定零点线位置,如图 1.8 中虚线所示。

(3)计算方格土方量,计算公式见表 1.4

按方格网底面积图形计算方格土方量,方格网 Ⅰ 的土方量:

$$V_{\text{I}(-)} = \frac{1}{6} \cdot bc \cdot h_4 = \frac{1}{6} \times 5.33 \times (20 - 8.57) \times 0.4 = 4.06 \text{ m}^3$$

$$V_{\text{I}(+)} = \left(a^2 - \frac{bc}{2}\right)\frac{h_1 + h_2 + h_5}{5} = \left[20^2 - \frac{5.33 \times (20 - 8.57)}{2}\right] \times \frac{1.1 + 0.6 + 0.3}{5} = 147.8 \text{ m}^3$$

方格网 Ⅱ 的土方量:

$$V_{\text{II}(+)} = \frac{a^2}{4}(h_2 + h_3 + h_5 + h_4) = \frac{1}{4} \times 20^2 \times (0.6 + 0.2 + 0.3 + 0.4) = 150.0 \text{ m}^3$$

同理,方格网 Ⅲ 的土方量:

$$V_{\text{III}(+)} = 1.17 \text{ m}^3$$
$$V_{\text{III}(-)} = 256.28 \text{ m}^3$$

方格网 Ⅳ 的土方量:

$$V_{\text{IV}(+)} = 17.67 \text{ m}^3$$
$$V_{\text{IV}(-)} = 291.11 \text{ m}^3$$

(4)土方量汇总

方格网总挖方量 $V_{(+)} = V_{\text{I}(+)} + V_{\text{II}(+)} + V_{\text{III}(+)} + V_{\text{IV}(+)}$

$$= 147.80 + 150 + 1.17 + 17.67$$
$$= 316.64 \text{ m}^3$$

方格网总填方量 $V_{(-)} = V_{\text{I}(-)} + V_{\text{II}(-)} + V_{\text{III}(-)} + V_{\text{IV}(-)}$

$$= 4.06 + 0 + 256.28 + 291.11 = 551.45 \text{ m}^3$$

1.2.3　场地土方施工

场地土方施工包括土方开挖、运输、填筑等施工过程。

1. 机械化施工

土方工程工程量大,工期长。为节约劳动力,降低劳动强度,加快施工速度,对土方工程的开挖、运输、填筑、压实等施工过程应尽量采用机械施工。

土方工程施工机械的种类很多,有推土机、铲运机、单斗挖土机、多斗挖土机和装载机等。施工时,应根据工程规模、地形条件、水文地质情况和工期要求正确选择土方施工机械。

（1）推土机

推土机由拖拉机和推土铲刀组成,如图1.9所示。按行走装置的类型可分为履带式和轮胎式两种。履带式推土机履带板着地面积大,现场条件差时也可施工,还可以协助其他施工机械工作,所以应用比较广泛。按推土铲刀的操作方式可分为液压式和索式两种。索式推土机的铲刀借本身自重切入土中,在硬土中切入深度较小;液压式推土机的铲刀利用液压操纵,使铲刀强制切入土中,切土深度较大,且可以调升铲刀和调整铲刀的角度,具有较大的灵活性。

推土机操纵灵活、运转方便、所需工作面较小,行驶速度快,易于转移,并能爬30°左右的缓坡,是最为常见的一种土方机械。它多用于场地清理和场地平整、开挖深度1.5 m以内的基坑(槽),堆筑高1.5 m以内的路基、堤坝,以及配合挖土机和铲运机工作。在推土机后面安装松土装置,可破、松硬土和动土等。推土机可以推挖一至四类土,经济运距在100 m以内,效率最高在40～60 m。

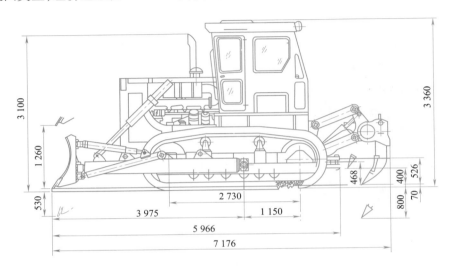

图1.9　T-180型推土机外形图

为提高推土机的生产率,增大铲刀前土的体积,减少推土过程中土的散失,需缩短推土时间。常采用下列施工方法:

① 下坡推土法:在斜坡上,推土机顺下坡方向切土与推运,借助机械本身的重力作用,以增加切土深度和运土数量,一般可提高生产率30%～40%,但坡度不宜超过15°,避免后退时爬坡困难。

② 多铲集运法:当推土距离较远而土质比较坚硬时,由于切土深度不大,应采用多次铲运、分批集中、一次推运的方法,使铲刀前保持满载,缩短运土时间,一般可提高生产效率15%左右。堆积距离不宜大于30 m,堆土高度以2 m以内为宜。

③ 并列推土法:平整场地面积较大时,可采用两台或三台推土机并列推土,铲刀相距150～300 mm,以减少土的散失,提高生产效率。一般采用两机并列推土可增加推土量15%～30%,三机并列推土可增加推土量30%～40%。

④ 槽形推土法:推土机连续多次在一条作业线上切土和推运,使地面形成一条浅槽,以减少土在铲刀两侧散失,一般可提高推土量10%～30%。槽的深度为1 m左右,土埂宽约为500 mm。当推出多条槽后,再推土埂。适于运距较远,土层较厚时使用。

此外,还可以采用斜角推土法、之字斜角推土法和铲刀附加侧板法等。

（2）铲运机

铲运机是一种能独立完成铲土、运土、卸土、填筑和整平的土方机械。按铲斗的操纵系统可分为索式和液压式两种。液压式能使铲斗强制切土,操纵灵便,应用广泛;索式现已逐渐被淘汰。按行走机构可分为自行式(见图1.10)和拖式(见图1.11)两种。拖式铲运机由拖拉机牵引作业,自行式铲运机的行驶和作业都靠本身的动力设备,机动性大、行驶速度快,故得到广泛采用。

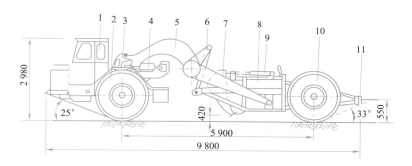

图 1.10　自行式铲运机

1—驾驶室;2—前轮;3—中央框架;4—转向油缸;5—辕架;
6—提斗油缸;7—斗门;8—铲斗;9—斗门油缸;10—后轮;11—尾架

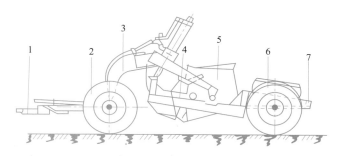

图 1.11　拖式铲运机

1—拖把;2—前轮;3—辕架;4—斗门;5—铲斗;6—后轮;7—尾架

铲运机由牵引车和铲斗两部分组成。铲运机的工作装置是铲斗,铲斗前方有一个能开启的斗门,铲斗前设有切土刀片。切土时,铲斗门打开,铲斗下降,刀片切入土中。铲运机前进时,被切下的土挤入铲斗,铲斗装满土后,提起铲斗,放下斗门,将土运至卸土地点。

铲运机对行驶的道路要求较低,操纵灵活,行驶速度快,生产效率高,且费用低。在土方工程中常应用于大面积场地平整,开挖大型基坑,填筑堤坝和路基等。自行式铲运机经济运距以 800 ～ 1 500 m 为宜,效率最高,适宜开挖含水率 27% 以下的一至四类土,铲运较坚硬的土时,可用推土机助铲或用松土机配合。

2. 场地填方与压实

为提高铲运机的生产率,应根据场地挖方和填方区分布的具体情况、工程量的大小、运距长短、土的性质和地形条件等合理地选择适宜的开行路线,以求在最短的时间内完成一个工作循环。

铲运机的开行路线有多种,常用的有以下两种:

(1)环形路线

地形起伏不大,施工地段较短时,多采用环形路线。从挖方到填方按环形路线回转,每循环一次完成一次铲土和卸土,挖填交替[见图 1.12(a)、(b)];当挖填之间的距离较短时可采用大环形路线[见图 1.12(c)],一个循环可完成多次铲土和卸土,这样可减少铲运机的转弯次数,提高工作效率。作业时应时常按顺、逆时针方向交换行使,以避免机械行驶部分单侧磨损。

(2)"8"字形路线

施工地段较长或地形起伏较大时,多采用"8"字形运行路线[见图 1.12(d)],铲运机在上下坡时斜向行使,每一个循环完成两次作业(两次铲土和卸土),比环形路线运行时间短,减少了转弯和空驶距离,提高了生产效率。

在进行大规模场地平整时,可根据现场具体情况和地形条件、工程量大小、工期等要求,合理组织机械化施工。例如,采用铲运机、挖土机及推土机开挖土方;用松土机松土、装载机装土、自卸汽车运土;用推土机平整土壤;用碾压机械进行压实,如图 1.13 所示。

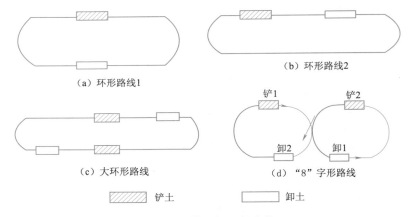

图 1.12　铲运机运行路线

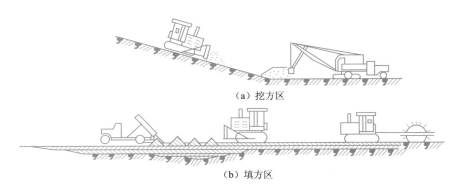

（a）挖方区

（b）填方区

图 1.13　场地平整综合机械化施工

　　组织机械化施工,应使各个机械或各机组的生产协调一致,并将施工区划分为若干施工段进行流水作业。

1.3　沟槽(基坑)的土方施工

1.3.1　沟槽断面

1. 常用形式

常用形式有直槽、梯形槽、混合槽、联合槽等,如图 1.14 所示。沟槽底宽由下式确定,如图 1.15 所示。

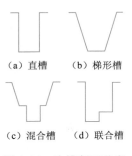

（a）直槽　　（b）梯形槽

（c）混合槽　　（d）联合槽

图 1.14　沟槽断面种类

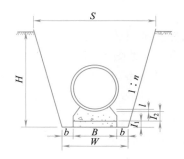

图 1.15　沟槽底宽和挖深

l—管壁厚度;l_2—管座厚度;l_1—基础厚度

2. 选择形式

在保证安全和工程高质量的前提下,综合考虑土质、地下水、埋深、施工现场环境条件等因素。

沟槽底宽 W:

$$W = B + 2b \tag{1.15}$$

式中:W—沟槽底宽(m);

　　B—基础构造宽度(m);

　　b—工作面宽度(m)。

沟槽上口宽度S:

$$S = W + 2nH \tag{1.16}$$

式中:S—沟槽上口的宽度(m);

　　n—沟槽边坡系数;

　　H—沟槽开挖深度(m)。

工作面宽度b决定于管道断面尺寸和施工方法,每侧工作面宽度如表1.6所示。

表1.6　沟槽底部每侧工作面宽度

管道结构宽度/mm	沟槽底部每侧工作面宽度		管道结构宽度/mm	沟槽底部每侧工作面宽度	
	非金属管道	金属管道或砖沟		非金属管道	金属管道或砖沟
200 ~ 500	400	300	1 100 ~ 1 500	600	600
600 ~ 1 000	500	400	1 600 ~ 2 500	800	800

注:(1)管道结构宽度无管座时,按管道外皮计;有管座时,按管座外皮计;砖砌或混凝土管沟按管沟外皮计;

　　(2)沟底需设排水沟时,工作面应适当增加;

　　(3)有外防水的砖沟或混凝土沟,每侧工作面宽度宜取800 mm。

沟槽开挖深度按管道设计纵断面确定。

1.3.2　沟槽及土方量计算

通常,沟槽土方量计算采用分段平均法,基坑土方量计算按立体几何中柱体体积公式计算,如图1.16和图1.17所示。计算公式如下:

(1)沟槽:
$$V_1 = 1/2(F_1 + F_2)L = 1/2(F_1 \times F_2)L_1 \tag{1.17}$$

(2)基坑:
$$V = H/6(F_1 + 4F_0 + F_2) \tag{1.18}$$

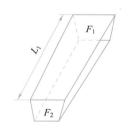

图1.16　沟槽土方量计算

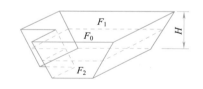

图1.17　基坑土方量计算

【工程案例】已知某一给水管线纵断面图设计如图1.18所示,土质为黏土,无地下水,采用人工开槽法施工,其开槽边坡系数采用1∶0.25,工作面宽度$b = 0.4$,计算土方量。

【解】根据管线纵断面图,可以看出地形是起伏变化的。为此将沟槽按桩号0 + 100 ~ 0 + 150、0 + 150 ~ 0 + 200、0 + 200 ~ 0 + 225,分三段计算。

(1)各断面面积计算

①0 + 100处断面面积:

沟槽底宽:$W = B + 2b = 0.6 + 2 \times 0.4 = 1.4$ m

沟槽上口宽度:$S = W + 2nH_1 = 1.4 + 2 \times 0.25 \times 2.4 = 2.6$ m

沟槽断面面积:$F_1 = \dfrac{1}{2}(S + W) \times H_1 = \dfrac{1}{2} \times (2.6 + 1.4) \times 2.40 = 4.8$ m^2

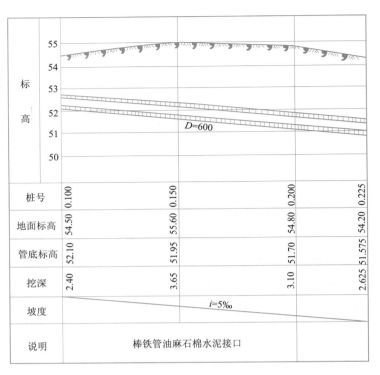

图 1.18　管线纵断面图

② 0 + 150 处断面面积

沟槽底宽：$W = B + 2b = 0.6 + 2 \times 0.4 = 1.4$ m

沟槽上口宽度：$S = W + 2nH_2 = 1.4 + 2 \times 0.25 \times 3.65 = 3.225$ m

沟槽断面面积：$F_2 = \dfrac{1}{2}(S + W) \times H_2 = \dfrac{1}{2} \times (3.225 + 1.4) \times 3.65 = 8.44$ m²

③ 0 + 200 处断面面积

沟槽底宽：$W = B + 2b = 0.6 + 2 \times 0.4 = 1.4$ m

沟槽上口宽度：$S = W + 2nH_2 = 1.4 + 2 \times 0.25 \times 3.10 = 2.95$ m

沟槽断面面积：$F_3 = \dfrac{1}{2}(S + W) \times H_3 = \dfrac{1}{2} \times (2.95 + 1.4) \times 3.10 = 6.74$ m²

④ 0 + 225 处断面面积

沟槽底宽：$W = B + 2b = 0.6 + 2 \times 0.4 = 1.4$ m

沟槽上口宽度：$S = W + 2nH_2 = 1.4 + 2 \times 0.25 \times 2.625 = 2.71$ m

沟槽断面面积：$F_4 = \dfrac{1}{2}(S + W) \times H_4 = \dfrac{1}{2} \times (2.71 + 1.4) \times 2.625 = 5.39$ m²

（2）沟槽土方量计算

① 桩号 0 + 100 ~ 0 + 150 段的土方量：

$$V_1 = \frac{1}{2}(F_1 + F_2) \times L_1 = \frac{1}{2} \times (4.8 + 8.44) \times (150 - 100) = 331.00 \text{ m}^3$$

② 桩号 0 + 150 ~ 0 + 200 段的土方量：

$$V_2 = \frac{1}{2}(F_2 + F_3) \times L_2 = \frac{1}{2} \times (8.44 + 6.74) \times (200 - 150) = 379.50 \text{ m}^3$$

③ 桩号 0 + 200 ~ 0 + 225 段的土方量：

$$V_3 = \frac{1}{2}(F_3 + F_4) \times L_3 = \frac{1}{2} \times (6.74 + 5.39) \times (225 - 200) = 151.63 \text{ m}^3$$

故,沟槽总土方量:

$$
\begin{aligned}
V = \sum V_i &= V_1 + V_2 + V_3 \\
&= 331.00 + 379.50 + 151.63 \\
&= 862.13 \ \text{m}^3
\end{aligned}
$$

1.3.3　沟槽(基坑)的土方开挖

1. 土方开挖的一般原则

(1)合理确定开挖顺序。保证土方开挖的顺序进行,应结合现场的水文、地质条件,合理确定开挖顺序。例如,相邻沟槽和基坑开挖时,应遵循先深后浅或同时进行的施工顺序。

(2)不得超挖,减小对地基土的扰动。采用机械挖土时,可在设计标高以上留20 cm土层不挖,待人工清理。即使采用人工挖土也不得超挖。如果挖好后不能及时进行下一工序,可在基底标高以上留15 cm土层不挖,待下一工序开始前再挖除。

(3)保证土壁稳定。开挖时应保证沟槽槽壁稳定,一般槽边上缘至弃土坡脚的距离应不小于0.8 ~ 1.5 m,推土高度不应超过1.5 m。

(4)专人指挥机械开挖,且留有足够的标高。采用机械开挖沟槽时,应由专人负责掌握挖槽断面尺寸和标高。施工机械离槽边上缘应有一定的安全距离。

(5)软土、膨胀土地区,开挖土方或进入季节性施工时,应遵照有关规定。

2. 开挖质量标准

(1)不得扰动天然地基或地基处理负荷设计规定;雨季施工时,应尽可能缩短开槽长度,且成槽快、回填快,并采取防泡槽措施。一旦发生泡槽,应将受泡的软化土层清除,换填砂石料或中粗砂。

(2)槽壁平整,边坡符合施工设计规定。

(3)沟槽底部中心每侧净宽留有足够的施工宽度;沟槽中心线每侧的净宽不应小于管道沟槽底部开挖宽度的一半。

(4)槽底标高允许误差:开挖土方时应为±20 mm;开挖石方时应为+20 mm、−200 mm。开挖至设计管底标高以上200 mm时,即停止机械作业,改用人工开挖清理至设计标高。人工开挖应在机械开挖的同时及时跟进,便于沟槽深度较大时利用挖掘机械将淤泥清出槽外。

(5)开挖沟底比设计基底每侧加宽0.5 m,以保证基础施工和管道安装有必要的操作空间,沟槽开挖期间还应加强对其标高的测量,以防止超挖。

3. 开挖方法

土方开挖方法分为人工开挖和机械开挖两种方法。为了减轻繁重的体力劳动,加快施工速度,提高劳动生产率,应尽量采用机械开挖。

沟槽、基坑开挖常用的施工机械有单斗挖土机和多斗挖土机两种类型。

(1)单斗挖土机

单斗挖土机在沟槽或基坑开挖施工中应用广泛,种类很多。按其工作装置不同,分为正铲、反铲、拉铲和抓铲等。挖土机按行走方式分履带式和轮胎式两种;按其操纵机构的不同,分为机械式和液压式两类,如图1.19所示。目前,多采用的是液压式挖土机,其特点是能够比较准确地控制挖土深度。

①　正铲挖土机。它适用于开挖停机面以上的一至三类土,一般与自卸汽车配合完成整个挖运任务,可用于开挖高度大于2.0 m的大型基坑及土丘。其特点是:开挖时土斗前进向上,强制切土,挖掘力大,生产率高,其外形如图1.20所示。正铲挖土机挖土方式有两种:正向挖土、侧向卸土和正向挖土、后方卸土。开挖工作面较大、深度不大的基坑(槽)和管沟等一般采用正向工作面挖土,侧向卸土;方便汽车倒车、装土和运土。开挖工作面较小且基坑(槽)和管沟较深时,一般采用正向挖土,后方卸土。开挖土丘一般采用侧向工作面挖土,挖土机回转卸土的角度小,且避免汽车的倒车和转弯多的缺点,如图1.21所示。如果开挖的基坑较深,还可采用分层挖土等方法,以提高生产效率。

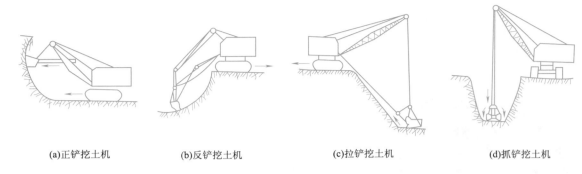

(a)正铲挖土机   (b)反铲挖土机   (c)拉铲挖土机   (d)抓铲挖土机

图 1.19　单斗挖土机

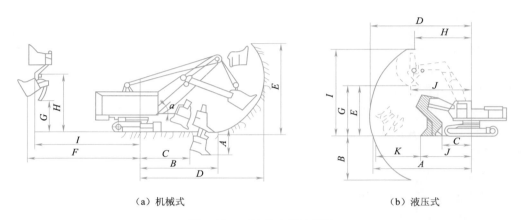

（a）机械式   （b）液压式

图 1.20　正铲挖土机外形图

A—停机面上最大挖掘半径；B—最大挖掘深度；C—停机面上最小挖掘半径；D—最大挖掘半径；
E—最大挖掘半径时挖掘高度；F—最大卸载高度时卸载半径；G—最大卸载高度；H—最大挖掘高度时挖掘半径；
I—最大挖掘高度；J—停机面上最小装载半径；K—停机面上最大水平装载行程

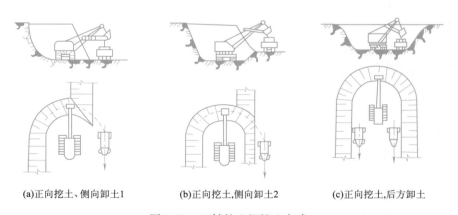

(a)正向挖土、侧向卸土1   (b)正向挖土,侧向卸土2   (c)正向挖土,后方卸土

图 1.21　正铲挖土机挖土方式

② 反铲挖土机。它适用于开挖停机面以下的一至三类土方,其机身和装土都在地面上操作,受地下水的影响较小;用于开挖沟槽和深度不大的基坑,其外形如图 1.22 所示。反铲挖土机挖土方法通常采用沟端开挖或沟侧开挖两种,如图 1.23 所示。沟端开挖反铲挖土机停于沟端,向后倒退挖土,同时往沟两侧弃土或装车运走;沟端开挖工作面宽度为:单面装土时为 1.3R,双面装土时为 1.7R。基坑较宽时,可多次开行开挖或按 Z 字形路线开挖。沟侧开挖挖土机沿基槽的一侧移动挖土,将土弃于距基槽边较远处,但开挖宽度受限制(一般为 0.8R),且不能很好地控制边坡,机身停在沟边稳定性较差;一般只在无法采用沟端开挖或所挖的土不需运走时采用。后者挖土的宽度与深度小于前者,但弃土距沟边较远。

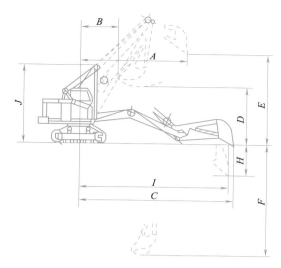

图 1.22 反铲挖土机外形图

A—停机面上最大挖掘半径;B—最大挖掘深度时挖掘半径;C—最大挖掘深度;
D—停机面上最小挖掘半径;E—最大挖掘半径;F—最大挖掘半径时挖掘高度;
H—最大装卸高度;I—最大挖掘高度;J—最大挖掘高度时挖掘半径

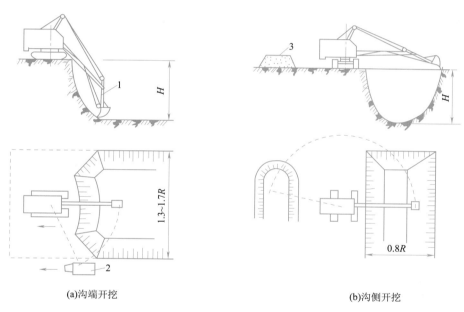

(a)沟端开挖   (b)沟侧开挖

图 1.23 反铲挖土机作业方式

1—反铲挖土机;2—自卸汽车;3—弃土堆;R—铲臂回转半径

③ 拉铲挖土机。它适用于开挖停机面以下的一至三类土或水中开挖,主要开挖较深、较大的沟槽、基坑。其工效低,外形如图 1.24 所示。其挖土特点是"后退向下,自重切土",挖土时土斗在自重作用下落到地面切入土中,其挖土半径和挖土深度较大,但不如反铲挖土机灵活,开挖精确性差;开挖大型基坑或水下挖土采用。拉铲挖土机的开挖方式与反铲挖土机的开挖方式相似,也可分为沟端开挖和沟侧开挖。

④ 抓铲挖土机。它适用于开挖停机面以下一至三类土,主要用于开挖面积较小、深度较大的基坑及开挖水中的淤泥或疏通旧有渠道等。其外形如图 1.25 所示。其挖土特点是"直上直下,自重切土",挖掘力较小;可用于开挖窄而深的基坑,疏通旧有渠道,以及挖

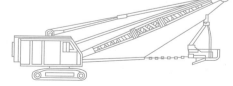

图 1.24 拉铲挖土机外形图

取水中淤泥等,或用于装卸碎石、矿渣等松散材料。在软土地基地区,常用于开挖基坑、沉井等。

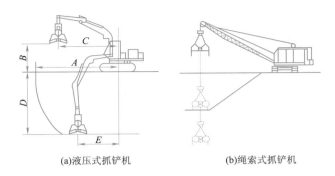

(a)液压式抓铲机　　　　(b)绳索式抓铲机

图 1.25　抓铲挖土机

A—最大挖土半径;B—卸土高度;C—卸土半径;D—最大挖土深度;E—最大挖土深度时的挖土半径

(2)多斗挖土机

多斗挖土机种类:按工作装置分,有链斗式和轮斗式两种;按卸土方法分,有装卸土传动带运输器和未装卸土传动带运输器两种。

多斗挖土机由工作装置、行走装置和动力操纵及传动装置等部分组成,如图 1.26 所示。

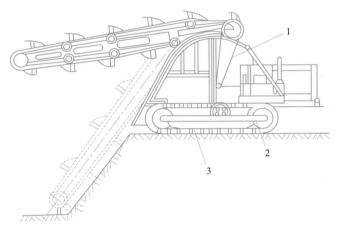

图 1.26　多斗挖土机

1—传动装置;2—工作装置;3—行走装置

多斗挖土机与单斗挖土机相比,其优点为挖土作业是连续的,生产效率较高;沟槽断面整齐;开挖单位土方量所消耗的能量低;在挖土的同时能将土自动地卸在沟槽一侧。多斗挖土机不宜开挖坚硬的土和含水量较大的土。宜于开挖黄土、亚黏土和亚砂土等。

4. 沟槽、基坑土方工程机械化施工方案的选择

大型工程的土方工程施工中应合理地选择机械,使各种机械在施工中配合协调,充分发挥机械效率,保证工程质量,加快施工进度,降低工程成本。因此,在施工前要经过经济和技术分析比较,制定出合理的施工方案,用以指导施工。

(1)制定施工方案的依据

主要有:工程类型及规模,施工现场的工程及水文地质情况,现有机械设备条件,工期要求。

(2)施工方案的选择

在大型管沟、基坑施工中,可根据管沟、基坑深度、土质、地下水及土方量等情况,结合现有机械设备的性能、适合条件,采取不同的施工方法。

开挖沟槽常优先考虑采用挖沟机,以保证施工质量,加快施工进度。也可以用反向挖土机挖土,根据管沟情况,采取沟端开挖或沟侧开挖。

大型基坑施工可以采用正铲挖土机挖土,自卸汽车运土;当基坑有地下水时,可先用正铲挖土机开挖地下水位以上的土,再用反向铲或拉铲或抓铲开挖地下水位以下的土。

采用机械挖土时,为了不使地基土遭到破坏,管沟或基坑底部应留 200~300 mm 厚的土层,由人工清理整平。

1.3.4 开挖注意问题

(1)挖前先验线。

(2)连续开挖尽快完,防止水流入基坑。

(3)坑边堆土防坍塌:及时清运;堆土 0.8 m 以外,高≤1.5 m。

(4)严禁扰动基底土,加强测量防超挖:预留层,保护层,抄平清底打木桩。

(5)发现文物、古墓停挖,上报、待处理。

(6)注意安全,雨后复工先检查。

1.4 沟槽(基坑)支撑

1.4.1 支撑的目的及要求

1. 目的

支撑的目的是防止施工过程中土壁坍塌创造安全的施工条件。支撑是一种由木材做成的临时性挡土结构,一般情况下,当土质较差、地下水位较高、沟槽和基坑较深而又必须挖成直槽时均应支设支撑。支设支撑施工占地面积小,既可减少挖方量,又可保证施工的安全,但增加了材料消耗,有时还影响后续工序操作。

2. 要求

(1)牢固可靠,支撑材料的质地和尺寸合格。

(2)在保证安全可靠的前提下,尽可能节约材料,采用工具式钢支撑。

(3)方便支设和拆除,不影响后续工序的操作。

1.4.2 支撑的种类及其适用的条件

在施工中应根据土质、地下水情况、沟槽或基坑深度、开挖方法、地面荷载等因素确定是否支设支撑。

支撑的形式分为:水平支撑、垂直支撑和板桩支撑,开挖较大基坑时还采用锚锭式支撑等几种。

水平支撑的撑板水平设置,根据撑板之间有无间距又分为断续式水平支撑、连续式水平支撑和井字水平支撑 3 种。

垂直支撑的撑板垂直设置,各撑板间密接铺设,可在开槽过程中边开槽边支撑。在回填时可边回填边拔出撑板。

1. 断续式水平支撑

断续式水平支撑的组成,适用于土质较好的、地下含水量较小的黏性土及挖土深度小于 3.0 m 的沟槽或基坑,如图 1.27 所示。

2. 连续式水平支撑

挡土板水平连续放置,无间隔,两侧同时对称立竖木方,上、下各顶一根撑木,端头用木楔顶紧。适用于较松散的干土或天然湿度的黏土类土,地下水很少,深度为 3~5 m,如图 1.28 所示。

3. 井字支撑

井字支撑是断续式水平支撑的特例,一般适用于沟槽的局部加固,如距建筑物较近或其他管线距沟槽较近,如图 1.29 所示。

4. 垂直支撑

垂直支撑适用于土质较差、有地下水并且挖土深度较深时采用。这种方法支撑和拆撑,操作时较为安全,如图1.30所示。

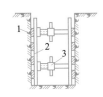

图1.27　断续式水平支撑
1—撑板；2—纵梁；3—横撑(工具式)

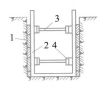

图1.28　连续式水平支撑
1—撑板；2—纵梁；3—横撑；4—木楔

图1.29　井字支撑

图1.30　垂直支撑
1—撑板；2—横梁；3—横撑；4—木楔

5. 板桩撑

板桩撑分为钢板撑、木板撑和钢筋混凝土桩等。板桩撑是在沟槽土方开挖前就将板桩打入槽底以下一定深度。其优点是：土方开挖及后续工序不受影响，施工条件良好。用于沟槽挖深较大，地下水丰富、有流砂现象或砂性饱和土层及采用一般支撑法不能解决时。

(1)钢板桩

钢板桩基本分为平板桩与波浪形板桩两类,每类中又有多种形式。目前常用钢板桩、槽钢或工字钢组成。钢板桩的轴线位移不得大于50 mm,垂直度不得大于1.5%,如图1.31所示。

(2)木板桩

木板桩所用木板厚度应按设计要求制作,其允许偏差±10 mm,同时要校核其强度。为了保证板桩的整体性和水密性,木板桩应做成凹凸榫,凹凸榫应相互吻合,平整光滑。木板桩虽然打入土中一定深度,尚需要辅以横梁和横撑,如图1.32所示。

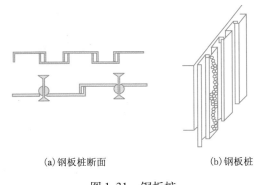

(a)钢板桩断面　　　　(b)钢板桩

图1.31　钢板桩

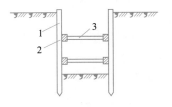

图1.32　木板桩
1—木板桩；2—纵梁；3—横撑

6. 锚碇式支撑

支撑法适用于宽度较窄、深度较浅的沟槽。锚碇法适用于面积大、深度大的基坑。在开挖较大基坑或使用机械挖土,而不能安装撑杠时,可改用锚碇式支撑,如图1.33所示。

锚桩必须设置在土的破坏范围以外,挡土板水平钉在柱桩的内侧,柱桩一端打入土内,上端用拉杆与锚桩拉紧,挡土板内侧回填土。

在开挖较大基坑。当有部分地段下部放坡不足时,可以采用短桩横隔板支撑或临时挡土墙支撑,以加固土壁,如图1.34所示。

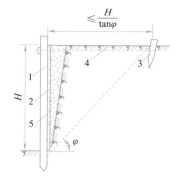

图 1.33 锚碇式支撑
1—柱桩;2—挡土板;3—锚桩;
4—拉杆;5—回填土;φ—土的内摩擦角

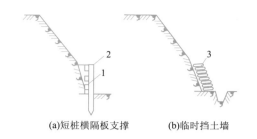

(a)短桩横隔板支撑　　(b)临时挡土墙

图 1.34 加固土壁措施
1—短桩;2—横隔板;3—装土草袋

1.4.3 支撑的材料要求

支撑的材料的尺寸应满足设计的要求。一般取决于现场已有材料的规格,施工时常根据经验确定。

(1)一般木撑板长 2～4 m,宽度为 20～30 cm,厚 5 cm。

(2)横梁截面尺寸为 10 cm×15 cm～20 cm×20 cm。

(3)纵梁截面尺寸为 10 cm×15 cm～20 cm×20 cm。

(4)横撑采用 10 cm×10 cm～15 cm×15 cm 的方木或采用直径大于 10 cm 的圆木。为支撑方便,尽可能采用工具式撑杠,如图 1.35 所示。横撑水平间距宜 1.5～3.0 m;垂直间距不宜大于 1.5 m。撑板也可采用金属撑板,如图 1.36 所示。金属撑板每块长度分 2 m、4 m、6 m 几种类型。横梁和纵梁通常采用槽钢。

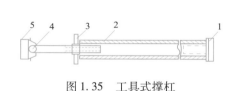

图 1.35 工具式撑杠
1—撑头板;2—圈套管;3—带柄螺母;4—球铰;5—撑头板

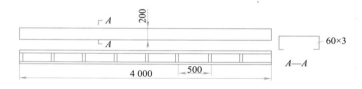

图 1.36 金属撑板

1.4.4 支撑的支设和拆除

1. 水平支撑和垂直支撑的支设

沟槽挖到一定深度时,开始支设支撑,先校核一下沟槽开挖断面是否符合要求宽度,然后用铁锹将槽壁找平,按要求将撑板紧贴于槽壁上,再将纵梁或横梁紧贴撑板,继而将横撑支设在纵梁或横梁上。当采用木撑板时,使用木楔、扒钉将撑板固定于纵梁或横梁上,下边钉一木托防止横撑下滑。支设施工中一定要保证横平竖直,支设牢固可靠。

施工中,如原支撑妨碍下一工序进行时,原支撑不稳定时,一次拆撑有危险时,或因其他原因必须重新安设支撑时,需要更换纵梁和横撑位置,这一过程称为倒撑。倒撑操作应特别注意安全,必须先制定好安全措施。

2. 板桩撑的支设

主要介绍钢板桩的施工过程,板桩施工要正确选择打桩方式、打桩机械和流水段划分,保证打入后的板桩有足够的刚度,且板桩墙面平直,对封闭式板桩要封闭合拢。

（1）打桩方式

通常采用单独打入法、双层围囹插桩法和分段复打法 3 种。打桩机具设备主要包括桩锤、桩架及动力装置三部分。

① 桩锤：其作用是对桩施加冲击力，将桩打入土中。

② 桩架：其作用是支持桩身和将桩锤吊到打桩位置，引导桩的方向，保证桩锤按要求方向冲击。

③ 动力装置：包括启动桩锤用的动力设施。

（2）桩锤选择

桩锤的类型应根据工程性质、桩的种类、密集程度、动力及机械供应和现场情况等条件来选择。

桩锤有落锤、单动汽锤、双动汽锤、柴油打桩锤、振动桩锤等。

根据施工经验，双动汽锤、柴油打桩锤更适用于打设钢板桩。

（3）桩架的选择

桩架的选择应考虑桩锤的类型、桩的长度和施工条件等因素。桩架的形式很多，常用有下列几种：

① 滚筒式桩架：行走靠两根钢滚筒垫上滚动，优点是结构比较简单，制作容易，如图 1.37 所示。

② 多功能桩架：多功能桩架的机动性和适应性很大，适用于各种预制桩及灌注施工，如图 1.38 所示。

③ 履带式桩架：移动方便，比多功能桩架灵活，适用于各种预制桩和灌注桩施工。钢板桩打设的工艺过程为：钢板桩矫正—安装围囹支架—钢板桩打设—轴线修正和封闭合拢，如图 1.39 所示。

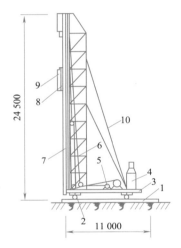

图 1.37　滚动式桩架

1—枕木；2—滚筒；3—底座；4—锅炉；
5—卷扬机；6—桩架；7—龙门；8—桩帽；
9—蒸汽锤；10—缆绳

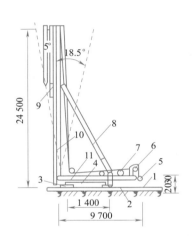

图 1.38　多功能桩架

1—枕木；2—钢轨；3—底盘；
4—回转平台；5—平衡重；6—司机室；
7—卷扬机；8—撑杆；9—桩锤与桩帽；
10—挺杆；11—水平调整装置

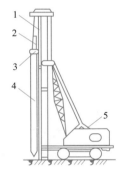

图 1.39　履带式桩架

1—导柱；2—桩锤；3—桩帽；
4—桩；5—吊车

（4）钢板桩的矫正

对所有要打设的钢板桩进行修整矫正，保证钢板桩的外形平直。

（5）安装围囹支架

围囹支架的作用是保证钢板桩垂直打入和打入后的钢板桩墙面平直。围囹支架由围囹组成的，其形式平面上有单面围囹和双面围囹之分，高度上有单层、双层和多层之分所示，如图 1.40、图 1.41 所示。围囹支架多为钢制，必须牢固，尺寸要准确。围囹支架每次安装的长度视具体情况而定，最好能周转使用，以节约钢材。

（6）钢板桩打设

先用吊车将钢板桩吊至插桩点处进行插桩，插桩时锁口要对冲每插入一块即套上桩帽轻轻加以锤击。在打桩过程中，为保证钢板桩的垂直度，用两台经纬仪在两个方向加以控制，为防止锁口中心线平面位移，可在打桩进行方向的钢板桩锁口处设卡板,阻止板桩位移。同时在围图上预先标出每块板桩的位置,以便时检查校正。

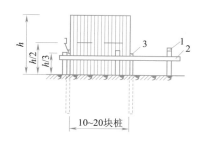

图 1.40 单层围图
1—围图桩;2—围图;3—两端先打入的定位桩

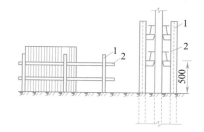

图 1.41 双层围图
1—围图桩;2—围图

钢板桩分几次打入,打桩时,开始打设的第一、二块钢板桩的打入位置和方向要确保精度,它可以起样板导向作用,一般每打入 1 m 测量一次。

(7)轴线修正和封闭合拢

沿长边方向打至离转角约尚有 8 块钢板桩时停止,量出转角的长度和增加长度,在短边方向也按照上述方法进行。

根据长、短两边水平方向增加的长度和转角的尺寸,将短边方向的围图桩分开,用千斤顶向外顶出,进行轴线外移,经核对无误后再将围图和围图桩重新焊接固定。

在长边方向的围图内插桩,继续打设,插打到转角桩后,再转过来接着沿短边方向打两块钢板桩。

根据修正后的轴线沿短边方向继续向前插打,最后一块封闭合拢的钢板桩,设在短方向从端部算起的三块板桩的位置处。

当钢板桩内的土方开挖后,应在基坑或沟槽内设横撑;若基坑特别大或不允许设横撑,则可设置锚杆来代替横撑。

3. 撑的拆除

沟槽或基坑内的施工过程全部完成后,应将支撑拆除,拆除时必须边回填土边拆。拆除时必须注意安全,继续排除地下水,避免材料的损耗。

水平支撑拆除时,先松动最下一层的横撑,抽出最下一层撑板,然后回填土,回填完毕后再拆除上一层撑板,依次将撑板全部拆除,最后将纵梁拔出。

垂直支撑拆除时,先松动最下一层的横撑,拆除最下一层的横梁,然后回填土。回填完毕后,再拆除上一层横梁,依次将横梁拆除。最后拔出撑板或板桩,垂直撑板或板桩一般采用导链或吊车拔出。

1.5 土方回填

1.5.1 夯实方法

沟槽回填土夯实通常采用人工夯实和机械夯实两种方法:

(1)管顶 50 cm 以下部分返土的夯实,应采用轻夯,夯击力不应过大,防止损坏管壁与接口,可采用人工夯实。

(2)管顶 50 cm 以上部分返土的夯实,应采用机械夯实。

常用的夯实机械有蛙式夯、内燃打夯机、履带式打夯机及轻型压路机等几种。

1. 蛙式夯

由夯头架、拖盘、电动机和传动减速机构组成,如图 1.42 所示。该机具轻便、构造简单等特点,目前广泛采用。

例如,功率为 2.8 kW 蛙式夯,在最佳含水量条件下,铺土厚 200 cm,夯击 3 ~ 4 遍,压实系数可达 0.95 左右。

2. 内燃打夯机

内燃打夯机又称"火力夯",一般用来夯实沟槽、基坑、墙边墙角,同时返土方便。

3. 履带式打夯机

用履带起重机提升重锤,夯锤重 9.8 ~ 39.2 kN,夯击高度为 1.5 ~ 5.0 m。夯实土层的厚度可达 3 m,它适用于沟槽上部夯实或大面积夯土正作,如图 1.43 所示。

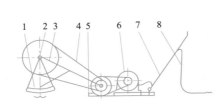

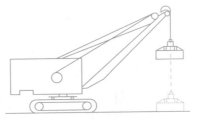

图 1.42　蛙式夯构造示意

1—偏心块;2—前轴装置;3—夯头架;4—传动装置;
5—拖盘;6—电动机;7—操纵手柄;8—电气控制设备

图 1.43　履带式打夯机

4. 压路机

沟槽上层夯实,常采用轻型压路机,工作效率较高。碾压的重叠宽度不得小于 20 cm。

1.5.2　土方回填的施工

沟槽回填前,应建立回填制度。根据不同的夯实机具、土质、密实度要求、夯击遍数、走夯形式等确定返土厚度和夯实后厚度。

沟槽回填后,管道基础混凝土强度和抹带水泥砂浆接口强度不应小于 5 MPa,现浇混凝土管渠的强度达到设计规定;砖沟或管渠顶板应装好盖板。

沟槽回填顺序,应按沟槽排水方向由高向低分层进行。

还土一般用沟槽原土,回填时,槽内不得有积水,不得回填淤泥、腐殖土及有机质。

沟槽两侧应同时回填夯实,以防管道位移。回填土时不得将土直接砸在抹带接口和防腐绝缘层上。

每层土夯实后,应检测密实度。测定的方法有环刀法和贯入法两种。采用环刀法时,应确定取样的数目和地点。由于表面土常易夯碎,每个土样应在每层夯实土的中间部分切取。土样切取后,根据自然密度、含水量、干密度等数值,即可算出密实度。

1.6　土方工程冬、雨期施工

1.6.1　冬期施工

土方冻结后开挖困难,施工复杂,需要采取些特殊的施工方法,如土壤的保温法、冻土破碎法。

1. 土壤保温法

在土壤冻结之前,采取一定的措施使土壤免遭冻结或减少冻结深度,常采用耙松法和覆盖法。

(1)耙松法

将表层土翻松,作为防冻层,减少土壤的冻结深度。根据经验,翻松的深度应不小于 30 cm。

(2)覆盖法

用隔热材料覆盖在开挖的沟槽(基坑)上面,作为保温层以缓解减少冻结,常用的保温材料一般为干砂、锯末、草叶等。其厚度视气温而定,一般为 15 ~ 20 cm。

2. 冻土破碎法

冻土破碎采用的机具和方法,应根据土质、冻结深度、机具性能和施工条件等确定,常用重锤击碎、冻土爆破等方法。

（1）重锤击碎法

重锤由吊车做起重架,重锤下落锤击冻结的土壤,如图1.44所示。重锤击碎法适用于冻结深度较小的土壤。重锤击土振动较大,在市区或靠近精密仪表、变压器等处,不宜采用。

（2）冻土爆破法

冻土爆破法常用爆破炮孔垂直设置,炮孔深度一般为冻土层厚度的0.7~0.8,炮孔间距和排距应根据炸药性能、炮孔直径和起爆方法确定。

在施工中只要计划周密,措施得当,管理妥善,避免安全事故的发生,就可以加快施工速度,收到良好的经济效益。

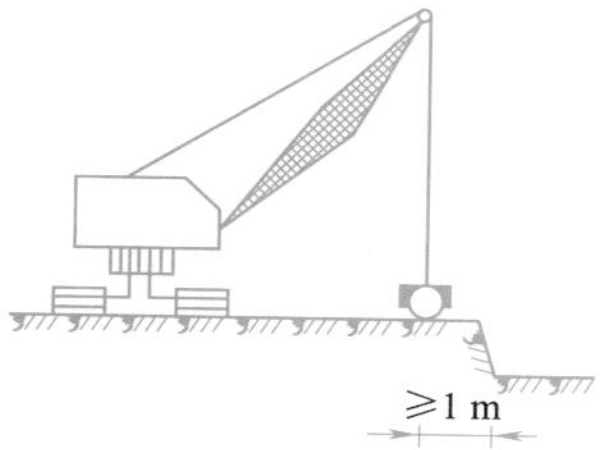

图1.44 重锤装置

3. 回填

由于冻土孔隙率比较大,土块坚硬,压实困难,当冻土解冻后往往造成很大沉降,因此冬季回填土时应注意以下几点:

（1）沟槽（基坑）可用含有冻土块的土回填,但冻土块体积不超过填土总体积的15%。

（2）低至管顶0.5 m范围内不得用含有冻土块的回填土。

（3）位于铁路、公路及人行道路两侧范围内的平整填方,可用含有冻土块的分层回填,但冻土块尺寸不得大于10 cm,而且冻土块的体积不得超过回填土总体积的15%。冬季土方回填前,应清除基底上的冰雪和保温材料;冬季土方回填应连续分层回填,每层填土厚度较夏季小,一般为20 cm。

1.6.2 雨期施工

雨水的降落,增加了土的含水量,施工现场泥泞,增加了施工难度,施工工效降低,施工费用提高。因此,要采取有效措施,搞好雨期施工。

（1）雨期施工的工作面不宜过大,应逐段完成,尽可能减少雨水对施工的影响,雨期施工前,应检查原有排水系统,保证排水畅通,防止地面水流入沟槽,应在沟槽地势高一侧设挡墙或排水沟。

（2）雨期施工时,应落实技术安全措施,保证施工质量,使施工顺利进行。

（3）雨期施工时,应保证现场运输道路畅通,道路路面应加铺炉碴、砂砾和其他防滑材料。

（4）雨期施工时,应保证边坡稳定,应缓一些或加设支撑,并加强对边坡和支撑的检查。

（5）雨期施工时,对横跨沟槽的便桥应进行加固,钉防滑木条。

1.7 土方工程的质量要求及安全技术

1.7.1 质量要求

（1）槽（基坑）的基底的土质,必须符合设计要求,严禁扰动。

（2）土方的基底处理,必须符合设计要求和施工规范的规定。

（3）填方时,应分层夯实,其控制干密度或压实系数应满足要求。

（4）土方工程外形尺寸的允许偏差及检验方法如表1.7所示。

表1.7 土方工程外形尺寸的允许偏差及检验方法

项次	项　目	允许偏差/mm					检验方法
		基坑、基槽、管沟	挖方、填方、场地平整		排水沟	地基（路）面层	
			人工施工	机械施工			
1	标高	+0 −50	±50	±100	+0 −50	+0 −50	用水准仪检查
2	长度、宽度（由设计中心线向两边量）	−0	−0	−0	+100 −0	—	用经纬仪、拉线和尺检查

项次	项　目	允许偏差/mm					检验方法
		基坑、基槽、管沟	挖方、填方、场地平整		排水沟	地基(路)面层	
			人工施工	机械施工			
3	边坡坡度	−0	−0	−0	−0	—	观察或用坡度尺检查
4	表面平整度	—	—	—	—	20	用 2 m 靠尺和楔形塞尺检查

注:(1)地(路)面基层的偏差只适用于直接在挖、填方上做地(路)面的基层。

　　(2)本表项次 3 的偏差是指边坡度,不应偏陡。

1.7.2　土方工程的安全技术

(1)了解场地内的各种障碍物,在特殊危险地区中,挖土应采用人工开挖,并做好安全防护措施。

(2)开挖基槽时,两人操作间距不小于 2.5 m,多台机械开挖时,挖土机间距应小于 10 m,土应由上而下,逐层进行,严禁采取先挖底脚或掏洞的操作方法。

(3)通过沟槽的通道应有便桥,便桥应牢固可靠,并设有扶手栏杆和防滑条。

(4)在市区主要干道下开挖沟槽时,在沟槽两侧应设有护屏,对横穿道路的沟槽,夜间应设有红色信号灯。

(5)开挖沟槽时,应根据土质和挖深严格要求放坡,开挖后的土应堆放在距沟槽上口边缘 1.0 m 以外,堆土高度不超过 1.5 m。

(6)在较深的沟槽下作业时应戴安全帽,应设上下梯子。

(7)吊运土方时,吊用工具应完好牢固,起吊时下方严禁有人。

(8)当沟槽支设支撑后,严禁人员攀登,特别是雨后应加强检查。

(9)开挖沟槽时应随时注意土壁变化情况,如有裂纹或部分坍塌现象时,应及时采取措施。

(10)所需材料应堆放在距沟槽上口边缘 1.0 m 以外的地方。

(11)沟槽回填土时,支撑的拆除应与回填配合进行,保证安全的前提下,尽量节约原料。

(12)当土方工程施工难度大时,要编制安全施工的技术措施,向施工人员进行技术交底,严格按施工操作规程进行。

计 划 单

学习领域	给排水工程施工		
学习情境	市政给排水工程施工	学 时	44
工作任务	土方工程施工	计划学时	1
计划方式	小组讨论,教师引导,团队协作,共同制订计划		
序 号	实施步骤		具体工作内容描述
1			
2			
3			
4			
5			
6			
7			
8			
9			
制订计划说明	(写出制订计划中人员为完成任务的主要建议或可以借鉴的建议、需要解释的某一方面)		

	班 级	组 别	组长签字	教师签字	日 期

计划评价	评语:

决 策 单

学习领域	给排水工程施工		
学习情境	市政给排水工程施工	学　时	44
工作任务	土方工程施工	决策学时	2

方案对比	组号	方案的可行性	方案的先进性	实施难度	综合评价
	1				
	2				
	3				
	4				
	5				
	6				
	7				
	8				
	9				
	10				

决策评价	班　级	组　别	组长签字	教师签字	日　期
	评语：				

实 施 单

学习领域	给排水工程施工		
学习情境	市政给排水工程施工	学　时	44
工作任务	土方工程施工	实施学时	6
实施方式	小组成员合作,共同研讨,确定动手实践的实施步骤,教师引导		
序　号	实施步骤	使用资源	
1			
2			
3			
4			
5			
6			
7			
8			
9			
10			
11			
12			
13			
14			
15			
16			

实施说明:

班　级	组　别	组长签字	教师签字	日　期

作 业 单

学习领域	给排水工程施工		
学习情境	市政给排水工程施工	学　时	44
工作任务	土方工程施工	作业方式	动手实践,学生独立完成
提交土方工程施工技术交底记录			

根据实际工程资料,小组成员进行任务分工,分别进行动手实践,共同完成建筑给水管道工程施工技术交底

姓　名	学　号	班　级	组　别	教师签字	日　期

作业评价	评语:

技术（质量）交底记录

工程名称		交底项目	
工程编号		交底日期	

交底内容：

文字说明或附图

接收人：　　　　　　　　　　　　　　交底人：

检 查 单

学习领域	给排水工程施工			
学习情境	市政给排水工程施工		学 时	44
工作任务	土方工程施工		检查学时	1
序号	检查项目	检查标准	组内互查	教师检查
1	施工程序	是否合理		
2	断面计算	计算是否完整、正确		
3	沟槽及基坑的施工工艺	选择是否合理		
4	冬、雨期施工	措施是否全面、合理		
5	质量要求及安全技术	是否全面、明确		
组 别	组长签字	班 级	教师签字	日 期
检查评价	评语：			

评 价 单

学习领域	给排水工程施工					
学习情境	市政给排水工程施工		学　时		44	
工作任务	土方工程施工		评价学时		1	
考核项目	考核内容及要求	分值	学生自评	小组评分	教师评分	实得分
计划编制 （25分）	工作程序的完整性	10	—	40%	60%	
	步骤内容描述	10	10%	20%	70%	
	计划的规范性	5		40%	60%	
工作过程 （50分）	合理确定施工顺序	10分	—	40%	60%	
	正确计算土方量及断面尺寸	10分	10%	20%	70%	
	合理选择施工方法	10分	—	30%	70%	
	合理确定冬、雨期施工措施	10分	10%	20%	70%	
	施工工艺符合质量、安全等要求	10分	10%	30%	60%	
学习态度 （5分）	上课认真听讲，积极参与讨论，认真 完成任务	5分	—	40%	60%	
完成时间 （10分）	能在规定时间内完成任务	10分	—	40%	60%	
合作性 （10分）	积极参与组内各项任务，善于协调与 沟通	10分	10%	30%	60%	
总分（∑）		100分	5	30	65	
班级	姓名	学号	组别	组长签字	教师签字	总评	日期

评价评语	评语：

任务2　降水系统施工

任　务　单

学习领域	给排水工程施工		
学习情境	市政给排水工程施工	学时	44
工作任务	降水系统施工	任务学时	10
布 置 任 务			
工作目标	1. 能够进行明沟排水系统的设计施工 2. 能够进行人工降水系统的设计施工		
任务描述	为了保证工程质量和施工安全,在土方开挖前或开挖过程中必须采取措施,做好降低地下水位的工作,使地基土在开挖及施工过程中保持干燥状态。施工排水有明沟排水和人工降低地下水位排水两种。根据实际工程资料,其具体工作如下: 　　1. 进行明沟排水系统的设计施工 　　2. 进行人工降水系统的设计施工		

学时安排	资讯	计划	决策	实施	检查	评价
	2 学时	1 学时	1 学时	4 学时	1 学时	1 学时

提供资料	［1］市政给排水管道工程施工资料. ［2］刘灿生. 给排水工程施工手册. 2 版. 北京:中国建筑工业出版社,2010. ［3］给水排水管道工程施工及验收规范(GB 50268—2008). 北京:中国建筑工业出版社,2009. ［4］虚拟给排水工程施工实训平台.
对学生的要求	1. 具有工程制图、流体力学、市政给排水管道工程等基本专业理论知识 2. 具有正确识读工程施工图的能力 3. 具有一定的自学能力以及进行基本专业计算的能力 4. 具有良好的与人沟通及语言表达能力 5. 具有团队协作精神与良好的职业道德 6. 能够严格遵守课堂纪律,不迟到,不早退,不旷课 7. 本工作任务学习完成后,需提交降水系统工程施工技术交底记录

资 讯 单

学习领域	给排水工程施工		
学习情境	市政给排水工程施工	学　时	44
工作任务	降水系统施工	资讯学时	2
资讯方式	在教材、参考书、专业杂志、互联网及信息单上查询问题,咨询任课教师		
资讯问题	1. 工程中明沟排水由哪几部分组成?		
	2. 明沟排水适合于哪种场合?		
	3. 如何进行明沟排水的排水沟开挖? 形式有哪些?		
	4. 如何进行涌水量计算?		
	5. 轻型井点降水系统由哪几部分组成?		
	6. 轻型井点降水适合于哪种场合?		
	7. 轻型井点降水系统的设计内容是什么?		
	8. 如何编写人工降水系统的施工方案?		
	9. 喷射式抽水系统的工作过程是怎样的?		
	10. 学生需要单独资讯的问题。		
资讯引导	请在以下材料中查找: [1]信息单. [2]刘灿生.给排水工程施工手册.2版.北京:中国建筑工业出版社,2010. [3]给水排水管道工程施工及验收规范(GB 50268—2008).北京:中国建筑工业出版社,2009. [4]全国二级建造师执业资格考试用书编写委员会.市政公用工程管理与实务.4版.北京:中国建筑工业出版社,2013. [5]全国一级建造师执业资格考试用书编写委员会.市政公用工程管理与实务.4版.北京:中国建筑工业出版社,2015.		

信 息 单

在开挖基坑(槽)、管沟或其他土方时,若地下水位较高,挖土底面低于地下水位,开挖至地下水位以下时,土的含水层被切断,地下水将不断流入坑内。这时不仅施工条件恶化,而且容易发生边坡失稳、地基承载力下降等不利现象,会导致给水排水管道、新建的构筑物或附近的建构筑物破坏。因此,为了保证工程质量和施工安全,在土方开挖前或开挖过程中必须采取措施,做好降低地下水位的工作,做好施工排水,使地基土在开挖及基础施工过程中保持干燥状态。

施工排水有明沟排水和人工降低地下水位排水两种方法。不论采用哪种方法,都应将地下水位降到槽底以下一定深度,改善槽底的施工条件,稳定边坡;稳定槽底;防止地基土承载力下降。

2.1 明沟排水

2.1.1 明沟排水

坑(槽)开挖时,为排除渗入坑(槽)的地下水和流入坑(槽)内的地面水,一般采用明沟排水;它是最简单应用普通的一种方法,除细砂土外适用于各种土质。

明沟排水是将流入坑(槽)内的水,经排水沟将水汇集到集水井,然后用水泵抽走。排水系统如图 2.1 所示。

明沟法排水通常是当坑(槽)开挖到接近地下水位时,先在坑(槽)中央开挖排沟,使地下水不断地流入排水沟,再开挖排水沟两侧土。如此一层层挖下去,直至挖到近槽底设计高程时,将排水沟移至沟槽一侧或两侧。开挖示意图如图 2.2 所示。

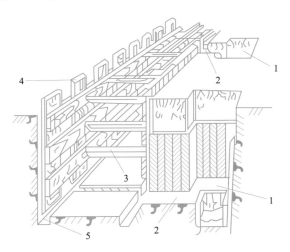

图 2.1 明沟排水系统图
1—集水井;2—进水口;3—横撑;4—竖撑板;5—排水沟

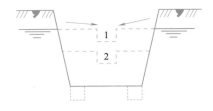

图 2.2 排水沟开挖示意图
1、2—排水沟

排水沟的断面尺寸,应根据地下水量及沟槽的大小来决定,一般排水沟的底宽不小于 0.3 m,排水沟深应大于 0.3 m,排水沟的纵向坡度不应小于 1% ~5%,且坡向集水井。若在稳定性较差的土壤中,可在排水沟内埋设多孔排水管,并在周围铺卵石或碎石加固,也可在排水沟内设支撑。集水井一般设在管线一侧或设在低洼处,以减少集水井土方开挖量。为便于集水井集水,应设在地下水来水方向上游的坑(槽)一侧,同时在基础范围以外。通常集水井距坑(槽)底应有 1 ~2 m 的距离。

集水井直径或宽度,一般为 0.7 ~0.8 m,集水井底与排水沟底应有一定的高差,一般开挖过程中集水井底始终低于排水沟底 0.7～1.0 m,当坑(槽)挖至设计标高后,集水井底应低于排水沟底 1～2 m。

为保证集水井附近的槽底稳定,集水井与槽底有一定距离,在坑(槽)与集水井间设进水口,进水口的宽度一般为 1～1.2 m。为了保证进水口的坚固,应采用木板、竹板支撑。

排水沟、进水口需要经常疏通,集水井需要经常清除井底的积泥,保持必要的存水深度以保证水泵的正常工作。集水井排水常用的水泵有离心泵、潜水泵和潜污泵。

离心泵的选择,主要根据流量和扬程。离心泵的安装,应注意吸水管接头是否吸气及吸水头部至少沉入水面以下 0.5 m,以免吸入空气,影响水泵的正常使用。

潜水泵具有整体性好、体积小、质量轻、移动方便及开泵时不需灌水等优点,在施工排水中广泛应用。潜水泵使用时,应注意不得脱水空转,也不得抽升含泥沙量过大的泥浆水,以免烧坏电动机。

明沟排水是一种常用的简易的降水方法,适用于少量地下水的排除,以及槽内的地表水和雨水的排除。对软土或土层中含有细砂、粉砂或淤泥层,不宜采用这种方法。

2.1.2　涌水量计算

合理选择水泵型号,应计算总涌水量。

1. 干河床

$$Q = 1.36 KH^2 / [\lg(R + r_0) - \lg r_0] \tag{2.1}$$

式中:Q——基坑总涌水量(m^3/d);

　　K——渗透系数(m/d),如表 2.1 所示;

　　H——稳定水位至坑底的深度(m);当基底以下为深厚透水层时,H 值可增加 3～4 m;

　　R——影响半径(m),如表 2.1 所示;

　　r_0——基坑半径(m)。矩形基坑,$r_0 = U(L + B)/4$;不规则基坑 $r_0 = (F/\pi)^{1/2}$。其中,L 与 B 分别为基坑的长与宽,F 为基坑面积;U 值如表 2.2 所示。

表 2.1　各种岩层的渗透系数及影响半径

岩 层 成 分	渗透系数/(m·d⁻¹)	影响半径/m
裂隙多的岩层	>60	>500
碎石、卵石类地层、纯净无细砂粒混杂均匀的粗砂和中砂	>60	200～600
稍有裂隙的岩层	20～60	150～250
碎石、卵石类地层、混合大量细砂粒物质	20～60	100～200
不均匀的粗粒、中粒和细粒砂	5～20	80～150

表 2.2　U 值

B/L	0.1	0.2	0.3	0.4	0.5	0.6
U	1.0	1.0	1.12	1.16	1.18	1.18

2. 基坑近河流

$$Q = 1.36 KH^2 / \lg(2D/r_0) \tag{2.2}$$

式中:D——基坑距河边的距离(m);其余同式(2.1)。

选择水泵时,水泵总排水量一般采用基坑总涌水量的 1.5～2.0 倍。

2.2　人工降低地下水位

人工降低地下水位排水就是在基坑(槽)开挖前,预先在含水层中布设一定数量的井点管进行抽水,并维持到坑(槽)土方回填。即利用抽水设备从中抽水,使地下水位降至坑底以下,直至基础施工结束,回填土完成为止,如图2.3所示。地下水位下降后形成降落漏,如果坑(槽)底位于降落漏斗以上,就基本消除了地下水对施工的影响。地下水位是在坑开挖前预先降低的。

人工降低地下水位一般有轻型井点、喷射井点、电渗井点、管井井点、深井井点等方法。本节主要阐述轻型井点降低地下水位。各类井点适用范围如表2.3所示。

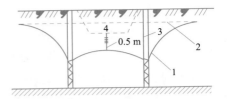

图2.3　人工降低地下水位示意图
1—抽水时水位;2—原地下水位;
3—井管;4—基坑(槽)

表2.3　各种井点的适用范围

井点类型	渗透系数/(m·d⁻¹)	降低水位深度/m	井点类型	渗透系数/(m·d⁻¹)	降低水位深度/m
单层轻型井点	$0.1 \sim 50$	$3 \sim 6$	电渗井点	< 0.1	根据选用的井点确定
多层轻型井点	$0.1 \sim 50$	$6 \sim 12$	管井井点	$20 \sim 200$	根据选用的水泵确定
喷射井点	$0.1 \sim 20$	$8 \sim 20$	深井井点	$10 \sim 250$	> 15

2.2.1　轻型井点

轻型井点又分为单层轻型井点和多层轻型井点两种。

单层轻型井点适用于粉砂、细砂、中砂、粗砂等,渗透系数为$0.1 \sim 50$ m/d,降深小于6 m。多层轻型井点适用渗透系数为$0.1 \sim 50$ m/d,降深为$6 \sim 12$ m。轻型井点降水效果显著,应用广泛,并有成套设备可选用。

1. 轻型井点的组成

轻型井点由滤水管、井点管、弯联管、总管和抽水设备组成,如图2.4所示。

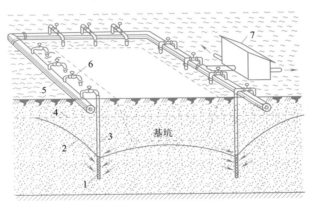

图2.4　轻型井点降低地下水位示意图
1—滤管;2—降低后地下水位线;3—井点管;4—原有地下水位线;5—总管;6—弯联管;7—水泵房

(1)滤水管

滤水管是轻型井点的重要组成部分,埋设在含水层中,一般采用直径$38 \sim 55$ mm,长$1 \sim 2$ m的镀锌钢管制成,管壁上呈梅花状钻5.0 mm的孔眼,间距为$30 \sim 40$ mm。

滤水管的进水管面积按下式计算:

$$A = 2m\pi r_d L_L \tag{2.3}$$

式中:A——滤水管进水面积(m^2);

　　　m——孔隙率,一般取$20\% \sim 30\%$;

　　　r_d——滤水管半径(m);

　　　L_L——滤水管长度(m)。

为了防止土颗粒进入滤水管,滤水管外壁应包滤水网。滤水网的材料和网眼规格应根据含水层中土颗粒粒径和地下水水质而定。一般可用黄铜丝网、钢丝网、尼龙丝网、玻璃丝等制成。滤网一般包两层,内层滤网网眼为 30~50 个/cm²,外层滤网网眼为 3~10 个/cm²。为避免滤孔淤塞使水流通畅,在滤水管与滤网之间用 10 号钢丝绕成螺旋形将其隔开,滤网外面再围一层 6 号钢丝。也有用棕代替滤水网包裹滤水管,这样可以降低造价。滤水管下端用管堵封闭,也可安装沉砂管,使地下水中夹带的砂粒沉积在沉砂管内。滤水管的构造,如图 2.5 所示。

为了提高滤水管的进水面积,防止土颗粒涌入井点内,提高土的竖向渗透性,可在滤水管周围建立直径 40~50 cm 的过滤层,如图 2.6 所示。

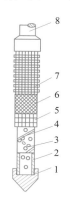

图 2.5 滤水管构造
1—铁头;2—钢管;3—管壁上的滤水孔;
4—钢丝;5—细滤网;6—粗滤网;
7—粗钢丝保护网;8—井点瞥

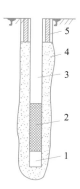

图 2.6 井点的过滤砂层
1—沉砂管;2—滤水瞥;3—井点管;
4—填料;5—黏土

（2）井管

井管一般采用镀锌钢管制成,管壁上不设孔眼,直径与滤水管相同,其长度视含水层埋设深度而定,井管与滤水管间用管箍连接。

（3）弯联管

弯联管用于连接井管和总管,一般采用内径 38~55 mm 的加固橡胶管,该种弯联管安装和拆卸都很方便,允许偏差较大。也可采用弯头管箍等管件组装而成,该种弯联管气密性较好,但安装不方便。

（4）总管

总管一般采用直径为 100~150 mm 的钢管,每节长为 4~6 m,在总管的管壁上开孔焊有直径与井管相同的短管,用于弯联管与井管的连接,短管的间距应与井点布置间距相同,但是由于不同的土质、不同降水要求,所计算的井点间距不同,因此在选购时,应根据实际情况而定。总管上短管间距通常按井点间距的模数而定,一般为 1.0~1.5 m,总管间采用法兰连接。

（5）抽水设备

轻型井点通常采用射流泵或真空泵抽水设备,也可采用自引式抽水设备。射流式抽水设备是由水射器和水泵共同工作来实现的,其设备组成简单,工作可靠,减少泵组的压力损失,便于设备的保养和维修。射流式抽水设备如图 2.7 所示。离心水泵从水箱抽水,水经水泵加压后,高压水在射流器的喷口出流形成射流,产生一定的真空度,使地下水经井管、总管进入射流器,经过能量变换,将地下水提升到水箱内,一部分水经过水泵加压,使射流器工作,另一部分水经水管排除。

真空式抽水设备是真空泵和离心泵联合机组,真空式抽水设备的地下水位降落深度为 5.5~6.5 m。此外,抽水设备组成复杂,连接较多,不容易保证降水的可靠性。

自引式抽水设备是用离心水泵直接自总管抽水,地下水位降落深度仅为 2~4 m。

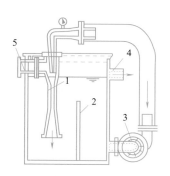

图 2.7 射流式抽水设备
1—射流器;2—隔板;3—加压泵;
4—排水口;5—接口

无论采用哪种抽水设备,为了提高水位降落深度,保证抽水设备的正常工作,除保证整个系统连接的严密性外,还要在地面下1.0 m深度的井管外填黏土密封,避免井点与大气相通,破坏系统的真空。

2. 轻型井点设计

轻型井点的设计包括:平面布置、高程布置、涌水量计算、井点管的数量、间距和抽水设备的确定等。井点计算由于受水文地质和井点设备等诸多因素的影响,所计算的结果只是近似数值,对重要工程,其计算结果必须经过现场试验进行修正。

(1)轻型井点布置

总的布置原则是所有需降水的范围都包括在井点围圈内,若在主要构造物基坑附近有一些小面积的附属构筑物基坑,应将这些小面积的基坑包括在内。井点布置分为平面布置和高程布置。

① 平面布置:根据基坑平面形状与大小、土质和地下水的流向,降低地下水的深度等要求而定。当沟槽宽小于2.5 m,降水深小于4.5 m时,可采用单排线状井点(见图2.8),布置在地下水流的上游一侧;当基坑或沟槽宽度较大,或土质不良,渗透系数较大时,可采用双排线状井点,如图2.9所示;当基坑面积较大时,应用环形井点,如图2.10所示。挖土运输设备出入道路处可不封闭。

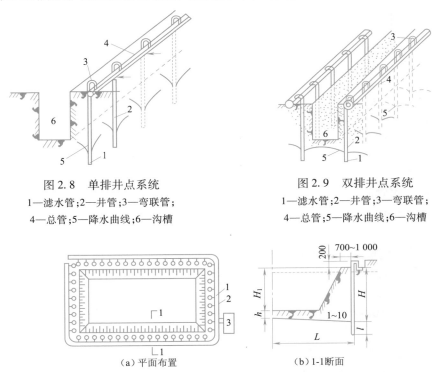

图2.8 单排井点系统
1—滤水管;2—井管;3—弯联管;
4—总管;5—降水曲线;6—沟槽

图2.9 双排井点系统
1—滤水管;2—井管;3—弯联管;
4—总管;5—降水曲线;6—沟槽

(a)平面布置 (b)1-1断面

图2.10 环形井点布置简图
1—总管;2—井点管;3—抽水设备
H—井点管埋置深度;L—井点管中心至最不利点的水平距离;l—滤管长度
H_1—井点管埋设面至基坑底面的距离;h—降水后地下水位至基坑底面的距离

• 井点的布置:井点应布置在坑(槽)上口边缘外1.0~1.5 m,布置过近,影响施工进行,而且可能使空气从坑(槽)壁进入井点系统,使抽水系统真空破坏,影响正常运行。井点的埋设深度应满足降水深度要求。

• 总管布置:为提高井点系统的降水深度,总管的设置高程应尽可能接近地下水位,并应以1‰~2‰的坡度坡向抽水设备,当环围井点采用多个抽水设备时,应在每个抽水设备所负担总管长度分界处设阀门将总管分段,以便分组工作。

• 抽水设备的布置:抽水设备通常布置在总管的一端或中部,水泵进水管的轴线尽量与地下水位接近,常与总管在同一标高上,水泵轴线不低于原地下水位以上0.5~0.8 m。

• 观察井的布置:为了了解降水范围内的水位降落情况,应在降水范围内设置一定数量的观察井,观察井的位置及数量视现场的实际情况而定,一般设在基坑中心、总管末端、局部挖深处等位置。

② 高程布置:井点管的埋设深度应根据降水深度、储水层所在位置、集水总管的高程等决定,但必须将滤管埋入储水层内,并且比所挖基坑或沟槽底深 0.9 ～ 1.2 m。集水总管标高应尽量接近地下水位线并沿抽水水流方向有 0.25‰ ～ 0.5‰ 的上仰坡度,水泵轴心与总管齐平。

井点管埋深可按下式计算,如图 2.11 所示。

$$H = H_1 + \Delta h + iL + I \tag{2.4}$$

式中:H——井点管埋置深度(m);

H_1——井点管埋设面至基坑底面的距离(m);

Δh——降水后地下水位至基坑底面的安全距离(m),一般为 0.5 ～ 1 m;

i——水力坡度,与土层渗透系数、地下水流量等因素有关,根据扬水试验和工程实测确定。对环状或双排井点可取 1/15 ～ 1/10;对单排线状井点可取 1/4;环状井点外取 1/10 ～ 1/8;

L——井点管中心至最不利点(沟槽内底边缘或基坑中心)的水平距离(m);

I——滤管长度(m)。

井点露出地面高度,一般取 0.2 ～ 0.3 m。轻型井点的降水深度以不超过 6 m 为宜。若求出的 H 值大于 6 m,则应降低井点管和抽水设备的埋置面;若仍达不到降水深度的要求,可采用二级井点或多级井点,如图 2.12 所示。

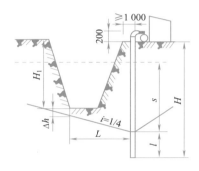
图 2.11　高程布置

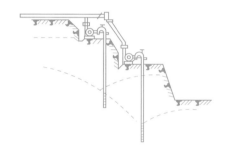
图 2.12　二级轻型井点降水示意图

根据施工经验,两级井点降水深度递减 0.5 m 左右。布置平台宽度一般为 1.0 ～ 1.5 m。

(2)涌水量计算

井点涌水量采用裘布依公式近似地按单井涌水量算出。工程实际中,井点系统是各单井之间相互干扰的井群,井点系统的涌水量显然较数量相等互不干扰的单井的各井涌水量总和小。工程上为应用方便,按单井涌水量作为整个井群的总涌水量,而单井的直径按井群各个井点所环围面积的直径计算。由于轻型井点的各井点间距较小,可以将多个井点所封闭的环围面积当作一口钻井,即以假想环围面积的半径代替单井井径计算涌水量。

无压完整井的涌水量,如图 2.13 所示。

$$Q = 1.366K(2H - S)S/(\lg R - \lg X_0) \tag{2.5}$$

式中:Q——井点系统总涌水量(m^3/d);

K——渗透系数(m),

S——水位降深(m);

H——含水层厚度(m);

R——影响半径(m);

X_0——井点系统的假想半径(m)。

无压非完整井的涌水量,如图 2.14 所示。工程上遇到的大多为潜水非完整井,其涌水量可按下式计算:

$$Q' = BQ \tag{2.6}$$

式中:Q——潜水非完整井涌水量;

B——校正系数;

$$B = (L_{L}/h)^{1/2}/\left[(2h - L_{L})/h\right]^{1/4} \tag{2.7}$$

式中：h——地下水位降落后井点中水深(m)；

B——滤水管长度(m)。

也可以简化计算，仍按公式 2.5 计算，只是将式中的 H 换成 H_0，即

$$Q = 1.366K(2H_0 - S)S/(\lg R - \lg X_0) \tag{2.8}$$

式中：H_0——含水层有效带的深度(m)，如表 2.4 所示。其他参数意义同前。

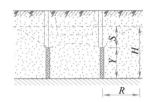

图 2.13　无压完整井　　　　图 2.14　无压非完整井

表 2.4　H_0 计 算

$S/(S + L_L)$	0.2	0.3	0.5	0.8
H_0	$1.3(S + L_L)$	$1.5(S + L_L)$	$1.7(S + L_L)$	$1.85(S + L_L)$

注：L_L 为滤水管长度，S 为水位下降值。

（3）涌水量计算中有关参数的确定

① 渗透系数 K。以现场抽水试验取得较为可靠，若无资料时可按表 2.5 所示数值选用。

表 2.5　土的渗透系数 K 值

土 的 类 别	$K/(\text{m} \cdot \text{d}^{-1})$	土 的 类 别	$K/(\text{m} \cdot \text{d}^{-1})$
粉质黏土	<0.1	古黏土的粗砂及纯中砂	35 ~ 50
含黏土的粉砂	0.5 ~ 1.0	纯中砂	60 ~ 75
纯粉砂	1.5 ~ 5.0	粗砂夹砾石	50 ~ 100
含黏土的细砂	10 ~ 15	砾石	100 ~ 200
含黏土的中砂及细砂	20 ~ 25		

注：K 为渗透系数

当含水层不是均一土层时，渗透系数可按各层不同渗透系数的土层厚度加权平均计算。

$$K_{\text{cp}} = (K_1 n_1 + K_2 n_2 + \cdots + K_n n_n)/(n_1 + n_2 + \cdots + n_n) \tag{2.9}$$

式中：$K_1, K_2, \cdots, K_n$——不同土层的渗透系数(m/d)；

$n_1, n_2, \cdots, n_n$——含水层不同土层的厚度(m)。

② 影响半径 R。确定影响半径常用 3 种方法：直接观察、用经验公式计算、经验数据。

以上 3 种方法中，直接观察是精确的方法，通常单井的影响半径比井点系统的影响半径小。所以，根据单井抽水试验确定影响半径是偏于安全的。

用经验公式计算影响半径：

$$R = 1.95S(KH)^{1/2} \tag{2.10}$$

③ 环围面积的半径 X_0 的确定。井点所封闭的环围面积为非圆形时，用假想半径确定 X_0，假想半径 X_0 的圆称为假想圆。这样根据井点位置的实际尺寸就容易确定了。

当井点所环围的面积近似正方形或不规则多边形时，假想半径为：

$$X_0 = (F/\pi)^{1/2} \tag{2.11}$$

式中：X_0——假想半径(m)；

F——井点所环围的面积(m^2)。

当井点所环围的面积为矩形时，假想半径 X_0 按下式计算：

$$X_0 = a(L+B)/4 \tag{2.12}$$

式中:L——井点系统的总长度(m);

　　　B——环围井点总宽度(m);

　　　a——系数,如表2.6所示。

表2.6　a 值

B/L	0	0.2	0.4	0.6	0.8	1.0
a	1.0	1.12	1.16	1.18	1.18	1.18

当 $L/B > 5$ 时,不能用一个假想圆计算,而应划分为若干个假想圆。

狭长的坑(槽),一般 $B=0$,即

$$X_0 = L/4 \tag{2.13}$$

L 值愈大,即井点系统长度愈大;但当 $L > 1.5R$ 时,宜取 $L = 1.5R$ 为一段进行计算。

(4)井点数量和井点间距的计算

井点数量:

$$n = 1.1Q/q \tag{2.14}$$

式中:n——井点根数;

　　　Q——井点系统涌水量(m^3/d);

　　　q——单个井点的涌水量(m^3/d)。

q 值按下式计算:

$$q = 65\pi d L_L (K)^{1/3} \tag{2.15}$$

式中:d——滤水管直径(m);

　　　L_L——滤水管长度(m);

　　　K——渗透系数(m/d)。

井点管的间距

$$D = L_1/(n-1) \tag{2.16}$$

式中:L_1——总管长度(m),对矩形基坑的环形井点,$L_1 = 2(L+B)$;双排井点,$L_1 = 2L$ 等;D 值求出后要取整数,并应符合总管接头的间距。

井点数量与间距确定以后可根据下式校核所采用的布置方式是否能将地下水位降低到规定的标高,即 h 值是否不小于规定的数值。

$$h = \left\{ H^2 - \frac{\alpha}{1.366K} \left[\lg R - \frac{1}{n} \lg(x_1, x_2, \cdots, x_n) \right] \right\}^{\frac{1}{2}} \tag{2.17}$$

式中:　h——滤管外壁处或坑底任一点的动水位高度(m),对完整井算至井底,对非完整井算至有效带深度;

　$x_1, \cdots, x_n$——所核算的滤管外壁或坑底任意点至各井点管的水平距离(m)。

(5)确定抽水设备

常用抽水设备有真空泵(干式、湿式)、离心泵等,一般按涌水量、渗透系数、井点数量与间距来确定。水泵流量应按 1.1 ~ 1.2 倍涌水量计算。

3. 轻型井点施工、运行及拆除

轻型井点系统的安装顺序:测量定位;敷设集水总管;冲孔;沉放井点管;填滤料;用弯联管将井点管与集水总管相连;安装抽水设备;试抽。井点管埋设有射水法、套管法、冲孔或钻孔法。

(1)射水法

井点管下设射水球阀,上接可旋动节管与高压胶管、水泵等,如图2.15所示。冲射时,先在地面井点位置挖一小坑,将射水式井点管插入,利用高压水在井管下端冲刷土体,使井点管下沉。下沉时,随时转动管子以增加下沉速度并保持垂直。射水压力一般为 0.4 ~ 0.6 MPa。当井点管下沉至设计深度后取下软管,与集水总管相连,抽水时,球阀自动关闭。冲孔直径不小于 300 mm,冲孔深度应比滤管深 0.5 ~ 1 m,以利沉泥。井点管与孔壁间应及时用洁净粗砂灌实,井点管要位于砂滤中间。灌砂时,管内水面应同时上升,否则可向管内注水,水如很快下降,则认为埋管合格。

(2)套管法

套管法冲设备由套管、翻浆管、喷射头和储水室四部分组成,如图 2.16 所示。套管直径 150 ~ 200 mm(喷射井点为 300 mm),一侧每 1.5 ~ 2.0 m 设置 250 mm × 200 mm 排泥窗口,套管下沉时,逐个开闭窗口,套管起导向、护壁作用。储水室设在套管上、下,用 4 根 ϕ38 mm 钢管上下联结,其总截面积是喷嘴面积总和的 3 倍。为了加快翻浆速度及排除土块,在套管底部内安装两根 ϕ25mm 压缩空气管,喷射器是该设备的关键部件,由下层储水室、喷嘴和冲头三部分组成。套管冲枪的工作压力随土质情况加以选择,一般取 0.8 ~ 0.9 MPa。

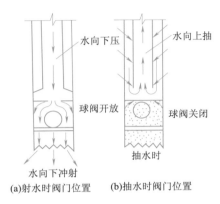

图 2.15 射水式井点管示意图

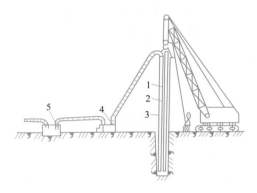

图 2.16 套管冲沉井点管
1—水枪;2—套管;3—井点管;4—高压水泵;5—水槽

当冲孔至设计深度,继续给水冲洗一段时间,使出水含泥量在 5% 以下。此时,于孔底填一层砂砾,将井点管居中插入,在套管与井点管之间分层填入粗砂并逐步拔出套管。

(3)冲孔或钻孔法

采用直径为 50 ~ 70 mm 的冲水管或套管式高压水冲枪冲孔,或用机械、人工钻孔后再沉放井点管。冲孔水压采用 0.6 ~ 1.2 MPa。为加速冲孔速度,可在冲管两旁设置两根空气管,将压缩空气接入。所有井点管在地面以下 0.5 ~ 1.0 m 的深度内,应用黏土填实以防漏气。井点管埋设完毕,应接通总管与抽水设备进行试抽,检查有无漏气、淤塞等异常现象。轻型井点使用时,应保证连续不断地抽水,并准备双电源或自备发电机。

井点系统使用过程中,应继续观察出水是否澄清,并应随时做好降水记录,一般按表 2.7 填写。

表 2.7 降水记录表

施工单位＿＿＿＿＿＿＿＿＿＿　　　　工程名称＿＿＿＿＿＿＿＿＿＿

班　　组＿＿＿＿＿＿＿＿＿＿　　　　气　　候＿＿＿＿＿＿＿＿＿＿

降水泵房编号＿＿＿＿＿＿＿＿＿＿　机组类别及编号＿＿＿＿＿＿＿＿

实际使用机组数量＿＿＿＿＿＿　井点数量:开＿＿＿＿根,停＿＿＿＿根

观测日期:自＿＿＿年＿＿＿月＿＿＿日＿＿＿时至＿＿＿年＿＿＿月＿＿＿日＿＿＿时

观测时间		降水机组		地下水流量/	观测孔水位读数/m			记事	记录者
时	分	真空值/Pa	压力值/Pa	(m³·h⁻¹)	1	2	…		

井点系统使用过程中,应经常观测系统的真空度,一般不应低于 55.3 ~ 66.7 kPa,若出现管路漏气,水中

含砂较多等现象时,应及早检查,排除故障,保证井点系统的正常运行。

　　坑(槽)内的施工过程全部完毕并在回填土后,方可拆除井点系统,拆除工作是在抽水设备停止工作后进行,井管常用起重机或吊链将井管拔出。当井管拔出困难时,可用高压水进行冲刷后再拔。拆除后的滤水管、井管等应及时进行保养检修,存放指定地点,以备下次使用。井孔应用砂或土填塞,应保证填土的最大干密度满足要求。

4. 轻型井点工程实例

【工程案例】某地建造一座地下式水池,其平面尺寸为 10 m × 10 m。基础底面标高为 12.00 m,自然标高为 17.00 m,根据地质勘探资料,地面以下 1.5 m 以上为亚黏土,以下为 8 m 厚的细砂土,地下水静水位标高为 15.00 m,土的渗透系数为 5 m/d,试进行轻型井点系统的布置与计算。

【解】根据本工程基坑的平面形状及降水深度不大,拟定采用环状单排布置,如图 2.17 所示。

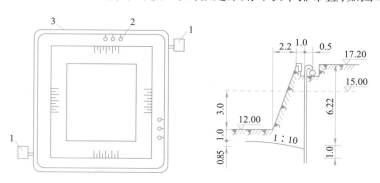

图 2.17　井点系统布置图
1—抽水设备;2—井管;3—排水总管

　　井管、滤水管选用直径为 50 mm 的钢管,布设在距基坑上口边缘外 1.0 m,总管布置在距基坑上口边缘外 1.5 m,总管底埋设标高为 16.4 m,弯联管选用直径 50 mm 的弯联管。

　　井点埋设深度(不包括滤管)的确定:

$$H \geqslant H_1 + \Delta h + iL$$

式中:H_1——井点管埋设面至基坑底面的距离:16.4 − 12 = 4.4 m;

　　　Δh——降落后水位距坑底的距离,取 1.0 m;

　　　i——降水曲线坡度,环状井点取 1:10;

　　　L——井点中心距基坑中心的距离,基坑侧壁边坡率 $n = 0.5$,边坡的水平投影为

$$H_1 \times n = 4.4 \times 0.5 = 2.2 \text{ m},\text{则} L = 5 + 2.2 + 1.0 = 8.2 \text{ m}$$

所以　　　　　　　　　　　$H \geqslant 4.4 + 1.0 + 0.1 \times 8.2 = 6.22 \text{ m}$

则井管的长度取 7 m。据安装要求,井点露出地面 0.2 m,则 7 − 0.2 = 6.8 m > 6.22 m,满足要求。

　　滤水管选用长度为 1.0 m。

　　由于土层的渗透系数不大,初步选定井点间距为 0.8 m,总管直径选用 150 mm 的钢管,总长度为

$$4 \times (2 \times 2.2 + 10 + 2 \times 1.5) = 4 \times 17.4 = 69.6 \text{ m}$$

　　抽水设备选用两套,其中一套备用,布置见图 2.17,核算如下:

(1)涌水量计算按无压非完整井计算,采用式(2.8)。其中:

$$S = (15.00 − 12.00) + 1.0 + 6.8 − 6.22 = 4.58 \text{ m}$$

滤水管 $L_L = 1.0$ m,根据表 2.4,按 $S/(S + L_L) = 4.58/5.58 = 0.82$,查得:

$$H_0 = 1.85(S + L_L) = 1.85(4.58 + 1.0) = 10.32 \text{ m} > (1.5 + 8) − (17.2 − 15) = 7.3 \text{ m},\text{取} 7.3 \text{ m}.$$

影响半径按式(2.10)计算,其中 $K = 5$(m/d)

$$R = 1.95S(KH)1/2 = 1.95 \times 4.58 \times (5 \times 7.3)1/2 = 53.96 \text{ m}$$

假想半径按式(2.11)计算,即:

$$X_0 = (F/\pi)1/2 = [(2 \times 2.2 + 10 + 2 \times 1.5)2 /3.14]1/2 = 9.82 \text{ m}$$

故,井的涌水量为:

$$Q = 1.366 \times 5 (2 \times 7.3 - 4.58) \times 4.58/(\lg 53.96 - \lg 9.82) = 423.59 (\text{m}^3/\text{d})$$

(2)井点数量与间距的计算。

单井出水量按式(2.15)计算:

$$q = 65\pi dL_L (K)^{1/3} = 65 \times 3.14 \times 0.05 \times 1.0 \times (5)^{1/3} = 17.45 (\text{m}^3/\text{d})$$

井点数量按式(2.4)计算:$n = 1.1 \times (423.59/17.45) = 27$ 根

井点管间距按式(2.16)计算:$D = 65.6/(27 - 1) = 2.52$ m (取 2.4 m)

抽水设备选择。抽水量为 $Q = 423.59$ m³/d = 17.65 m³/h,井点系统真空值取 80 kPa。选用两套 QJD-45 射流式抽水设备。

5. 轻型井点降水技术交底

(1)工程概况

某清水池容积 8 000 m³,土方工程采用机械施工大开挖施工方案,开挖面积 40 m × 58 m,开挖深度为 5.2 m,地下水位为 15.00 m。本场地地质构造复杂,由东向西发现有古道路、古河道及新近代冲积物为沉积软弱黏性土层,均横向穿越本场地,地质柱状表如表 2.8 所示。

表 2.8　地质柱状表

层次	地 层 描 述	厚度/m	深度/m	层底标高/m
1	杂填土:炉渣、砖瓦块杂土组成,松散	1.5	1.5	8.61
2	粉土:1.5～3.7 m 为黄色粉土,稍湿－湿硬－可塑,3.7～5.2 m 为棕黄色粉土,饱水软-流塑,振动时析水	3.7	5.2	5.91
3	粉质黏土:黄色粉质黏土,可塑－硬塑,上部含礓石较多,7.5 m 以下礓石减少呈可塑状态	3.8	9.0	1.11
3.1	粗砂砾石层:黄色粗砂含黏土,9.5 m 为粗砂,砾石含水层水量较大	1.0	10	0.11

由于开挖深度较大,地下水位高,在土方开挖前,设计要求进行人工降水,以保证施工质量和顺利进行施工,施工组织设计确定降水方案为轻型井点降水及井点布置。

(2)准备工作

① 施工机具:

● 滤管:φ50 mm,壁厚 3.0 mm 无缝钢管,长 2.8 m,一端用厚为 4.0 mm 钢板焊死,在此端 1.4 m 长范围内,在管壁上钻有 φ15 mm 的小圆孔,孔距为 25 mm,外包两层滤网,滤网采用编织布,外再包一层网眼较大的尼龙丝网,每隔 50～60 mm 用 10 号钢丝绑扎一道,滤管另一端与井点管进行连接。

● 井点管:φ50 mm,壁厚为 3.0 mm 无缝钢管,长 6.2 m。

● 连接管:胶皮管,与井点管和总管连接,采用 8 号钢丝绑扎,应扎紧以防漏气。

● 总管:φ102 mm 钢管,壁厚为 4 mm,每节长度为 4～5 m,用法兰盘加橡胶垫圈连接,防止漏气、漏水。

● 抽水设备:3BA-35 单级单吸离心泵,共 5 台,其中两台备用,自制反射水箱。

● 移动机具:自制移动式井架、牵引能力为 6 t 的绞车。

● 凿孔冲击管:φ219 mm × 8 mm 的钢管,由加工厂自制,其长度为 10 m。

● 水枪:φ50 mm × 5 mm 无缝钢管,下端焊接一个 φ16 mm 的枪头喷嘴,上端弯成大约直角,且伸出冲击管外,与高压胶管连接。

● 蛇形高压胶管:压力应达到 1.50 MPa 以上,长 120 m。

● 高压水泵:100TSW-7 高压离心泵,配备一个压力表,做下井管之用。

② 材料:粗砂与豆石,不得采用中砂,严禁使用细砂,以防堵塞滤管网眼。

③ 技术准备:详细查阅工程地质报告,了解工程地质情况,分析降水过程中可能出现的技术问题和采取

的对策。凿孔设备与抽水设备检查。

④ 平整场地：为了节省机械施工费用，不使用履带式吊车，采用碎石桩振冲设备的自制简易车架，因此场地平整度要高一些，设备进场前进行场地平整，以便于车架在场地内移动。

（3）井点安装

① 安装程序：井点放线定位—安装高位水泵—凿孔安装埋设井点管—布置安装总管—井点管与总管连接—安装抽水设备—试抽与检查—正式投入降水程序。

② 井点管埋设：根据建设单位提供测量控制点，测量放线确定井点位置，然后在井位先挖一个小土坑，深大约 500 mm，以便于冲击孔时集水，埋管时灌砂，并用水沟将小坑与集水坑连接，以便于排泄多余水。用绞车将简易井架移到井点位置，将套管水枪对准井点位置，启动高压水泵，水压控制在 0.4 ~ 0.8 MPa，在水枪高压水射流冲击下套管开始下沉，并不断地提升与降落套管和水枪。一般含砂的黏土，按以往经验，套管落距在 1 000 mm 之内，在射水与套管冲切作用下，大约在 10 ~ 15 min，井点管可下沉 10 m 左右，若遇到较厚的纯黏土时，沉管时间要延长，此时可采取增加高压水泵的压力，以达到加速沉管的速度。冲击孔的成孔直径应达到 300 ~ 350 mm，保证管壁与井点管之间有一定间隙，以便于填充砂石，冲孔深度应比滤管设计安置深度深 500 mm 以上，以防止冲击套管提升拔出时部分土塌落，并使滤管底部存有足够的砂石。

凿子冲击管上下移动时应保持垂直，这样才能使井点降水井壁保持垂直，若在凿孔时遇到较大的石块和砖块，会出现倾斜现象，此时成孔的直径也应尽量保持上下一致。

井孔冲击成型后，应拔出冲击管，通过单滑轮，用绳索拉起井点管插入，井点管的上端应用木塞塞住，以防砂石或其他杂物进入，并在井点管与孔壁之间填灌砂石滤层。该砂石滤层的填充质量直接影响轻型井点降水的效果，应注意砂石必须采用粗砂，以防止堵塞滤管的网眼；滤管应放置在井孔的中间，砂石滤层的厚度应在 60 ~ 100 mm 之间，以提高透水性，并防止土粒渗入滤管堵塞滤管的网眼。填砂厚度要均匀，速度要快，填砂中途不得中断，以防孔壁塌土；滤砂层的填充高度，至少要超过滤管顶以上 1 000 ~ 1 800 mm，一般应填至原地下水位线以上，以保证土层水流上下畅通；井点填砂完后，井口以下 1.0 ~ 1.5 m 用黏土封口压实，防止漏气而降低降水效果。

③ 冲洗井管：将 ϕ15 ~ 30 mm 的胶管插入井点管底部进行注水清洗，直到流出清水为止。应逐根进行清洗，避免出现"死井"。

④ 管路安装：首先沿井点管外侧，铺设集水干管，并用胶垫螺栓把干管连接起来，主干管连接水箱水泵，然后拔掉井点管上端的木塞，用胶管与主管连接好，再用 10 号钢丝绑好，防止管路不严漏气而降低整个管路的真空度。主管路的流水坡度按坡向泵房 5‰ 的坡度，并用砖将主干管垫好，并做好冬季降水防冻保温。

⑤ 检查管路：检查集水干管与井点管连接的胶管的各个接头在试抽水时是否有响声漏气现象，发现这种情况应重新连接或用油腻子堵塞，重新拧紧法兰盘螺栓和胶管的钢丝，直至不漏气为止。在正式运转抽水之前必须进行试抽，以检查抽水设备运转是否正常，管路是否存在漏气现象。在水泵进水管上安装一个真空表，在水泵的出水管上安装一个压力表。为了观测降水深度是否达到施工组织设计所要求的降水深度，在基坑中心设置一个观测井点，以便于通过观测井点测量水位，并描绘出降水曲线。在试抽时，应检查整个管网的真空度，当真空度达到 550 mmHg（73.33 kPa）时，方可进行正式投入抽水。

（4）抽水

轻型井点管网全部安装完毕后进行试抽。当抽水设备运转一切正常后，整个抽水管路无漏气现象，可以投入正常抽水作业。开机一个星期后将形成地下降水漏斗，并趋向稳定，土方工程可在降水 10 天后开工。

（5）注意事项

土方挖掘运输车道不设置井点，这并不影响整体降水效果。在正式开工前，由电工及时办理用电手续，并做好备用电源，保证在抽水期间不停电。因为抽水应连续进行，特别是开始抽水阶段，时停时抽，井点管的滤网易于阻塞,出水混浊。同时,由于中途长时间停止抽水,造成地下水位上升,会引起土方边坡塌方等事故。

轻型井点降水应经常进行检查,其出水规律应"先大后小,先混后清"。若出现异常情况,应及时进行检查。在抽水过程中,应经常检查和调节离心泵的出水阀门以控制流水量,当地下水位降到所要求的水位后,减少出水阀门的出水量,尽量使抽吸与排水保持均匀,达到细水长流。真空度是轻型井点降水能否顺利进行降水的主要技术指数,现场设专人经常观测,若抽水过程中发现真空度不足,应立即检查整个抽水系统有无漏气环节,并应及时排除。

在抽水过程中,特别是开始抽水时,应检查有无井点管淤塞的死井,可通过管内水流声、管子表面是否潮湿等方法进行检查;如"死井"数量超过10%,则严重影响降水效果,应及时采取措施,采用高压水反冲洗处理。在打井点之前应踏勘现场,若发现场内表层有旧基础、隐性墓地应及早处理。

本工程场地黏土层较厚,沉管速度会较慢,当超过常规沉管时间时,可采取增大水泵压力,大约在1.0～1.4 MPa,但不要超过1.5 MPa。

主干管应按本交底做好流水坡度,流向水泵方向。本工程土方开挖后期已到冬季,应做好主干管保温,防止受冻。

基坑周围上部应挖好排水沟,防止雨水流入基坑。

井点位置应距坑边2～2.5 m,以防止井点设置影响边坑土坡的稳定性。水泵抽出的水应按施工方案设置的明沟排出,离基坑越远越好,以防止地表水渗下回流,影响降水效果。

由于本工程场地内的黏土层较厚,将影响降水效果。因为黏土的透水性能差,上层水不易渗透下去,采取套管和水枪在井点轴线范围之外打孔,用与埋设井点管相同的成孔作业方法,井内填满粗砂,形成2～3排砂桩,使地层中上下水贯通。在抽水过程中,由于下部抽水,上层水因重力作用和抽水产生的负压,上层水系很容易漏下去,将水抽走。

由于地质情况比较复杂,工程地质报告与实际情况往往不符,应因地制宜采取相应措施,并向公司技术科通报。

2.2.2　喷射井点

工程上,当坑(槽)开挖较深,降水深度大于6.0 m时,单层轻型井点系统不能满足要求时,可采用多层轻型井点系统。但是,多层轻型井点系统存在着设备多、施工复杂、工期长等缺点,此时,宜采用喷射井点降水。降水深度可达8～12 m。在渗透系数为3～20 m/d的砂土中应用本法最为有效。渗透系数为0.1～3 m/d的粉砂淤泥质土中效果也较显著。

根据工作介质不同,喷射井点分为喷气井点和喷水井点两种,目前多采用喷水井点。

1. 喷射井点设备

(1)喷射井点系统组成

喷射井点设备由喷射井管、高压水泵及进水排水管路组成,如图2.18所示。喷射井管有内管和外管,在内管下端设有喷射器与滤管相连。高压水(0.7～0.8 MPa)经外管与内管之间的环形空间,并经喷射器侧孔流向喷嘴。由于喷嘴处截面突然缩小,压力水经喷嘴以很高的流速喷入混合室,使该室压力下降,造成一定的真空度。此时,地下水被吸入混合室与高压水汇合,流经扩管。由于截面扩大,水流速度相应减小,使水的压力逐渐升高,沿内管上升经排水总管排出。高压水泵宜采用流量为50～80 m³/h的多级高压水泵,每套约能带动20～30根井管。

(2)喷射井点布置

喷射井点的平面布置,当基坑宽小于10 m时,井点可作单排布置,当大于10 m时,可作双排布置;当基坑面积较大时,宜采用环形布置。井点距一般采用1.5～3 m。

喷射井点高程布置及管路布置方法和要求与轻型井点基本相同。

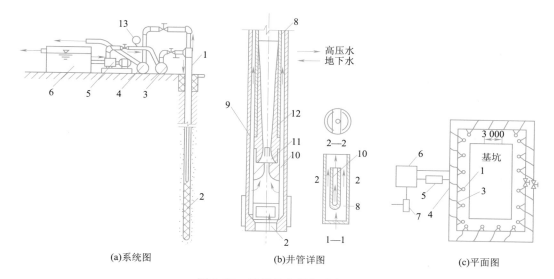

(a)系统图　　　　(b)井管详图　　　　(c)平面图

图 2.18　喷射井点设备及布置

1—喷射井管;2—滤管;3—进水总管;4—排水总管;5—高压水泵;6—集水池;
7—水泵;8—内管;9—外管;10—喷嘴;11—混合室;12—扩散管;13—压力表

2. 喷射井点的施工与使用

喷射井点的施工顺序:安装水泵及进水管路;敷设进水总管和回水总管,沉设井点管并灌填砂滤料,接通进水总管后及时进行单根井点试抽、检验;全部井点管沉设完毕后,接通回水总管,全面试抽,检查整个降水系统的运转状况及降水效果,然后让工作水循环进行正式工作。

喷射井点埋设时,宜用套管冲孔、加水及压缩空气排泥。当套管内含泥量小于 5% 时方可下井管及灌砂,然后再将套管拔起。下管时水泵应先开始运转,以便每下好一根井管,立即与总管接通(不接回水管),之后及时进行单根试抽排泥,并测定真空度,待井管出水变清后为止,地面测定真空度不宜小于 93 300 Pa。全部井点管埋设完毕后,再接通回水总管,全面试抽,然后让工作水循环,进行正式工作。各套进水总管均应用阀门隔开,各套回水总管应分开。开泵时,压力要小于 0.3 MPa,以后再逐渐正常。抽水时若发现井管周围有泛砂冒水现象,应立即关闭井点管进行检修。工作水应保持清洁,试抽两天后应更换清水,以减轻工作水对喷嘴及水泵叶轮等的磨损。

3. 喷射井点的计算

喷射井点的涌水量计算及确定井点管数量与间距,抽水设备等均与轻型井点计算相同,水泵工作水需用压力按下式计算:

$$P = P_0/A \tag{2.18}$$

式中:P——水泵工作水压力(m);

P_0——扬水高度(m),即水箱至井管底部的总高度;

A——水高度与喷嘴前面工作水头之比。

混合室直径一般为 14 mm,喷嘴直径为 5 ~ 7 mm。喷射井点出水量如表 2.9 所示。

表 2.9　喷射井点出水量

型　　号	外管直径/mm	喷射器		工作水压力/MPa	工作水流量/(m³·h⁻¹)	单井出水量/(m³·h⁻¹)	适用含水层渗透系数/(m·d⁻¹)
		喷嘴直径/mm	混合室直径/mm				
1.5 型并列式	38	7	14	0.60 ~ 0.80	4.10 ~ 6.80	4.22 ~ 5.76	0.10 ~ 5.00
2.5 型圆心式	68	7	14	0.60 ~ 0.80	4.60 ~ 6.20	4.30 ~ 5.76	0.10 ~ 5.00
6.0 型圆心式	162	19	40	0.60 ~ 0.80	30	25.00 ~ 30.00	10.00 ~ 20.00

2.2.3 电渗井点

在饱和黏土或含有大量黏土颗粒的沙性土中,土分子引力很大,渗透性较差。采用重力或真空作用的一般轻型井点排水,效果很差。此时,宜采用电渗井点降水。电渗井点适用渗透系数小于 0.1 m/d 的土层中。

1. 电渗井点的原理

电渗井点的基本原理就是根据胶体化学的双电层理论,在含水的细土颗粒中,插入正负电极并通以直流电后,土颗粒即自负极向正极移动,水自正极向负极移动,这样把井点沿坑槽外围埋入含水层中,作为负极,导致弱渗水层中的黏滞水移向井点中,然后用抽水设备将水排除,以使地下水位下降。

2. 电渗井点的布置

电渗井点布置如图 2.19 所示。采用直流电源,电压不宜大于 60 V。电流密度宜为 0.5 ~ 1 A/m²;阳极采用 DN50 ~ DN75 的钢管或 DN < 25 mm 的钢筋;负极采用井点本身。

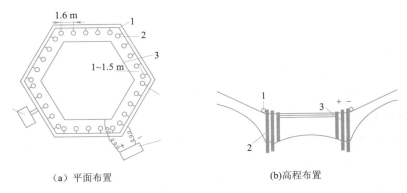

（a）平面布置 　　　　　　　　　　(b)高程布置

图 2.19　电渗井点布置
1—集水总管;2—井点管;3—钢筋

正极和负极自成一列布置,一般正极布置在井点的内侧,与负极并列或交错,正极埋设应垂直,严禁与相邻负极相碰。正极的埋设深度应比井点深 50 cm,露出地面 0.2 ~ 0.4 m,并高出井点管顶端,正负极的数量宜相等,必要时正极数量可多于负极数量。正负极的间距,一般采用轻型井点时,为 0.8 ~ 1.0 m,采用喷射井点时,为 1.2 ~ 1.5 m。

正负极应用电线或钢筋连成电路,与电源相应电极相接,形成闭合回路,导线上的电压降不应超过规定电压的 5%。因此,要求导线的截面较大,一般选用直径 6 ~ 10 mm 的钢筋。

3. 电渗井点的施工与使用

电渗井点施工与轻型井点相同。电渗井点安装完毕后,为避免大量电流从表面通过,降低电渗效果,减少电耗,通电前应将地面上的金属或其他导电物处理干净。电路系统中应安装电流表和电压表,以便操作时观察,电源必须设有接地线。

电渗井点运行时,为减少电耗,应采用间歇通电,即通电 24 h 后,停电 2 ~ 3 h 再通电;应按时观测电流、电压、耗电量及观测井水位变化等,并做好记录。

2.2.4 管井井点

管井适用于中砂、粗砂、砾砂、砾石等渗透系数为 1 ~ 200 m/d,地下水丰富的土、砂层或轻型井点不易解决的地方。

管井井点系统由滤水井管、吸水管、水泵等组成,如图 2.20 所示。管井井点排水量大,降水深,可以沿基坑或沟槽的一侧或两侧作直线布置,也可沿基坑外围四周呈环状布设。井中心距基坑边缘的距离:采用冲击式钻孔用泥浆护壁时为 0.5 ~ 1 m;采用套管法时不小于 3 m。管井埋设的深度与间距,根据降水面积、深度及水层的渗透系数等而定,最大埋深可达 10 m,间距 10 ~ 50 m。

井管的埋设可采用冲击钻或螺旋钻,泥浆或套管护壁。钻孔直径应比滤水井管大 200 mm 以上。井管下沉前应进行清洗,并保持滤网的畅通,滤水井管放于孔

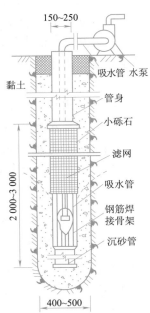

图 2.20　管井井点构造

中心,用圆木堵塞管口。壁与井管间用 3～15 mm 砾石填充作过滤层,地面下 0.5 m 以内用黏土填充夯实,高度不小于 2 m。

管井井点抽水过程中应经常对抽水机械的电动机、传动轴、电流、电压等进行检查,对管井内水位下降和流量进行观测和记录。管井使用完毕,采用人工拔杆,用钢丝绳导链将管口套紧慢慢拔出,洗净后供再次使用,所留孔洞用砂砾回填夯实。

2.2.5 深井井点

当土的渗透系数大于 20～200 m/d,地下水有比较丰富的土层或沙层,要求地下水位降深较大时,宜采用深井井点,其构造如图 2.21 所示。

1. 深井井点系统的主要设备

(1)井管及滤水管

井管部分由 DN200 钢管、混凝土管或塑料管等制成;滤水管可用钢筋焊接骨架,外缠镀锌钢丝并包孔眼为 1～2 mm 的滤网,长 2～3 m。

(2)吸水管

用直径 50～100 mm 的胶皮管或钢管制成,其底部装有底阀,吸水管进口应低于管井内最低水位。

(3)水泵

一般多采用深井泵,每个管井设一台,若因水泵吸水真空高度的限制,也可选用潜水泵。

2. 管井布置及埋设

管井一般沿基坑(槽)外围每隔一定距离设置一个,其间距为 10～50 m,管井中心距基坑(槽)上口边缘的距离,依据钻孔方法而定。

管井的埋深应根据降水面积和降水深度以及含水层渗透系数而定。

管井的埋设可采用回转钻成孔,亦可用冲击钻成孔。钻孔直径应比滤水管大 200 mm 以上。井管放于孔中心,井壁与土壁间用 3～15 mm 砾石填充滤层,地面以下 0.5 m 内用黏土密封。

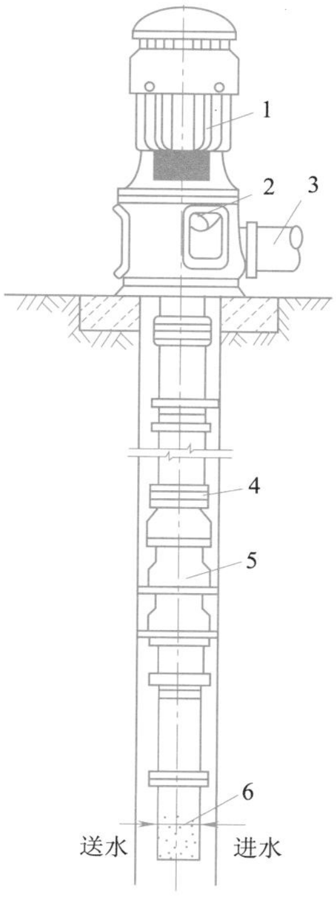

3. 水泵设置

水泵的设置标高应根据降水深度和水泵最大吸水真空高度而定,若高度不够,可设在基坑内。

(a) 深水泵抽水设备系统　　(b) 滤网骨架

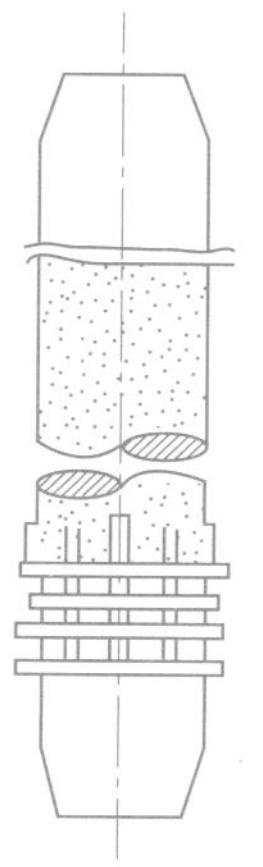

图 2.21 深井井点
1—电动机;2—泵座;3—出水管;4—井管;5—泵体;6—滤水管

计 划 单

学习领域	给排水工程施工			
学习情境	市政给排水工程施工	学　时		44
工作任务	降水系统施工	计划学时		1
计划方式	小组讨论,教师引导,团队协作,共同制订计划			
序　号	实施步骤			具体工作内容描述
1				
2				
3				
4				
5				
6				
7				
8				
9				
制订计划说明	(写出制订计划中人员为完成任务的主要建议或可以借鉴的建议、需要解释的某一方面)			

	班　级	组　别	组长签字	教师签字	日　期
计划评价					
	评语:				

决 策 单

学习领域	给排水工程施工		
学习情境	市政给排水工程施工	学　时	44
工作任务	降水系统施工	决策学时	1

方案对比	序号	方案的可行性	方案的先进性	实施难度	综合评价
	1				
	2				
	3				
	4				
	5				
	6				
	7				
	8				
	9				
	10				

	班　级	组　别	组长签字	教师签字	日　期
决策评价					

评语：

实 施 单

学习领域	给排水工程施工		
学习情境	市政给排水工程施工	学 时	44
工作任务	降水系统施工	实施学时	4
实施方式	小组成员合作,共同研讨,确定动手实践的实施步骤,教师引导		
序 号	实施步骤		使用资源
1			
2			
3			
4			
5			
6			
7			
8			
9			

实施说明:

班 级	组 别	组长签字	教师签字	日 期

作 业 单

学习领域	给排水工程施工		
学习情境	市政给排水工程施工	学　时	44
工作任务	降水系统施工	作业方式	动手实践,学生独立完成
提交人工降水系统施工技术交底记录			

根据实际工程资料,小组成员进行任务分工,分别进行动手实践,共同完成人工降水系统施工技术交底

姓　名	学　号	班　级	组　别	教师签字	日　期

作业评价	评语:

技术（质量）交底记录

工程名称		交底项目	
工程编号		交底日期	

交底内容：

文字说明或附图

接收人：   交底人：

检　查　单

学习领域	给排水工程施工			
学习情境	市政给排水工程施工		学　时	44
工作任务	降水系统施工		检查学时	1
序号	检查项目	检查标准	学生互查	教师检查
1	轻型井点降水系统设备选择	合理选择降水设备		
2	轻型井点降水系统的布置	正确进行平面及高程布置		
3	涌水量计算	合理选择水井类型,正确计算涌水量		
4	井点管数量计算	正确计算井点管数量,确定其间距		
组　别	组长签字	班　级	教师签字	日　期
检查评价	评语:			

评 价 单

学习领域		给排水工程施工				
学习情境	市政给排水工程施工		学 时		44	
工作任务	降水系统施工		评价学时		1	
考核项目	考核内容及要求	分值	学生自评	小组评分	教师评分	实得分
计划编制 （25分）	工作程序的完整性	10	—	40%	60%	
	步骤内容描述	10	10%	20%	70%	
	计划的规范性	5	—	40%	60%	
工作过程 （50分）	合理选择降水设备	10	—	40%	60%	
	正确进行平面及高程布置	10	10%	20%	70%	
	合理选择水井类型，正确计算涌水量	10	—	30%	70%	
	正确计算井点管数量，确定其间距	20	10%	20%	70%	
学习态度 （5分）	上课认真听讲，积极参与讨论，认真完成任务	5	—	40%	60%	
完成时间 （10分）	能在规定时间内完成任务	10	—	40%	60%	
合作性 （10分）	积极参与组内各项任务，善于协调与沟通	10	10%	30%	60%	
总分（Σ）		100	5	30	65	
班级	姓名	学号	组别	组长签字	教师签字	总评	日期

评价评语	评语：

任务3 给排水管道及构筑物施工

任 务 单

学习领域	给排水工程施工		
学习情境	市政给排水工程施工	学时	44
工作任务	给排水管道及构筑物施工	学时	18
布 置 任 务			
工作目标	1. 掌握给水排水管道开槽施工的方法 2. 掌握给水排水管道不开槽施工的方法 3. 掌握检查井等附属构筑物的施工工艺 4. 熟悉沉井工程施工程序		
任务描述	市政给排水管道及构筑物的施工具有其特殊性,其工程质量的优劣对城市基础设施具有重要影响,是市政给排水工程质量的保障。 具体任务要求: 1. 测量与放线的方法 2. 地基处理 3. 下管与稳管的工艺要求 4. 管道接口的施工工艺 5. 质量检查与验收的标准 6. 掘进顶管的施工方法 7. 盾构法及其他暗挖法的工艺特点 8. 检查井等附属构筑物施工方法 9. 沉井工程施工方法		

学时安排	资讯	计划	决策	实施	检查	评价
	8 学时	2 学时	2 学时	4 学时	1 学时	1 学时

| 提供资料 | [1] 市政给排水管道工程施工资料.
[2] 刘灿生. 给排水工程施工手册. 2 版. 北京:中国建筑工业出版社,2010.
[3] 给水排水管道工程施工及验收规范(GB 50268—2008). 北京:中国建筑工业出版社,2009.
[4] 虚拟给排水工程施工实训平台. | | |

| 对学生的要求 | 1. 具有工程制图、工程测量、市政给排水管道工程等基本专业理论知识
2. 具有正确识读市政给排水工程施工图的能力
3. 具有独立进行工程测量的能力
4. 具有一定的自学能力以及进行基本专业计算的能力
5. 具有良好的与人沟通及语言表达能力
6. 具有团队协作精神与良好的职业道德
7. 能够严格遵守课堂纪律,不迟到,不早退,不旷课
8. 本工作任务学习完成后,需提交给水排水管道技术交底记录 | | |

资 讯 单

学习领域	给排水工程施工		
学习情境	市政给排水工程施工	学　时	44
工作任务	给排水管道及构筑物施工	资讯学时	8
资讯方式	在教材、参考书、专业杂志、互联网及信息单上查询问题；咨询任课教师		
资讯问题	1. 给水排水管道工程开槽施工包括哪些工序？		
	2. 施工测量的目的及步骤是什么？给水排水管道放线时有哪些要求？		
	3. 地下给水排水管道施工前,应检查的内容有哪些？		
	4. 什么情况下需要进行地基处理？地基处理的目的是什么？		
	5. 地基处理的方法有哪些？		
	6. 较简易的地基处理方法是什么？如何处理？		
	7. 人工下管时可采取哪些方法？机械下管时应注意哪些问题？		
	8. 稳管工作包括哪些环节？地下给排水管道施工中对稳管的要求是什么？		
	9. 室外给水管道常用的管材及使用场所是什么？施工方法是什么？		
	10. 室外排水管道常用的管材及使用场所是什么？施工方法是什么？		
	11. UPVC 管运输、保管、下管有何要求？接口方式及其施工要点是什么？		
	12. 什么叫平基法施工？什么叫垫块法施工？		
	13. 何谓"四合一"施工法？施工顺序是什么？		
	14. 排水管道常采用的刚性接口和柔性接口有哪些？各适用在什么场合？		
	15. 室外给排水管道质量检查的内容是什么？如何进行？		
	16. 不开槽施工优缺点？目前有哪些类型？		
	17. 如何进行掘进顶管施工？怎样控制中心和高程？顶进设备有哪些？		
	18. 盾构法施工有什么特点？		
	19. 砖砌体有哪几种形式？施工过程如何？		
	20. 叙述砖砌水池及检查井的施工要点。		
	21. 模板的作用及支设要求是什么？		
	22. 钢筋混凝土水池施工要点是什么？		
	23. 沉井施工的特点及其应用场合是什么？沉井施工过程是怎样的？		
	24. 管井施工前应做好哪些准备工作？		
	25. 学生需要单独资讯的问题。		
资讯引导	请在以下材料中查找: [1] 信息单. [2] 刘灿生. 给排水工程施工手册. 2 版. 北京:中国建筑工业出版社,2010. [3] 给水排水管道工程施工及验收规范(GB 50268—2008). 北京:中国建筑工业出版社,2009. [4] 全国二级建造师执业资格考试用书编写委员会编写. 市政公用工程管理与实务. 4 版. 北京:中国建筑工业出版社,2013. [5] 全国一级建造师执业资格考试用书编写委员会. 市政公用工程管理与实务. 4 版. 北京:中国建筑工业出版社,2015.		

信 息 单

市政给排水管道施工作业前应做好充分准备:管沟平直,管沟深度、宽度符合要求,管沟底夯实,沟内无障碍物;应用防塌方措施。管沟两侧不得堆放施工材料及其他物品。沟边布管时,要考虑不得堵塞交通,不影响沟槽安全,施工方便等因素。对承插接口的管材,其承口方向应朝来水方向;坡度较大区域,布管时应将水口边坡朝上,以利于装管和接口;在现场狭窄地段施工,运来的管材应立即下沟槽,不允许在沟边摆放,要防止管材滚入沟槽内造成事故。在布管前,应按设计将三通、阀门等先行定位,并逐个定出接口工作坑的位置。

敷设地下给水排水管道,一般采用开槽施工和不开槽施工两种方式:

开槽施工是常用的一种室外给水排水管道施工方法,包括测量与放线、沟槽开挖、沟槽地基处理、下管、稳管、接口、管道工程质量检查与验收、土方回填等工序。但该方法施工时要挖大量土方,并要有临时存放场地,以便安好管道进行回填。另外,该方法污染环境,占地面积大、断绝交通,给人们日常生活带来了极大的不便。

不开槽施工可避免以上问题,一般适用于非岩性土层,在下列情况时采用:

(1)管道穿越铁路、公路、河流或建筑物时。

(2)街道狭窄,两侧建筑物多时。

(3)在交通量大的市区街道施工,管道既不能改线又不能断绝交通时。

(4)现场条件复杂,与地面工程交叉作业,相互干扰,易发生危险时。

(5)管道覆土较深。开槽土方量大,并需要支撑时。

不开槽施工具有如下特点:

(1)施工面占地面积少,移入地下,不影响交通、污染环境。

(2)穿越铁路、公路、河流、建筑物等障碍物时可减少拆迁,节省资金与时间,降低工程造价。

(3)施工中不破坏现有的管线及构筑物,不影响其正常使用。

(4)大量减少土方的挖填量,利用管底下边的天然土作地基,可节省管道的全部混凝土基础。

(5)不开槽施工较开槽施工降低40% 左右的工程造价。但是,该技术也存在以下问题:土质不良或管顶超挖过多时,竣工后地面下沉,路表裂缝,需要采用灌浆处理;必须要有详细的工程地质和水文地质勘探资料,否则将出现不易克服的困难;遇到复杂的地质情况时,如松散的砂砾层、地下水位以下的粉土,施工困难、工程造价增高。

3.1 测量与放线

给水排水管道工程的施工测量是为了使给水排水管道的实际平面位置、标高和形状尺寸等,符合设计图样要求。

施工测量后,进行管道放线,以确定给水排水管道沟槽开挖位置、形状和深度。

3.1.1 施工测量

1. 程序

一般管道施工测量可分两个步骤:

(1)进行一次站场的基线桩及辅助基线桩、水准基点桩的测量,复核测量时所布设的桩橛位置及水准基点标高是否正确无误,在复核测量中进行补桩和护桩工作。通过本步测量可以了解给水排水管道工程与其他工程之间的相互关系。

（2）按设计图样坐标进行测量,对给水排水管道及附属构筑物的中心桩及各部位置进行施工放样,同时做好护桩。

施工测量的允许误差,应符合表3.1的规定。

表3.1 施工测量允许误差

项 目	允 许 误 差	项 目	允 许 误 差
水准测量高程闭合差	平地 ±20 $\sqrt{L}$(mm) 山地 ±6 $\sqrt{n}$(mm)	导线测量相对闭合差 直接丈量测距两次较差	1/3 000 1/5 000
导线测量方位角闭合差	±40 $\sqrt{n}$ (")		

注:(1)L为水准测量高程闭合路线的长度(mm)。
　　(2)n为水准或导线测量的测站数。

临时水准点和管道轴线控制桩的设置应便于观测且必须牢固,并应采取保护措施。开槽铺设管道的沿线临时水准点,每200 m不宜少于1个。临时水准点的设置应与管道轴线控制桩、高程桩同时进行,并应经过复核方可使用,还应经常校核。已建管道、构筑物等与拟建工程衔接的平面位置和高程,开工前应校核。

给水排水管线测量工作应有正规的测量记录本,认真、详细记录,必要时应附示意图。测量记录应有专人妥善保管,随时备查,应作为工程竣工必备的原始资料加以存档。

2. 交接桩事宜

施工单位在开工前,建设单位应组织设计单位进行现场交桩,在交接桩前双方应共同拟定交接桩计划,交接桩时,由设计单位提供有关图表、资料。其交接桩具体内容如下:

（1）双方交接的主要桩橛应为站场的基线桩及辅助基线桩、水准基点桩以及构筑物的中心桩及有关控制桩、护桩等,并应说明等级号码、地点及标高等。

（2）交接桩时,由设计单位备齐有关图表,包括给排水工程的基线桩、辅助基线桩、水准基点桩、构筑物中心桩以及各桩的控制桩及护桩示意图等,并按上述图表逐个桩橛进行点交。水准点标高应与邻近水准点标高闭合。

（3）接桩完毕,应立即组织力量复测。接桩时,应检查各主要桩橛的稳定性、护桩设置的位置、个数、方向是否符合标准,并应尽快增设护桩。

设置护桩时,应考虑下列因素:不被施工挖土挖掉或弃土埋没;不被施工工地有关人员、运输车辆碰移或损坏;不在地下管线或其他构筑物的位置上;不因施工场地地形变动(如施工的填挖)而影响观测。

（4）交接桩完毕后,双方应作交接记录,说明交接情况,存在问题及解决办法,由双方交接负责人与有关交接人员签字盖章。

3.1.2 管道放线

给水排水管道及其附属构筑物的放线,可采取经纬仪定线,直角交会法或直接丈量法。

给水排水管道放线前,应沿管道走向,每隔200 m左右用原站场内水准基点设临时水准点一个。临时水准点应与邻近固定水准基点闭合。给水管道放线,一般每隔20 m设中心桩;排水管道放线,一般每隔10 m设中心桩。

给水排水管道在阀门井室处、检查井处、变换管径处、管道分支处均应设中心桩,必要时设置护桩或控制桩。

给水排水管道放线抄平后,应绘制管路纵断面图,按设计埋深、坡度计算出挖深。

3.2 地基处理

在工程上,无论是给水排水构筑物,还是给水排水管道,其荷载都作用于地基土上,导致地基土产生附加应力。附加应力引起地基土沉降,沉降量取决于土的孔隙率和附加应力的大小。在荷载作用下,若同一高度的地基各点沉降量相同,这种沉降称为均匀沉降;反之,称为不均匀沉降。无论是均匀沉降,还是不均匀沉降都有一个容许范围值,称为极限均匀沉降量和最大不均匀沉降量。当沉降量在允许范围内时,构筑物才能稳定安全,否则,结构就会失去稳定或遭到破坏。

地基在构筑物荷载作用下,不会因地基土产生的剪应力超过土的抗剪强度而导致地基和构筑物破坏的承载力称为地基容许承载力。因此,地基应同时满足容许沉降量和容许承载力的要求。若不满足,则采取相应措施对地基土加固处理。地基处理的目的如下:

(1)改善土的剪切性能,提高抗剪强度。

(2)降低软弱土的压缩性,减少基础的沉降或不均匀沉降。

(3)改善土的透水性,起着截水、防渗的作用。

(4)改善土的动力特性,防止砂土液化。

(5)改善特殊土的不良地基特性(主要是指消除或减少湿陷性和膨胀土的胀缩性等)。

地基处理的方法有换土垫层、碾压夯实、挤密振实、排水固结和注浆液加固等五类。各类方法及其原理、作用如表3.2所示。

表3.2　地基处理方法分类

分类	处理方法	原理及作用	适用范围
换土垫层	素土垫层 砂垫层 碎石垫层	挖除浅层软土,用砂、石等强度较高的土料代替,以提高持力层土的承载力,减少部分沉降量;消除或部分消除土的湿陷性胀缩性及防止土的冻胀作用;改善土的抗液化性能	适用于处理浅层软弱土地基、湿陷性黄土地基(只能用灰土垫层)、膨胀土地基、季节性冻土地基
挤密振实	砂桩挤密法 灰土桩挤密法 石灰桩挤密法 振冲法	通过挤密法或振动使深层土密实,并在振动挤压过程中,回填砂、石等材料,形成砂桩或碎石桩,与桩周土一起组成复合地基,从而提高地基承载力,减少沉降量	适用于处理砂土粉土或部分黏土颗粒含量不高的黏性土
碾压夯实	机械碾压法 振动压法 重锤夯实法 强夯法	通过机械压或夯击压实土的表层,强夯法则利用强大的夯击,能迫使深层土液化和动力固结而密实,从而提高地基的强度,减少部分沉降量,消除或部分消除黄土的湿陷性,改善土的抗液化性能	一般是用于砂土、含水量不高的黏性土及填土地基。强夯法应注意其振动对附近(约30 m内)建筑物的影响
排水固结	堆载顶压法 砂井堆载顶压法 排水纸板法 井点降水顶压法	通过改善地基的排水条件和施加顶压荷载,加速地基的固结和强度增长,提高地基的强度和稳定性,并使基础沉降提前完成	适用于处理厚度较大的饱和软土层,但需要具有顶压的荷载和时间,对于厚的泥炭层则要慎重对待
浆液加固	硅化法 旋喷法 碱液加固法 水泥灌浆法 深层搅拌法	通过注入水泥、化学浆液将土粒黏结;或通过化学作用机械拌和等方法,改善土的性质,提高地基承载力	适用于处理砂土、黏性土、粉土、湿陷性黄土等地基,特别是用于对已建成的工程地基事故处理

灰土的含水量应适宜,以手紧握土料成团,两指轻捏能碎为宜。灰土应拌和均匀,颜色一致,拌好后应及时铺好夯实,避免未夯实的灰土受雨淋,铺土应分层进行,每层铺土厚度参照表3.3、表3.4确定。垫层质量控制其压实系数不小于0.93~0.95。

表 3.3　砂和砂石垫层的施工方法及每层铺筑厚度、最佳含水量

项次	捣实方法	每层铺设厚度/mm	施工时的最佳佳含水量/%	施工说明	备注
1	平振法	200~250	15~20	用平板式振捣器往复振捣(宜用功率较大者)	不宜使用于细砂或含泥量较大的砂
2	插振法	振捣器插入深度	饱和	1. 用插入式振捣器 2. 插入间距可根据机械振幅大小决定 3. 不应插至下卧黏性土层 4. 插入振捣完毕后,所留的孔洞,应用砂填实	不宜使用于细砂或含泥量较大的砂
3	水撼法	250	饱和	1. 注水高度应超过每次铺筑面层 2. 用钢叉摇撼捣实,插入点间距为100 mm 3. 钢叉分四齿,齿的间距8 cm,长300 mm,木柄长900 mm	湿陷性黄土、膨胀性土地区不得使用
4	夯实法	150~200	8~12	1. 用木夯或机械夯 2. 木夯重量40 kg,落距0.4~0.5 m 3. 一夯压半夯,全面夯实	
5	碾压法	250~350	8~12	重量6~10 t压路机往复碾压	1. 适用于大面积砂垫层 2. 不宜用于地下水位以下的砂垫层

表 3.4　灰土最大虚铺厚度

项次	夯实机具种类	重量/kN	厚度/mm
1	木夯	0.049~0.098	150~200
2	石夯	0.392~0.784	200~250
3	蛙式打机	1.2~4.0	200~250
4	压路机	58.86~98.1	200~300

3.2.1　换土和压实

换土垫层是一种直接置换地基持力层软弱土的处理方法。施工时将基底下一定深度的软弱土层挖除,分层填回砂、石、灰土等材料,并加以夯实振密。换土垫层是一种较简易的浅层地基处理方法,在各地得到广泛应用。

1. 素土垫层

素土垫层一般适用于处理湿陷性黄土和杂填土地基,是先挖去基础下的部分土层或全部软弱土层,然后分层回填,分层夯实素土而成。软土地基土的垫层厚度,应根据垫层底部软弱土层的承载力决定,其厚度不应大于 3 m。

素土垫层的土料,不得使用淤泥、耕土、冻土、垃圾、膨胀土以及有机物含量大于 8% 的土作为填料。土料含水量应控制在最佳含水量范围内,误差不得超过 ±2% 。填料前应将基底的草皮、树根、淤泥、耕植土铲除,清除全部的软弱土层。施工时,应做好地面水或地下水的排除工作,填土应从最低部分开始进行,分层铺设,分层夯实。垫层施工完毕后,应立即进行下道工序施工,防止水浸、晒裂。

2. 砂和砂石垫层

砂和砂石垫层适用于处理在坑(槽)底有地下水或地基土的含水量较大的黏性土地基。

(1)材料要求

砂和砂石垫层所需材料,宜采用颗粒级配良好,质地坚硬的中砂、粗砂、砾石、卵石和碎石,也可采用细砂,宜掺入按设计规定数量的卵石或碎石。最大粒径不宜大于 50 mm。

（2）施工要点

施工前应验槽，坑（槽）内无积水，边坡稳定，槽底和两侧如有孔洞应先填实，同时将浮土清除。采用人工级配的砂石材料，按级配拌和均匀，再分层铺筑，分层捣实。

垫层施工按表3.2选用，每铺好一层垫层，经压实系数检验合格后方可进行上一层施工。分段施工时，接槎处应作成斜坡，每层错开0.5～1.0 m，并应充分捣实。

砂垫层和砂石垫层的底面宜铺设在同一标高上，当深度不同时，施工应按先深后浅的顺序进行，土面应挖成台阶或斜坡搭接，搭接处应注意捣实。

3. 灰土垫层

灰土垫层是用石灰和黏性土拌和均匀，然后分层夯实而成，适用于一般黏性土地基加固或挖深超过15 cm时或地基扰动深度小于1.0 m等。该种方法施工简单、取材方便、费用较低。

（1）材料要求

土料中含有有机质的量不宜超过规定值，土料应过筛，粒径不宜大于15 mm。石灰应提前1～2天热化，不含有生石灰块和过多水分。灰土的配合比可按体积比，一般石灰:土为2:8或3:7。

（2）施工要点

施工前应验槽，清除积水、淤泥，待干燥后再添灰土。

（3）碾压与夯实

① 机械碾压法：采用压路机、推土机、羊足碾或其他压实机械来压实松散土，常用于大面积填土的压实和杂填土地基的处理。碾压的效果主要取决于压实机械的压实能量和被压实土的含水量。应根据具体的碾压机械的压实能量，控制碾压土的含水量，选择合适的铺土厚度和碾压遍数。最好是通过现场试验确定，在不具备试验的场合，可参照表3.5选用。

表3.5 垫层的每层铺填厚度及压实遍数

施工设备	每层铺填厚度/cm	每层压实遍散
平碾（8～12 t）	20～30	6～8
羊足碾（5～16 t）	20～35	8～16
蛙式夯（200 kg）	20～25	3～4
振动碾（8～15 t）	60～130	6～8
振动压实机（2 t,振动力98 kN）	120～150	10
插入式振动器	20～50	—
平板式振动器	15～25	—

② 重锤夯实法：利用移动式起重机悬吊夯锤至一定高度后，自由下落，夯实地基。适用于地下水位0.8 m以上稍湿的黏性土、砂土、湿陷性黄土、杂填土等地基加固。

夯锤形状宜采用截头圆锥体，如图3.1所示。重锤采用钢筋混凝土块、铸铁块或铸钢块，锤重一般为14.7～29.4 kN，锤底直径一般为1.13～1.15 m。

起重机采用履带式起重机，起重机的起重量应不小于1.5～3.0倍的锤重。重锤夯实施工前，应进行试夯，确定夯实制度，其内容包括锤重、夯锤底面直径、落点形式、落距及夯击遍数。在起重能力允许的条件下，采用较重的夯锤、底面直径较大为宜。落距一般采用2.5～4.5 m，还应使锤重与底面积的关系符合锤重在底面上的单位静压力1.5～2.0 N/cm²。

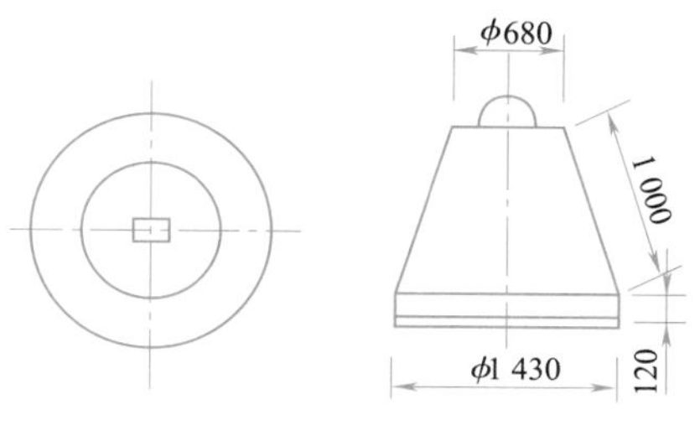

图3.1 钢筋混凝土夯锤

重锤夯击遍数应根据最后下沉量和总下沉量确定，最后下沉量是指重锤最后两击平均土面的沉降值，黏性土为10～20 mm，砂土为5～10 mm。

夯锤的落点形式及夯打顺序，条形坑（槽）采用一夯换一夯顺序进行。在一次循环中同一夯位应连夯两下,下一循环的夯位,应与前一循环错开 1/2 锤底直径;非条形基坑,一般采用先周边后中间。夯实完毕后,应检查夯实质量,一般采用在地基上选点夯击检查最后下沉量,夯击检查点数,每一单独基础至少应有一点;沟槽每 30 m² 应有一点;整片地基每 100 m² 不得少于两点,检查后,如质量不合格,应进行补夯,直至合格为止。

③ 振动压实法:利用振动机振动压实浅层地基的一种方法,如图 3.2 所示。

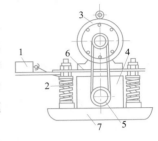

此方法适用于处理砂土地基和黏性土含量较少、透水性较好的松散杂填土地基。振动压实机的工作原理是由电动机带动两个偏心块以相同速度、相反方向转动而产生很大的垂直振动力。这种振动机的频率为 1 160 ~ 1 180 r/min,振幅为 3.5 mm,自重 20 t,振动力可达 50 ~ 100 kN,并能通过操纵机使它能前后移动或转弯。

图 3.2　振动压实机示意
1—操纵机构;2—弹簧减振器;
3—电动机;4—振动器;
5—振动机槽轮;6—减振架;
7—振动夯板

振动压实效果与填土成分、振动时间等因素有关,一般来说振动时间越长效果越好,但超过一定时间后,振动引起的下沉已基本稳定,再振也不能起到进一步的压实效果。因此,需要在施工前进行试振,以测出振动稳定下沉量与时间的关系。对于主要是由炉渣、碎砖、瓦块等组成的建筑垃圾,其振动时间约在 1 min 以上。对于含炉灰等细颗粒填土,振动时间约为 3 ~ 5 mm,有效振实深度为 1.2 ~ 1.5 m。

注意振动对周围建筑物的影响。一般情况下振源离建筑物的距离不应小于 3 m。

3.2.2　地基加固

1. 挤密桩

挤密桩加固是在承压土层内,打入很多桩孔,在桩孔内灌入各种密实物,以挤密土层,减小土体孔隙率,增加土体强度。

挤密桩除了挤密土层加固土壤外,还起换土作用,在桩孔内以工程性质较好的土置换原来的弱土或饱和土,在含水黏土层内,砂桩还可作为排水井。挤密桩体与周围的原土组成复合地基,共同承受荷载。

根据桩孔内填料不同,有砂桩、土桩、灰土桩、砾石桩、混凝土桩之分。其中,砂桩的施工过程有以下几点:

（1）一般要求

砂桩的直径一般为 220 ~ 320 mm,最大可达 700 mm。砂桩的加固效果与桩距有关,桩距较密时,土层各处加固效果较均匀。其间距为 1.8 ~ 4.0 倍桩直径。砂桩深度应达到压缩层下限处,或压缩层内的密实下卧层。砂桩布置宜采用梅花形。

（2）施工过程

① 桩孔定位:按设计要求的位置准确确定桩位,并做上记号,其位置的允许偏差为桩直径。

② 桩机设备就位:使桩管垂直吊在桩位的上方。

③ 打桩:通常采用振动沉桩机将工具管沉下,灌砂,拔管即成。振动力以 30 ~ 70 kN 为宜,砂桩施工顺序应从外围或两侧向中间进行,桩孔的垂直度偏差不应超过 1.5%。

④ 灌砂:砂子粒径以 0.3 ~ 3 mm 为宜,含泥量不大于 5%,还应控制砂的含水量,一般为 7% ~ 9%。砂桩成孔后,应保证桩深满足设计要求,此时,将砂由上料斗投入工具管内,提起工具管,砂从舌门漏出,再将工具管放下,舌门关闭与砂子接触,此时,开动振动器将砂击实,往复进行,直至用砂填满桩孔。每次填砂厚度应根据振动力而定,保证填砂的干密度满足要求。

（3）桩孔灌砂量的计算

一般按下式计算:

$$g = \pi d^2 hr(1 + w\%)/4(1 + e) \qquad (3.1)$$

式中:g——桩孔灌砂量(kN);

　　　d——桩孔直径(m);

　　　h——桩长(m);

r——砂的重力密度(kN/m^3);

e——桩孔中砂击实后孔隙比;

w——砂含水量。

也可以取桩管入土体积,实际灌砂量不得少于计算的95%,否则打灌砂。

2. 振冲法

在砂土中,利用加水和振动可以使地基密实。振冲法施工的主要设备是振冲器,它类似于插入式混凝土振捣器,主要由潜水电动机、偏心块和通水管三部分组成。振冲器由吊机就位后,同时启动电动机和射水泵,在高频振动和高压水流的联合作用下,振冲器下沉到预定深度,周围土体在压力水和振动作用下变密,此时地面出现一个陷口,往口内填砂一边喷水振动,一边填砂密实,逐段填料振密,逐段提升振冲器,直到地面,从而在地基中形成一根较大直径的密实的碎石桩体,一般称为振冲碎石桩。振冲器构造及施工程序如图3.3所示。

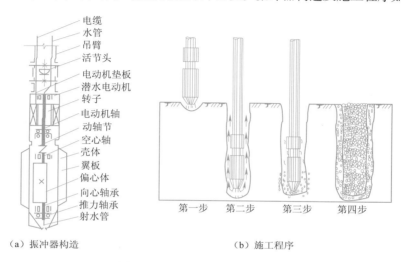

（a）振冲器构造　　　　　　　　　　（b）施工程序

图3.3　振冲器构造及施工程序

从振冲法所起的作用来看,振冲法分为振冲置换和振冲密实两类。振冲置换法适用于处理不排水,抗剪强度不小于20 kPa的黏性土、粉土、饱和黄土和人工填土等地基。它是在地基土中制造一群以石块、砂砾等材料组成的桩体,这些桩体与原地基土一起构成复合地基。而振动密实法适用于处理砂土、粉土等,它是利用振动和压力水使砂层发生液化,砂粒重新排列,孔隙减少,从而提高砂层的承载力和抗液化能力。

3. 注浆加固

在软弱土层或饱和土层内,注入化学药剂使之填塞孔隙,并发生化学反应,在颗粒间生成胶凝物质,固结土颗粒,称为注浆加固法。

注浆加固法可以提高地基容许承载力,降低土的孔隙比,降低土的渗透性,适合修建人工防水帷幕等各种用途。

（1）浆液

浆液种类繁多,要正确选用。

① 浆液要求:化学反应生成物凝胶质安全可靠,有一定耐久性和耐水性。

具体为:凝胶质对土颗粒着力良好;凝胶质有一定强度,施工配料和注入方便,化学反应速度调节可由调节配合比来实现;浆液注入后,一昼夜土的容许承载力不应小于490 kPa;浆液应无毒、价廉、不污染环境。

② 浆液种类:

• 水泥类浆掖:就是用不同种水泥配制水泥浆,水泥浆液可加固裂隙、岩石、砾石、粗砂及部分中砂,一般加固颗粒粒径范围为0.4~1.0 mm,水泥固结时间较长,当地下水流速超过100 m/d时,不宜采用水泥浆加固。为了提高水泥的凝固速度,改善可注性,提高土体早强强度,可掺入适量的早强剂、悬浮剂和填料等附加剂。水泥浆液均为碱性,不宜用于强酸性土层。

• 水玻璃类浆液:在水玻璃溶液中加进氯化钙、磷酸、铝酸钠等制成复合剂,可适应不同土质加固的需要。对于不含盐类的砂砾、砂土、轻亚黏土等,可用水玻璃加氯化钙双液加固。对于粉砂土,可用水玻璃加磷酸溶液双液加固,也可以将水泥浆渗入水玻璃液作为速凝剂制成悬浊液。水灰比愈小,水玻璃浓度愈低,其固结时间愈短。水泥强度等级愈高,水灰比愈小,其固结后强度就愈高。

● 聚氨酯注浆:分水溶性聚氨酯和非水溶性聚氯酯两类。注浆工程一般使用非水溶性聚氨酯,其黏度低,可灌性好,浆液遇水即反应成含水凝胶,故而可用于动水堵漏。其操作简便,不污染环境,耐久性亦好。非水溶性聚氨酯一般把主剂合成聚氯酯的低聚物(预聚体),使用前把预聚体和外掺剂配方配成浆液。

● 丙烯酰胺类浆液:亦称 MG-646 化学浆液,它是以有机化合物丙烯酰胺为主剂,配合其他外加剂,以水溶液状态灌入地层中,发生聚合反应,形成具有弹性的不溶于水的聚合体,这是一种性能优良和用途广泛的注浆材料。但该浆液具有一定毒性,它对神经系统有毒,且对空气和地下水有污染作用。

● 铬木素类溶液:铬木素类溶液是由亚硫酸盐纸浆液和重铬酸钠按一定的比例配制而成,适用于加固细砂和部分粉砂,加固土颗粒粒径 0.04 ~ 10 mm,固结时间在几十秒至几十分之间,固结体强度可达到 980 kPa。铬木素类液凝胶的化学稳定性较好,不溶于水、弱酸和弱碱,抗渗性也好,价格低,但是浆液有毒,应注意安全施工。铬木素浆液为强酸性,不宜采用于强碱性土层。

(2)施工方法

通常采用的方法是旋喷法和注浆法,无论采用哪种方法,必须使浆液均匀分布在需要加固的土层中。

① 旋喷法:利用钻机钻孔到预定深度,然后,用高压泵将浆液通过钻杆端头的特殊喷嘴,以高压水平喷入土层,喷嘴在喷浆液时,一面缓慢旋转,一面徐徐提升,借高压浆液水平射流不断切削土层并与切削下来的土充分搅拌混合,在有效射程内,形成圆柱状凝固体。其施工工艺如图 3.4 所示。旋喷法采用单管法、二重管法、三重管法。

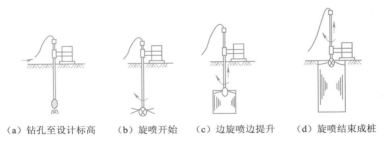

(a)钻孔至设计标高　　(b)旋喷开始　　(c)边旋喷边提升　　(d)旋喷结束成桩

图 3.4　旋喷法施工工艺示意图

② 注浆法:用内径 20 ~ 50 mm,壁厚不小于 5 mm 的钢管制成,包括管尖、有孔管和无孔管三部分。

管尖是一个 25°~ 30°的圆锥体,尾部带有丝扣;有孔管,一般长 0.4 ~ 1.0 m,孔眼呈梅花状布置,每米长度内应有孔眼 60 ~ 80 个,孔眼直径为 1 ~ 3 mm,管壁外包扎滤网;无孔管,每节长度 1.5 ~ 2.0 m,两端有丝扣,可根据需要接长。

注浆管有效加固半径,一般根据现场试验确定,其经验数据如表 3.6 所示。

表 3.6　有效加固半径

土的类型及加固方法	渗透系数	加固半径/m	土的类型及加固方法	渗透系数	加固半径/m
砂土双液加固法	2 ~ 10	0.3 ~ 0.4	湿陷性黄土单液加固法	0.1 ~ 0.3	0.3 ~ 0.4
	10 ~ 20	0.4 ~ 0.6		0.3 ~ 0.5	0.4 ~ 0.6
	20 ~ 50	0.6 ~ 0.8		0.5 ~ 1.0	0.6 ~ 0.9
	50 ~ 80	0.8 ~ 1.0		1.0 ~ 2.0	0.9 ~ 1.0

③ 深层搅拌法:通过深层搅拌机将水泥生石灰或其他化学物质(称固化剂)与软土颗粒相结合而硬结成具有足够强度水稳性以及整体性的加固土。它改变了软土的性质,并满足强度和变形要求。在搅拌固化后,地基中形成柱状、墙状、格子状或块状的加固体,与地基构成复合地基。常用机械和施工程序如图 3.5、

图 3.6 所示。

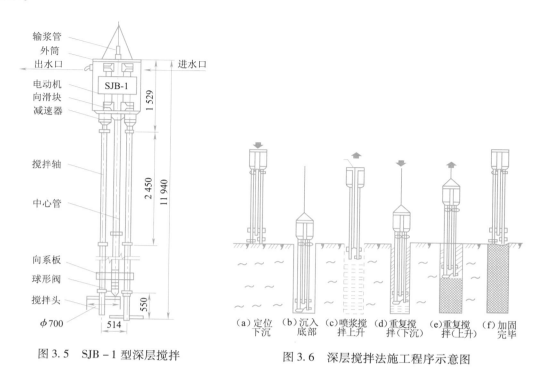

图 3.5 SJB－1 型深层搅拌

图 3.6 深层搅拌法施工程序示意图

3.3 下管与稳管

给水排水管道铺设前,首先应检查管道沟槽开挖深度、沟槽断面、沟槽边坡、堆土位置是否符合规定,检查管道地基处理情况等。同时,还必须对管材、管件进行检验,质量要符合设计要求,确保不合格或已经损坏的管材及管件不下入沟槽。

3.3.1 下管

管子经过检验、修补后,运至沟槽边。按设计进行排管,核对管节、管件位置无误方可下管。

下管方法分人工下管和机械下管两类。可根据管材种类、单节管重及管长、机械设备、施工环境等因素来选择下管方法。无论采取哪一种下管法,一般采用沿沟槽分散下管,以减少在沟槽内的运输。当不便于沿沟槽下管时,允许在沟槽内运管,可以采用集中下管法。

1. 人工下管

人工下管多用于施工现场狭窄,重量不大的中小型管子,以施工方便、操作安全、经济合理为原则。

(1)贯绳法

适用于管径小于 300 mm 以下混凝土管、缸瓦管。用一端带有铁钩的绳子钩住管子一端,绳子另一端由人工徐徐放松直至将管子放入槽底。

(2)压绳下管法

压绳下管法是人工下管法中最常用的一种方法,适用于中、小型管子,方法灵活,可作为分散下管法。压绳下管法包括人工撬棍压绳下管法和立管压绳下管法等。

• 人工撬棍压绳下管法:具体操作是在沟槽上边土层打入两根撬棍,分别套住一根下管大绳,绳子一端用脚踩牢,用手拉住绳子的另一端,听从一人号令,徐徐放松绳子,直至将管子放至沟槽底部。

• 立管压绳下管法:在距离沟边一定距离处垂直埋设一节管,埋深为管长的一半左右,将下管用两根大绳缠绕在立管上(一般绕一圈),绳子一端固定,另一端由人工操作,利用绳子与立管管壁之间的摩擦力控制下管速度,操作时注意两边放绳要均匀,防止管子倾斜,如图3.7所示。

（3）集中压绳下管法

此种方法适用于较大管径。集中下管法，即从固定位置往沟槽内下管，然后在沟槽内将管子运至稳管位置。下管用的大绳应质地坚固、不断股、不糟朽、无夹心。

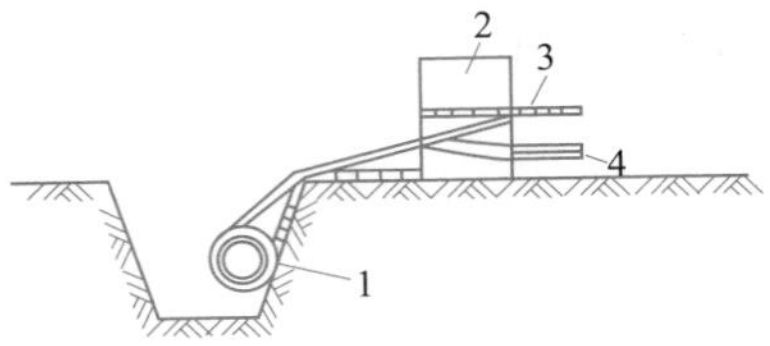

图 3.7 立管压绳下管
1—管子；2—立管；3—放松绳；4—固定绳

（4）搭架下管法

常用的有三角架法或四角架法。其操作过程如下：首先在沟槽上搭设三角架或四角桨等塔架，在塔架上安设吊链，然后在沟槽上铺上方木或细钢管，将管子运至方木或细钢管上。吊链将管子吊起，撤出原铺方木或细钢管，操作吊链使管子徐徐放入槽底。

（5）溜管法

将由两块木板组成的三角木槽斜放在沟槽内，管子一端用带有铁钩的绳子钩住管子，绳子另一端由人工控制，将管子沿三角木槽缓慢溜入沟槽内。此法适用于管径小于 300 mm 以下的混凝土管、缸瓦管等。

2. 机械下管

机械下管速度快、安全，并且可以减轻工人的劳动强度，劳动效率高，所以有条件尽可能采用机械下管法。

机械下管视管子重量选择起重机械，常用的有汽车式或履带式起重机械下管。下管时，起重机沿沟槽开行。起重机的行走道路应平坦、畅通。当沟槽两侧堆土时，其一侧堆土与槽边应有足够的距离，以便起重机开行。起重机距沟边至少 1 m，以免槽壁坍塌。起重机与架空输电线路的距离应符合电力管理部门的有关规定，并由专人看管。禁止起重机在斜坡地方吊着管子回转，轮胎式起重机作业前应将支腿垫好，轮胎不应承担起吊重量。支腿距沟边要有 2 m 以上距离，必要时应垫木板。在起吊作业区内，任何人不得在吊钩或被吊起的重物下面通过或站立。

机械下管一般为单机单管节下管。下管时，起重吊钩与铸铁管或混凝土及钢筋混凝土管端相接触处，应垫上麻袋，以保护管口不被破坏。起吊或搬运管材、配件时，对于法兰盘面、非金属管材承插口工作面、金属管防腐层等，均应采取保护措施，以防损坏。吊装闸阀等配件时不得将钢丝绳捆绑在操作轮及螺栓孔上。管节下入沟槽时，不得与槽壁支撑及槽下的管道相互碰撞，沟内运管不得扰动天然地基。机械下管不应一点起吊，采用两点起吊时吊绳应找好重心，平吊轻放。

为了减少沟内接口工作量，同时由于钢管有足够的强度，所以通常在地面将钢管焊接成长串，然后由 2~3 台起重机联合下管，称之为长串下管。由于多台设备不易协调，长串下管一般不要多于 3 台起重机。管子起吊时，管子应缓慢移动，避免摆动，同时应有专人负责指挥。下管时应按有关机械安全操作规程执行。

3.3.2 稳管

稳管是将管子按设计的高程与平面位置稳定在地基或基础上的施工过程，包括管子对中和对高程两个环节，两者同时进行。压力流管道铺设的高程和平面位置的精度都可低些。通常情况下，铺设承插式管节时，承口朝向介质流来的方向。在坡度较大的斜坡区域，承口应朝上，应由低处向高处铺设。重力流管道的铺设高程和平面位置应严格符合设计要求，一般以逆流方向进行铺设，使已铺的下游管道先期投入使用，同时用于施工排水。

稳管工序是决定管道施工质量的重要环节，必须保证管道的中心线与高程的准确性。允许偏差值应按《给水排水管道工程施工及验收规范》（GB 50268—2008）技术规程规定执行，一般均为 ±10 mm。

稳管时，相邻两管节底部应齐平。为避免因紧密相接而使管口破损，便于接口，柔性接口允许有少量弯曲，一般大口径管子两管端面之间应预留约 10 mm 间隙。

承插式给水铸铁管稳管是将插口装在承口中，称为撞口。撞口前可在承口处做出记号，以保证一定的缝隙宽度。

胶圈接口的承插式给水铸铁管或预应力钢筋混凝土管及给水用 UPVC 管的稳管与接口同时进行，即稳管和接口为一个工序。撞口的中线和高程误差，一般控制在 20 mm 以内。撞口完毕找正后，一般用铁牙背匀间隙,然后在管身两侧同时还土夯实或架设支撑,以防管子错位。

3.4　给水管道施工

室外给水工程常用管材有普通铸铁管、球墨铸铁管、钢管、预应力钢筋混凝土管、硬聚氯乙烯(UPVC)管等,接口方式及接口材料受管道种类、工作压力、经济因素等影响而不同。

3.4.1　给水铸铁管

给水铸铁管按材质分为普通铸铁管和球墨铸铁管。普通铸铁管质脆,球墨铸铁管又称可延性铸铁管,具有强度高、韧性大、抗腐蚀能力强的性能。球墨铸铁管本身有较大的延伸率,同时管口之间采用柔性接口,在埋地管道中能与管周围的土体共同工作,改善了管道的受力状态,提高了管网的工作可靠性,因此,得到越来越广泛的应用。

1. 普通铸铁管

普通铸铁管又称灰铸铁管,是给水管道中常用的一种管材。与钢管相比较,其价格较低,制造方便,耐腐蚀性较好,但质脆,自重大。

普通铸铁管管径以公称直径表示,其规格为 DN75～1500,有效长度(单节)为 4 m、5 m、6 m,分为砂型离心铸铁管与连续铸铁管两种。砂型离心铸铁管的插口端设有小台,用作挤密油麻、胶圈等柔性接口填料。连续铸铁管的插口端没有小台,但在承口内壁有突缘,仍可挤密填料,如图 3.8 所示。

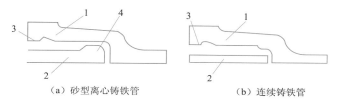

（a）砂型离心铸铁管　　　　（b）连续铸铁管

图 3.8　铸铁管
1—承口;2—插口;3—水线;4—小台

为了防止管内结垢,普通铸铁管内壁涂水泥砂浆衬里层,外壁喷涂沥青防腐层。铸铁管的接口基本上可分为承插式接口和法兰接口两种。

普通铸铁管承插式刚性接口填料常用:麻—石棉水泥、麻—膨胀水泥、麻—铅、胶圈—石棉水泥、胶圈—膨胀水泥等。

（1）油麻接口

麻是麻类植物的纤维。麻经 5% 石油沥青与 95% 汽油混合溶液浸泡处理,干燥后即为油麻。油麻最适合作铸铁管承插口接口的嵌缝填料,其作用主要是防止外层散状接口自料漏入管内。麻以麻辫形状塞进普通铸铁管承口与插口间的缝隙内。麻辫的直径约为缝目宽的 1.5 倍。麻辫长度较管口周长稍长,塞入后用麻錾锤击紧密。麻辫填打 2～3 圈,自打深度约占承口总深度的 1/3,但不得超过承口水线里缘。当采用铅接口时,应距承口水线里缘 5 mm,最里一圈应填打到插口小台上。

油麻的填打程序包括三填八打即填打三圈油麻击打八遍,油麻打法包括挑(悬)打平(推)打、贴里口(压)打、贴外口(抬)打。油麻的填打程序和打法如表 3.7 所示。

表 3.7　油麻的填打程序和打法

圈次	第一圈		第二圈			第三圈		
遍次	第一遍	第二遍	第一遍	第二遍	第三遍	第一遍	第二遍	第三遍
击数	2	1	2	2	1	2	2	1
打法	挑打	挑打	挑打	平打	平打	贴外口打	贴里口打	平打

填打油麻应注意以下几点：填麻前应将承口、插口刷洗干净；填麻时应先用铁牙将环形间隙背匀；倒换铁牙，用麻錾将油麻塞入接口内。打第一圈麻辫时，应保留 1~2 个铁牙不动，以保证接口环形间隙均匀。待第一圈麻辫打实后，再卸下铁牙。用尺量第一圈麻，根据填打深度填第二圈麻，第二圈麻填打时不宜用力过大；移动麻錾时，应一錾挨一錾，不要漏打；应保持油麻洁净，不得随地乱放。

（2）胶圈接口

填打油麻劳动强度大，技术要求高，而且油麻使用一定时间后会腐烂，影响水质。胶圈具有弹性，水密性好，当承口和插口产生一定量的相对轴向位移或角位移时，也不会渗水。因此，胶圈是取代油麻作为承插式刚性接口理想的内层填料。

普通铸铁管承插接口用圆形胶圈，外观不应有气孔、裂缝。重皮、老化等缺陷。胶圈的物理性能应符合现行国家标准或行业标准的要求。胶圈的内环径一般应为插口外径的 0.85~0.87 倍。

胶圈应有足够的压缩量。胶圈直径应为承插口间隙的 1.4~1.6 倍，或其厚度为承插口间隙的 1.35~1.45 倍，或胶圈截面直径的选择按胶圈填入接口后截面压缩率等于 34%~40% 为宜。胶圈接口应尽量采用胶圈推入器，使胶圈在装口时滚入接口内。采用填打方法时，应按以下操作程序进行：胶圈填入接口—第一遍打入承口水线—再分 2~3 遍打至插口小台或距插口端 10 mm。

填胶圈的基本要求为：胶圈压缩率符合要求；胶圈填至小台，距承口外缘距离均匀；无扭曲（"麻花"）及翻转等现象。

（3）石棉水泥接口

石棉水泥作为普通铸铁管的填料，具有抗压强度较高、材料来源广、成本低的优点。但石棉水泥接口抗弯曲应力或冲击应力能力很差。接口需经较长时间养护才能通水，且打口劳动强度大，操作水平要求高。

石棉应选用机选 4F 级温石棉。水泥采用 32.5 级普通硅酸盐水泥，不允许使用过期或结块的水泥。石棉水泥填料的重量配合比，石棉：水泥：水 = 3:7:（1~2）。石棉水泥填料配制时，石棉绒在拌和前应晒干，并用细竹棍轻轻敲打，使之松散。先将称重后的石棉绒和水泥干拌均匀，然后加水拌和。加水多少，现场常凭手感潮而不湿，攥而成团，松手颠散即可。拌好的石棉水泥其色泽藏灰（打实后成灰黑而光亮）宜用潮布覆盖。加水拌和后的石棉水泥填料应在 1.5 h 内用完，避免水泥初凝后再填打。

填打水泥的方法按管径大小决定，一般来说，管径 75~400 mm 时，采用"四填八打"；管径 500~700 mm 时，采用"四填十打"；管径 800~1 200 mm 时，采用"五填十六打"。

填打石棉水泥应注意以下几方面：油麻填打与石棉水泥填打至少相隔两个口分开填打，以避免打麻时因振动而影响接口质量；填打石棉水泥应用探尺检查填料深度，保持环形间隙在允许误差的范围之内；石棉水泥接口不宜在气温低于 −5 ℃ 的冬期施工。

石棉水泥接口填打合格后，应及时采取湿养护。一般用湿泥将接口糊严，厚约 10 cm，上用草袋覆盖，定时洒水养护，或用潮湿土虚埋，洒水养护，养护时间不得少于 24 h，在养护期内，管道不允许受震动，管内不允许有承压水。其质量标准是配合比应准确，打口后的接口外表面灰黑而光亮，凹进承口 1~2 mm，深浅一致，并用麻錾用力连打数下表面不再凹入为合格。

（4）膨胀水泥接口

膨胀水泥接口也是刚性接口，但膨胀水泥接口不需要填打，只需将膨胀水泥填塞密实，在承插口间隙内即可，其抗压强度远高于石棉水泥接口，因此是取代石棉水泥接口的理想填料。

膨胀水泥应采用硫铝酸盐或铝酸盐自应力水泥，严禁与其他水泥、石灰等碱性材料混用；应选用粒径 0.5~1.5 mm 的中砂拌和；其填料的重量配合比为膨胀水泥：砂：水 = 1:1:0.28~0.32，加水量的多少，现场常凭手感潮而不湿，攥而成团，脱手抛散即可；其填料拌和必须十分均匀，可先将称重后的膨胀水泥和中砂干拌，再用筛子筛过数道，使之完全混合，外观颜色一致。

填塞膨胀水泥前，应先检查内层填料油麻或胶圈位置是否正确，深度是否合适，接口缝隙宜用清水湿润；同时应将管道和管件进行固定。其填料应分层填入，分层捣实，捣实时应一錾压一錾，通常以三填三捣为宜，最外一层找平，凹进承口 1~2 mm。冬季气温低于 −5 ℃ 时，不宜进行膨胀水泥接口。

膨胀水泥接口的湿养护比石棉水泥接口要高。一般来说，膨胀水泥接口完成后，应立即用浇湿草袋（或草帘)覆盖,1~2 h 后定时浇水,使接口保持湿润状态;也可用湿泥养护。接口填料终凝后,管内可充水养护,但水压不得超过 0.1~0.2 MPa。该接口刚度大,在地震烈度 6 度以上、土质松软、管道穿越重载车辆行驶的公路时不宜采用。

(5)铅接口

普通铸铁管采用铅接口应用很早。由于铅的来源少、成本高,现在基本上已被石棉水泥或膨胀水泥所代替。但铅接口具有较好的抗震、抗弯性能,接口的地震破坏率远较石棉水泥接口低。铅接口通水性好,接口操作完毕即可通水;损坏时容易修理。由于铅具有柔性,当铅接口的管道渗漏时,不必剔口,只需将边沿用麻錾锤击即可堵漏。因此,设在桥下、穿越铁路、过河、地基不均匀沉陷等特殊地段,和直径在 600 mm 以上的新旧普通铸铁管碰头连接需立即通水时,仍采取铅接口。

铅的纯度不小于 99%。铅接口施工必须由经验丰富的工人指导,施工程序为:安设灌铅卡箍—熔铅—运送铅溶液—灌铅—拆除卡箍。灌铅的管口必须干燥,否则会发生爆炸。卡箍要贴紧管壁和管子承口,接缝处用黏泥抹严,以免漏铅。灌铅时,灌口距管顶约 20 mm,使铅徐徐流入接口内,以便排出蒸汽。每个铅接口的铅熔液应不间断地一次灌满为止。

一般采用麻-铅接口。如果用胶圈作填料,应在胶圈填塞后,再加一圈油麻辫,以免灌铅时烧损胶圈。当管子接口缝隙较小或管接口渗漏时,也可以用冷铅条填打;但承受管内水压的强度较低。铅接口施工一定要严格执行有关操作规程,防止火灾,注意安全。

2. 球墨铸铁管

球墨铸铁管具有较高的强度和延伸率,与普通铸铁管相比,球墨铸铁管抗拉强度是普通铸铁管的 3 倍,水压试验为普通铸铁管的两倍。球墨铸铁管采用离心铸造,规格 DN80~DN2600,长度 4~9 m,均采用柔性接口,按接口形式分为推入式(简称 T 型)和机械式(简称 K 型)两类。

(1)推入式球墨铸铁管接口

球墨铸铁管采取承插式柔性接口,其工具配套,操作简便、快速,适用于 DN80~2600 的输水管道,在国内外输水工程上广泛采用。

① 施工工具:推入式球墨铸铁管的安装应选用叉子、手动葫芦、连杆千斤顶等配套工具。

② 操作程序:下管—清理承口和胶圈—上胶圈—清理插口外表面及刷润滑剂—接口—检查。

将管子完整地下到沟槽后,应清刷承口,铲去所有的黏结物,如砂、泥土和松散涂层及可能污染水质、划破胶圈的附着物等。随后将胶圈清理洁净,弯成心形或花形(大口径管)的胶圈放入承口槽内就位。把胶圈都装入承口槽,确保各个部位不翘不扭,仔细检查胶圈的固定是否正确。清理插口外表面,插口端应是圆角并有一定锥度,以便容易插入承口。在承口内胶圈的内表面刷润滑剂(肥皂水、洗衣粉),插口外表面刷润滑剂。插口对承口找正后,上安装工具,扳动手扳葫芦(或叉子),使插口慢慢装入承口。最后,用探尺插入承插口间隙中,以确定胶圈位置。插口推入位置应符合标准。

推入式球墨铸铁管的施工应注意以下几方面:正常的接口方式是将插口端推入承口,但特殊情况下,承口装入插口亦可;胶圈存放应注意避光,不要叠合挤压,长期储存应放入盒子里,或用其他材料覆盖;上胶圈时,不得将润滑剂刷在承口内表面,以免接口失败;安装前应准备好配套工具。为防止接口脱开,可用手扳葫芦锁管。

(2)机械式(压兰式)球墨铸铁管接口

球墨铸铁管机械式(压兰式)接口属柔性接口,是将铸铁管的承插口加以改造,使其适应特殊形状的橡胶圈作为挡水材料,外部不需要其他填料,不需要复杂的安装设备。其主要优点是抗震性能较好,并且安装与拆修方便,缺点是配件多,造价高。它主要由球墨铸铁直管、管件、压兰、螺栓及橡胶圈组成。按填入的橡胶圈种类不同,分为 N₁ 型接口、X 型接口和 S 型接口,如图 3.9、图 3.10 所示。

其中,N₁ 型及 X 型接口使用较为普遍。当管径为 100~350 mm 时,选用 N₁ 型接口;管径为 100~700 mm,选用 X 型接口;S 型接口可参看有关施工手册。

① 施工工艺:下管—清理插口、压兰和胶圈—压兰与胶圈定位—清理承口—刷润滑剂—对口—临时紧固—螺栓全方位紧固—检查螺栓扭矩。

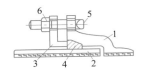

图 3.9 N₁ 型接口

1—承口;2—插口;3—压兰;4—胶圈;5—螺栓;6—螺帽

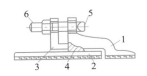

图 3.10 X 型接口

1—承口;2—插口;3—压兰;4—胶圈;5—螺栓;6—螺帽

② 工艺要求:

● 下管:按下管要求将管材、管件下入沟槽,不得抛掷管材、管件及其他设备。机械下管应采用两点吊装,应使用尼龙吊带、橡胶套包钢丝绳或其他适用的吊具,防止管材、管件的防腐层损坏,宜在管子与吊具间垫以缓冲垫。

● 清理连接部位:用棉纱和毛刷将插口端外端表面、压兰内外面、胶圈表面、承口内表面彻底清洁干净。

● 压兰与胶圈定位:插口及压兰、胶圈清洁后,吊装压兰并将其推送插口端部定位,然后用人工把胶圈套在插口上(注意胶圈不要装反)。

● 涂刷润滑剂:在插口及密封胶圈的外表面和承口内表面涂刷润滑剂,要求涂刷均匀,不能太多。

● 对口:将管子吊起,使插口对正承口,对口间隙应符合设计规定。在插口进入承口并调整好管中心和接口间隙后,在管子两侧填砂固定管身,然后卸去吊具,将密封胶圈推入承口与插口的间隙。

● 临时紧固:将橡胶圈推入承口后,调整压兰,使其螺栓孔和承口螺栓孔对正、压兰与插口外壁间的缝隙均匀。用螺栓在垂直 4 个方位临时紧固。

● 螺栓紧固:将接口所用的螺栓穿入螺孔,安上螺母,按上下左右交替紧固程序,均匀地将每个螺栓分数次上紧,穿入螺栓的方向应一致。

● 检查螺栓扭矩:螺栓上紧后,用力矩扳手检验每个螺栓扭矩。

③ 注意事项:接口前应彻底清除管子内部的杂物;管道砂垫层的标高必须准确,以控制高程,并以水准仪校核;管子接口后不得移动,可在管底两侧回填砂土并夯实,或用垫块等将管子临时固定等方法;三通、变径管和弯头等处,应按设计要求设置支墩。浇筑混凝土支墩时,管子外表面应洗净;橡胶圈应随用随从包装中取出,暂时不用的橡胶圈一定用原包装封存,放在阴凉、干燥处保存。

3.4.2 硬聚氯乙烯管

硬聚氯乙烯管(UPVC)是目前国内推广应用塑料管中的一种管材,具有重量轻、耐压强度好、阻力小、耐腐蚀、安装方便、投资省、使用寿命长等特点。它不同于金属管材,为保证施工质量,UPVC 管材及配件在运输、装卸及堆放过程中严禁抛扔或激烈碰撞。应避免阳光暴晒,若存放期较长,应放置于棚库内,以防变形和老化。UPVC 管材、配件堆放时,应放平垫实,堆放高度不宜超过 1.5 m;对于承插式管材、配件堆放时,相邻两层管材的承口应相互倒置并让出承口部位,以免承口承受集中荷载。

硬聚氯乙烯管道可以采用胶圈接口、粘接接口、法兰连接等形式,最常用的是胶圈和粘接连接。橡胶圈接口适用于管外径为 63~710 mm 的管道连接;粘接接口只适用管外径小于 160 mm 管道的连接;法兰连接一般用于硬聚氯乙烯管与铸铁管等其他管材、阀件等的连接。

当管道采用胶圈接口(R-R 接口)时,所用的橡胶圈不应有气孔、裂缝、重皮和接缝;当使用圆形胶圈作接口密封材料时,胶圈内径与管材插口外径之比宜为 0.85~0.90,胶圈断面直径压缩率一般采用 40%。

当管道采用粘接连接(T-S 接口)时,所选用的胶黏剂的性能应符合以下几方面要求:黏附力和内聚力强,易于涂在接合面上;固化时间短;硬化的粘接层对水不产生任何污染;粘接的强度应满足管道的使用要求。当发现胶粘剂沉淀、结块时不得使用。

硬聚氯乙烯管经挤出成型,管外径 φ12~160 mm 的管件(如三通、四通、弯头等)为硬聚氯乙烯注塑管件(粘接);管外径 φ200~710 mm 的管件选用玻璃钢增强 UPVC 复合管件。

硬聚氯乙烯管的施工程序为:沟槽、管材、管件检验—下管—对口连接—部分回填—水压试验合格—全部回填。

1. 沟槽及管材、管件检验

管道铺设应在沟底标高和管道基础质量检查合格后进行,之前要对管材、管件、橡胶圈等重新做一次外观检查,发现有损坏、变形、变质迹象等问题的管材、管件均不得采用。

2. 下管

管材在吊运及放入沟内时,应采用可靠的软带吊具,平稳下沟,不得与沟壁或沟底激烈碰撞。

3. 对口连接

（1）胶圈连接

首先应将管道承口内胶圈沟槽、管端工作面及胶圈清理干净,不得有土或其他杂物;将胶圈正确安装在承口的胶圈区中,不得装反或扭曲。为了安装方便可先用水浸湿胶圈,但不得在胶圈上涂润滑剂安装;橡胶圈连接的管材在施工中被切断时（断口平整且垂直管轴线）,应在插口端倒角（坡口）,并划出插入长度标线,再进行连接。管子接头最小插入长度如表3.8所示。

表 3.8　管子接头最小插入长度

公称外径/mm	63	75	90	110	125	140	160	180	200	225	280	315
插入长度/mm	64	67	71	75	78	81	86	90	94	100	112	113

然后,用毛刷将润滑剂均匀地涂在装嵌在承口处的胶圈和管插口端外表面,但不得将润滑剂涂到承口的胶圈沟槽内;润滑剂可采用 V 型脂肪酸盐,禁止用黄油或其他油类作润滑剂。

最后,将连接管道的插口对准承口,保持插入管段的平直,用手动葫芦或其他拉力机械将管一次插入至标线。若插入阻力过大,切勿强行插入,以防胶圈扭曲。胶圈插入后,用探尺顺承插口间隙插入,沿管圆周检查胶圈的安装是否正常。

（2）粘接连接

粘接连接的管道在施工中被切断时,须将插口处倒角,锉成坡口后再进行连接。切断管材时,应保证断口平整且垂直管轴线。加工成的坡口应符合下列要求:坡口长度一般不小于 3 mm;坡口厚度为管壁厚度的 1/3～1/2。坡口完后,应将残屑清除干净。管材或管件在粘接前,应用干棉纱或干布将承口内侧和插口外侧擦拭干净,使被粘接面保持清洁干燥,当表面有油污时,可用棉纱蘸丙酮等清洁剂擦净。

粘接前应将两管试插一次,两管的配合要紧密,若两管试插不合适,应另换一根再试,直至合适为止。粘接时,先用毛刷将胶黏剂迅速涂刷在插口外侧及承口内侧结合面上时,宜先涂承口,后涂插口,宜轴向涂刷,涂刷均匀适量;承插口涂刷胶黏剂后,应立即找正方向将管端插入承口,用力挤压,使管端插入的深度至所划标线,并保证承插接口的直度和接口位置正确,同时必须保持规定的时间:当管外径为 63 mm 以下时,保持时间为不少于 30 s;当管外径为 63～160 mm 时,保持时间应大于 60 s。粘接完毕后,应及时将挤出的胶黏剂擦拭干净。粘接后,不得立即对接合部位强行加载,其静止固化时间不应低于规定值,如表3.9所示。

表 3.9　静止固化时间

固化时间/min　温度　公称外径/mm	45～70 ℃	18～40 ℃	5～18 ℃
63 以上	12	20	30
63～110	30	45	60
110～160	45	60	90

（3）其他连接

当给水硬聚氯乙烯管与铸铁管、钢管连接时,应采用管件标准中所介绍的专用接头连接,也可采用双承橡胶圈接头、接头卡子等连接。当与阀门及消火栓等管件连接时,应先将硬聚氯乙烯管用专用接头接在铸铁管或钢管上后,再通过法兰与这些管件相连接。

当施工后的管道发生漏水时,可采用换管、焊接和粘接等方法修补。当管材大面积损坏需更换整根管时,可采用双承口连接件来更换管材。渗漏较小时,可采用焊接或粘接的方法修补。

3.4.3　钢管

钢管自重轻、强度高,抗应变性能优于铸铁管、硬聚氯乙烯管及预应力钢筋混凝土管,接口方便、耐压程度高、水力条件好,但钢管的耐腐蚀能力差,必须作防腐处理。钢管主要采用焊接和法兰连接。

现在用于给水管道的钢管由于耐腐性差而越来越多地被衬里(衬塑料、衬橡胶、衬玻璃钢、衬玄武石)钢管所代替。

3.4.4　预应力钢筋混凝土管

预应力钢筋混凝土管作压力给水管,可代替钢管和铸铁管,降低工程造价,它是目前我国常用的给水管材。预应力钢筋混凝土管除成本低外,且耐腐蚀性远优于金属管材。

国内圆形预应力钢筋混凝土管采用纵向与环向都有预应力钢筋的双向预应力钢筋混凝土管,具有良好的抗裂性能,接口形式一般为承插式胶圈接口。

承插式预应力钢筋混凝土管的缺点是自重大、运输及安装不便;由于内模经长期使用,承口误差(椭圆度)会随之增大,插口误差小,严重影响接口质量。因此,施工时对承口要详细检查与量测,为选配胶圈提供依据。

预应力钢筋混凝土管规格:公称直径 DN400~2000 mm,有效长度 5 m,静水压力为 0.4~1.2 MPa。我国目前在预应力钢筋混凝土管道施工中,在管网分支、变径、转向时必须设置支墩,并采取铸铁或钢制管件。

我国目前生产的预应力钢筋混凝土管胶圈接口一般为圆形胶圈("O"形胶圈),能承受 1.2 MPa 的内压力和一定量的沉陷、错口和弯折;抗震性能良好,在地震烈度为 10~11 度区内,接口无破坏现象;胶圈埋入地下,耐老化性能好,使用期可长达数十年。圆形胶圈应符合国家现行标准《预应力与自应力钢筋混凝土管用橡胶密封圈》的要求。

1. 选配胶圈应考虑的因素

(1)管道安装水压试验压力。

(2)管子出厂前的抗渗检验压力。

(3)管子承口与插口的实际尺寸和环向间隙。

(4)胶圈硬度和性能。

(5)胶圈使用的条件(包括水质)。

2. 施工程序

排管—下管—清理管底、管口—清理胶圈—初步对口找正—顶管接口—检查中线、高程—用探尺检查胶圈位置—锁管—部分回填—水压试验合格—全部回填。

(1)排管:将管子和管件按顺序置于沟槽一侧或两侧。

(2)下管:下管时,吊装管子的钢丝绳与管子接触处,必须用木板、橡胶板、麻袋等垫好,以免将管子勒坏。

(3)清理管腔、管口。在铺管前,应对每根管子进行检查,查看有无露筋、裂纹、脱皮等缺陷,尤其注意承插口工作面部分。若有上述缺陷,应用环氧树脂水泥修补好。

(4)清理胶圈。橡胶圈必须逐个检查,不得有割裂、破损、气泡、大飞边等缺陷,粘接要牢固,不得有凸凹不平的现象。

(5)将胶圈上到管子的插口端。

(6)初步对口找正一般采取起重机吊起管子对口。

(7)顶管接口一般采用顶推与拉入两种方法,可根据施工条件,顶推力大小,机具配备情况和操作熟练程度确定。

3. 顶管接口常用安装方法

（1）千斤顶小车拉杆法

由后背工字钢、螺旋千斤顶（一或两台）、顶铁（纵、横铁）、垫木等组成的一套顶推设备安装在一辆平板小车上，特制的弧形卡具固定在已经安装好的管子上，用符合管节模数的钢拉杆把卡具和后背顶铁拉起来，使小车与卡具、拉杆形成一个自索推拉系统。索成后找好顶铁的位置及垫木、垫铁、千斤顶的位置，摇动螺旋千斤顶，将套有胶圈的插口徐徐顶入已安好的管子承口中，随顶随调整胶圈使之就位准确（终点在距小台5 mm 处）。每顶进一根管子，加一根钢拉杆，一般安装 10 根管子移动一次位置。

（2）导链（手拉葫芦）拉入法

在已安装稳固的管子上拴住钢丝绳，在待拉入管子承口处架上后背横梁，用钢丝绳和吊链连好绷紧对正，两侧同步拉吊链，将已套好胶圈的插口经撞口后拉入承口中，注意随时校正胶圈位置。

（3）牵引机拉入法

安好后背方木、滑轮（或滑轮组）和钢丝绳，启动牵引机械或卷扬机将对好胶圈的插口拉入承口中，随拉随调整胶圈，使之就位准确。

（4）DKJ 多功能快速接管机安管

DKJ 多功能快速接管机可快速地进行管道接口作业，并具有自动对口、纠偏功能，人只需站在接口处手点按钮即可操作，操作简便。

（5）杠顶进法

将撬杠插入已对口待连接管承口端的土层中，在撬杠与承口端之间垫上木块，扳动撬杠使插口进入已连接管承口内。此法适用于小管径管槽安装。

采用上述方法铺管后，为防止前几节管子管口移动，可用钢丝绳和吊链锁在后面的管子上，即进行锁管。

3.5　排水管道施工

室外排水管道通常采用非金属管材，常用的有混凝土管、钢筋混凝土管及陶土管等。排水管道是重力流管道，施工中，对管道的中心与高程控制要求较高。

3.5.1　安管（稳管）

排水管道安装（稳管）常用坡度板法和边线法控制管道中心与高程。边线法控制管道中心与高程比坡度板法速度快，但准确度不如坡度板法。

1. 坡度板法

重力流排水管道施工，用坡度板法控制安管的中心与高程时，坡度板埋设必须牢固，而且要方便安管过程中的使用，因此对坡度板的设置有以下要求：

（1）坡度板应选用有一定刚度且不易变形的材料制成，常用 50 mm 厚木板，长度根据沟槽上口宽，一般跨槽每边不小于 500 mm，埋设必须牢固。

（2）坡度板设置间距一般为 10 m，最大间距不宜超过 15 m，变坡点、管道转向及检查井处必须设置。

（3）单层槽坡度板设置在槽上口跨地面，坡度板距槽底不超过 3 m 为宜，多层槽坡度板设在下层槽上口跨槽台，距槽底也不宜大于 3 m。

（4）在坡度板上施测中心与高程时，中心钉应钉在坡度板顶面，高程板一侧紧贴中心钉（不能遮挡挂中线）钉在坡度板侧面，高程钉钉在靠中心钉一侧的高程板上，如图 3.11 所示。

（5）坡度板上应标井室号、明桩号及高程钉至各有关部位的下反常数。变换常数处，应在坡度板两面分别书写清楚，并分别标明其所用高程钉。

安管前，准备好必要的工具（垂球、水平尺、钢尺等），经核对无误后，再进行安管。安管时，在管端吊中心垂球，当管径中心与垂线对正，不超过允许偏差时，安管的中心位置即正确。小管分中可用目测；大管可用水平尺标示出管中。控制安管的管内底高程不超过允许偏差时，安管的高程为正确。

2. 边线法

边线法施工过程,如图3.12所示。边线的设置要求如下:

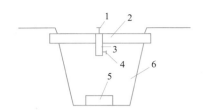

图 3.11　坡度板

1—中心钉;2—坡度板;3—立板;
4—高程钉;5—管道基础;6—沟槽

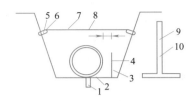

图 3.12　边线法安管示意图

1—给定中线桩;2—中线钉;3—边线铁钎;4—边线;
5—高程桩;6—高程钉;7—高程辅助线;
8—高程线;9—标记;10—高程尺杆

(1)在槽底给定的中线桩一侧钉边线铁钎,上挂边线,边线高度应与管中心高度一致,边线距管中心的距离等于管外径的1/2加上一常数(常数以小于50 mm为宜)。

(2)在槽帮两侧适当的位置打入高程桩,其间距10 m左右(不宜大于15 m)一对,并施测钉高程钉。

(3)根据给定的高程下反数,在高程尺杆上量好尺寸,并写上标记,经核对无误,再进行安管。安管时,如管子外径相同,则用尺量取管外皮距边线的距离,与自己选定的常数相比,不超过允许偏差时为正确;若安外径不同的管,则用水平尺找中,量取至边线的距离,与给定管外径的1/2加上常数相比,不超过允许偏差为正确。安管中线位置控制的同时,应控制管内底高程。安管允许偏差见建设部标准《市政排水管渠工程质量检验评定标准》中规定。

3.5.2　排水管道铺设

排水管道铺设的方法较多,常用的方法有平基法、垫块法、"四合一"施工法。应根据管道种类、管径大小、管座形式、管道基础,接口方式等来选择排水管道铺设的方法。

1. 平基法

首先浇筑平基(通基)混凝土,待平基达到一定强度再下管、安管(稳管)、浇筑管座及抹带接口的施工方法。平基法常用于雨水管道,尤其适合于地基不良或雨期施工的场合。

平基法施工程序:支平基模板—浇筑平基混凝土—下管—安管(稳管)—支管座模板—浇筑管座混凝土—抹带接口—养护。

(1)施工操作要点

① 浇筑混凝土平基顶面高程,不能高于设计高程,低于设计高程不超过10 mm。

② 平基混凝土强度达到5 MPa以上时,方可直接下管。

③ 下管前可直接在平基面上弹线,以控制安管中心线。

④ 安管的对口间隙,管径≥700 mm,按10 mm控制,管径<700 mm可不留间隙,安较大的管子,宜进入管内检查对口,减少错口现象,稳管以达到管内底高程偏差在±10 mm之内,中心线偏差不超过10 mm,相邻管内底错口不大于3 mm为合格。

⑤ 管子安好后,应及时用干净石子或碎石卡牢,并立即浇筑混凝土管座。

(2)管座浇筑要点

① 浇筑管座前,平基应凿毛或刷毛,并冲洗干净。

② 对平基与管子接触的三角部分,要选用同强度等级混凝土中的软灰,先行振捣密实。

③ 浇筑混凝土时,应两侧同时进行,防止挤偏管子。

④ 较大管子,浇筑时宜同时进入管内配合勾捻内缝;直径小于700 mm的管子,可用麻袋球或其他工具在管内来回拖动,将流入管内的灰浆拉平。

2. 垫块法

排水管道施工,把在预制混凝土垫块上安管(稳管),然后再浇筑混凝土基础和接口的施工方法,称为垫块法。采用垫块法可避免平基、管座分开浇筑,是污水管道常用的施工方法。

(1)施工程序

预制垫块—安垫块—下管—在垫块上安管—支模—浇筑混凝土基础—接口—养护。

预制混凝土垫块强度等级同混凝土基础。垫块的几何尺寸:长为管径的 0.7 倍,高等于平基厚度,允许偏差 ±10 mm,宽大于或等于高;每节管垫块一般为两个,一般放在管两端。

(2)操作要点

① 垫块应放置平稳,高程符合设计要求。

② 安管时,管子两侧应立保险杠,防止管子从垫块上滚下伤人。

③ 安管的对口间隙:管径 700 mm 以上者按 10 mm 左右控制;安较大的管子时,宜进入管内检查对口,减少错口现象。

④ 管子安好后一定要用干净石子或碎石将管卡牢,并及时浇筑混凝土管座。

3. "四合一"施工法

排水管道施工,将混凝土平基、稳管、管座、抹带四道工艺合在一起施工的做法,称为"四合一"施工法。这种方法速度快,质量好,是 DN≤600 mm 管道普遍采用的方法。

(1)施工程序

验槽—支模—下管—排管—四合—施工—养护。

① 支模、排管施工。根据操作需要,第一次支模为略高于平基或 90°基础高度。模板材料一般采用 15 cm×15 cm 的方木,方木高程不够时,可用木板补平。木板与方木用铁钉钉牢;模板内侧用支杆临时支撑,方木外侧钉铁钉,以免安管时模板滑动,如图 3.13 所示。

② 管子下至沟内,利用模板作为导木,在槽内滚运至安管地点,然后将管子顺排在一侧方木模板上,使管子重心落在模板上,倚在槽壁上,要比较容易滚入模板内,并将管口洗刷干净。

③ 若为 135°及 180°管座基础,模板宜分两次支设,上部模板待管子铺设合格后再支设。

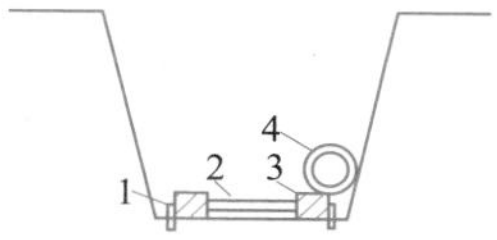

图 3.13　"四合一"安管支模排管示意图
1—铁钉;2—临时撑杆;
3—15 cm×15 cm 方木底模;4—排管

(2)施工做法

① 平基:浇筑平基混凝土时,一般应使平基面高出设计平基面 20～40 mm(视管径大小而定),并进行捣固,管径 400 mm 以下者,可将管座混凝土与平基一次灌齐,并将平基面作成弧形以利稳管。

② 稳管:将管子从模板上滚至平基弧形内,前后揉动,将管子揉至设计高程(一般高于设计高程 1～2 mm,以备下一节时又稍有下沉),同时控制管子中心线位置的准确。

③ 管座:完成稳管后,立即支设管座模板,浇筑两侧管座混凝土,捣固管座两侧三角区,补填对口砂浆,抹平管座两肩。当管道接口采用钢丝网水泥砂浆抹带接口时,混凝土的捣固应注意钢丝网位置的正确。

④ 抹带:管座混凝土浇筑后,马上进行抹带,随后勾捻内缝,抹带与稳管至少相隔 2～3 节管,以免稳管时不小心碰撞管子,影响接口质量。

混凝土管的规格为 DN 100～600 mm,长为 1 m;钢筋混凝土管的规格为 DN 300～2 400 mm,长为 2 m。管口形式有承插口、平口、圆弧口、企口几种。

3.5.3　混凝土管和钢筋混凝土管施工

混凝土管的规格为 DN 100～600 mm,长为 1 m;钢筋混凝土管的规格为 DN 300～2 400 mm,长为 2 m。管口形式有承插口、平口、圆弧口、企口几种,如图 3.14 所示。

混凝土管和钢筋混凝土管的接口形式有刚性和柔性两种。

1. 抹带接口

(1)水泥砂浆抹带接口

水泥砂浆抹带接口是一种常用的刚性接口,一般在地基较好、管径较小时采用,如图 3.15 所示。

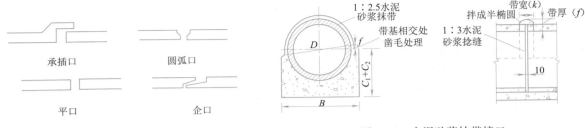

图 3.14　管口形式

图 3.15　水泥砂浆抹带接口

D—管径；B—基础宽；$C_1 + C_2$—基础高；

k—带宽；f—带厚

施工程序：浇筑管座混凝土—勾捻管座部分管内缝—管带与管外皮及基础结合处凿毛清洗—管座上部内缝支垫托—抹带—勾捻管座以上内缝—接口养护。

水泥砂浆抹带材料及重量配合比：水泥采用 32.5 级水泥（普通硅酸盐水泥），砂子应过 2 mm 孔径筛子，含泥量不得大于 2%。重量配合比为水泥：砂 = 1:2.5，水一般不大于 0.5。勾捻内缝为水泥：砂 = 1:3，水一般不大于 0.5。带宽 $k = 120 \sim 150$ mm，带厚 $f = 30$ mm，抹带采用圆弧形或梯形。

水泥砂浆抹带接口工具有浆桶、刷子、铁抹子、弧形抹子等。

操作方法：

① 抹带。抹带前将管口及管带覆盖到的管外皮刷干净，并刷水泥浆一遍；抹第一层砂浆（卧底砂浆）时，应注意找正使管缝居中，厚度约为带厚 1/3，并压实使之与管壁黏结牢固，在表面划成线槽，以利于与第二层结合（管径 400 mm 以内者，抹带可一次完成）；待第一层砂浆初凝后抹第二层，用弧形抹子捻压成形，待初凝后再用抹子赶光压实；带、基相接处（如基础混凝土已硬化需凿毛洗净、刷素水泥浆）三角形灰要饱实，大管径可用砖模，防止砂浆变形。

② DN≥700 管勾捻内缝。管座部分的内缝应配合浇筑混凝土时勾捻；管座以上的内缝应在管带缝凝后勾捻，亦可在抹带之前勾捻，即抹带前将管缝支上内托，从外部用砂浆填实，然后拆去内托，将内缝勾捻子整平，再进行抹带。勾捻管内缝时，人在管内先用水泥砂浆将内缝填实抹平，然后反复捻压密实，灰浆不得高出管内壁。

③ DN < 700 mm 的管，应配合浇筑管座，用麻袋球或其他工具在管内来回拖动，将流入管内的灰浆拉平。

（2）钢丝网水泥砂浆抹带接口（见图 3.16 所示）

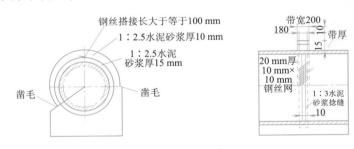

图 3.16　钢丝网水泥砂浆抹带接口

由于在抹带层内埋置 20 号 10 mm × 10 mm 方格的钢丝网，因此接口强度高于水泥砂浆抹带接口。施工程序：管口凿毛清洗（管径≤500 mm 者刷去浆皮）—浇筑管座混凝土—将钢丝网片插入管座的对口砂浆中并以抹带砂浆补充肩角—勾捻管内下部管缝—为勾上部内缝支托架—抹带（素灰、打底、安钢丝网片、抹上层、赶压、拆模等）—勾捻管内上部管缝—内外管口养护。

操作方法：

① 抹带。抹带前将已凿毛的管口洗刷干净并刷一道水泥浆；在抹带的两侧安装好弧形边模；抹第一层砂浆应压实，与管壁粘牢，厚 15 mm 左右，待底层砂浆稍晾有浆皮儿后将两片钢丝网包拢使其挤入砂浆浆皮

中,用20号或22号细钢丝(镀锌)扎牢,同时要把所有的钢丝网头塞入网内,使网面平整,以免产生小孔漏水;第一层水泥砂浆初凝后,再抹第二层水泥砂浆使之与模板平齐,砂浆初凝后赶光压实;抹带完成后立即养护,一般4~6 h可以拆模,应轻敲轻卸。避免碰坏抹带的边角,然后继续养护。

② 勾捻内缝及接口养护方法与水泥砂浆抹带接口相同。

钢丝网水泥砂浆接口的闭水性较好,常用于污水管道接口,管座采用135°或180°。

2. 套环接口

套环接口的刚度好,常用于污水管道的接口,分为现浇套环接口和预制套环接口两种。

(1)现浇套环接口

采用的混凝土的强度等级一般为C20;捻缝用1:3水泥砂浆;配合比(重量比)为水泥:砂:水 = 1:3:0.5;钢筋为Ⅰ级。

施工程序:浇筑管基—凿毛与管相接处的管基并清刷干净—支设马鞍形接口模板—浇筑混凝土—养护后拆模—养护。捻缝与混凝土浇筑相配合进行。

(2)预制套环接口

套环采用预制套环可加快施工进度。套环内可填塞油麻石棉水泥或胶圈石棉水泥。石棉水泥配合比(重量比)为水:石棉:水泥 = 1:3:7;捻缝用砂浆配合比(重量比)为水泥:砂:水 = 1:3:0.5。

施工程序:在垫块上安管—安套环—填油麻—填打石棉水泥—养护。

3. 承插管水泥砂浆接口

承插管水泥砂浆接口,一般适合小口径雨水管道施工。采用的水泥砂浆配合比(重量比)为水泥:砂:水 = 1:2:0.5。

施工程序:清洗管口—安第一节管并在承口下部填满砂浆—安第二节管、接口缝隙填满砂浆—将挤入管内的砂浆及时抹光并清除—湿养护。

4. 沥青麻布(玻璃布)柔性接口

沥青麻布(玻璃布)柔性接口适用于无地下水、地基不均匀沉降不严重的平口或企口排水管道。接口时,先清刷管口,并在管口上刷冷底子油,热涂沥青,作四油三布,并用钢丝将沥青麻布或沥青玻璃布绑扎,最后捻管内缝(1:3水泥砂浆)。

5. 沥青砂浆柔性接口

使用条件与沥青麻布(玻璃布)柔性接口相同,但不用麻布(玻璃布),成本降低。

沥青砂浆重量配合比为石油沥青:石棉粉:砂 = 1:0.67:0.69。制备时,待锅中沥青(10号建筑沥青)完全熔化到超过220 ℃时,加入石棉(纤维占1/3左右)、细砂,不断搅拌使之混合均匀。浇灌时,沥青砂浆温度控制在200 ℃左右,具有良好的流动性。

施工程序:管口凿毛及清理—管缝填塞油麻、刷冷底子油—支设灌口模具—浇灌沥青砂浆—拆模—捻内缝。

6. 承插管沥青油膏柔性接口

这是利用一种黏结力强、高温不流淌、低温不脆裂的防水油膏,进行承插管接口,施工较为方便。沥青油膏有成品,也可自配。这种接口适用于小口径承插口污水管道。沥青油膏重量配合比石油沥青:松节油:废机油:石棉灰:滑石粉 = 100:11.1:44.5:77.5:119。

施工程序:清刷管口保持干燥—刷冷底子油—油膏捏成圆条备用—安第一节管—将粗油膏条垫在第一节管承口下部—插入第二节管—用麻錾填塞上部及侧面沥青膏条。

7. 塑料止水带接口

塑料止水带接口是一种质量较高的柔性接口,常用于现浇混凝土管道上。它具有一定的强度,又具有柔性,抗地基不均匀沉陷性能较好,但成本较高。这种接口适用于敷设在沉降量较大的地基上,须修建基础,并在接口处用木丝板设置基础沉降缝。

3.6 管道工程质量检查与验收

市政给排水管道工程是城市的基础性工程,是人们日常生活中所不可缺少的重要设施,其施工质量的优劣不仅影响城市功能的充分发挥,而且对道路完好、城市环保以及城市安全度过汛期等都有着直接的影响。因此,必须采取相应的质量管理措施。

工程中,验收压力管道时必须对管道、接口、阀门、配件、伸缩器及其他附属构筑物仔细进行外观检查;复测管道的纵断面;并按设计要求检查管道的放气和排水条件。管道验收还应对管道的强度和严密性进行试验。验收污水管道、雨污合流管道、倒虹吸管及设计要求闭水的其他排水管道时,回填前应采用闭水法进行严密性试验。

3.6.1 管道压力试验的一般规定

(1)应符合现行国家标准《给水排水管道工程施工及验收规范》规定。

(2)压力管道应用水进行压力试验。地下钢管或铸铁管,在冬季或缺水情况下,可用空气进行压力试验,但均须有防护措施。

(3)压力管道的试验,应按下列规定进行:架空管道、明装管道及非掩蔽的管道应在外观检查合格后进行压力试验;地下管道必须在管基检查合格,管身两侧及其上部回填不小于0.5 m,接口部分尚敞露时,进行初次试压,全部回填土,完成该管段各项工作后进行末次试压。此外,铺设后必须立即全部回填土的管道,在回填前应认真对接口做外观检查,仔细回填后进行一次试验;对于组装的有焊接接口的钢管,必要时可在沟边做预先试验,在下沟连接以后仍需进行压力试验。

(4)试压管段的长度不宜大于1 km,非金属管段不宜超过500 m。

(5)管端敞口,应事先用管堵或管帽堵严,并加临时支撑,不得用闸阀代替;管道中的固定支墩,试验时应达到设计强度;试验前应将该管段内的闸阀打开。

(6)当管道内有压力时,严禁修整管道缺陷和紧动螺栓,检查管道时不得用手锤敲打管壁和接口。

(7)给水管道在试验合格验收交接前,应进行一次通水冲洗和消毒,冲洗流量不应小于设计流量或流速不小于1.5 m/s。冲洗应连续进行,当排水的色、透明度与入口处目测一致时,即为合格。生活饮用水管冲洗后用含20~30 mg/L游离氯的水,灌洗消毒,含氯水留置24 h以上,消毒后再用饮用水冲洗。冲洗时应注意保护管道系统内仪表,防止堵塞或损坏。

3.6.2 管道水压试验

(1)管道试压前管段两端要封以试压堵板,堵板应有足够的强度,试压过程中与管身接头处不能漏水。

(2)管道试压时应设试压后背,可用天然土壁作试压后背,也可用已安装好的管道作试压后背,试验压力较大时,会使土后背墙发生弹性压缩变形,从而破坏接口。为了解决这个问题,常用螺旋千斤顶,即对后背施加预压力,使后背产生一定的压缩变形。其试验装置如图3.17所示。

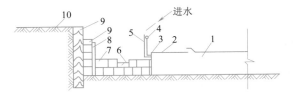

图3.17　给水管道水压试验后背装置

1—试验管段;2—短管乙;3—法兰盖堵;4—压力表;5—进水管;6—千斤顶;7—顶铁;8—钢板;9—方木;10—后座墙

(3)管道试压前应排除管内空气,灌水进行浸润,试验管段灌满水后,应在不大于工作压力条件下充分浸泡后进行试压。浸泡时间应符合以下规定:铸铁管、球墨铸铁管、钢管无水泥砂浆衬里不小于24 h,有水泥砂浆衬里,不小于48 h。预应力、自应力混凝土管及现浇钢筋混凝土管渠,管径小于1 000 mm,不小于48 h;

管径等于 1 000 mm,不小于 72 h。硬 PVC 管在无压情况下至少保持 12 h,进行严密性试验时,将管内水加压到 0.35 MPa,并保持 2 h。

(4)硬聚氯乙烯管道灌水应缓慢,流速小于 1.5 m/s。

(5)冬季进行水压试验时,应采取有效的防冻措施,试验完毕后应立即排出管内和沟槽内的积水。

(6)水压试验压力应满足规范规定,如表 3.10 所示。

表 3.10　承压水管道水压试验压力值

管材种类	工作压力 P/MPa	试验压力 P/MPa
钢　管	P	$P+0.5$ 且不小于 0.9
球墨铸铁管	$P<0.5$	$2P$
	$P \geqslant 0.5$	$P+0.5$
预应力钢筋混凝土管与 自应力钢筋混凝土管	$P<0.6$	$1.5P$
	$P \geqslant 0.6$	$P+0.3$
给水硬聚氯乙烯臂	P	强度试验 $1.5P$;严密试验 $0.5P$
现浇或预制钢筋混凝土管渠	$P \geqslant 0.1$	$1.5P$
水下管道	P	$2P$

(7)水压试验验收及标准:

①落压试验法。在已充水的管道上用手摇泵向管内充水,待升至试验压力后,停止加压,观察表压下降情况。如 10 min 压力降不大于 0.05 MPa,且管道及附件无损坏,将试验压力降至工作压力,恒压 2 h,进行外观检查,无漏水现象表明试验合格。落压试验装置如图 3.18 所示。

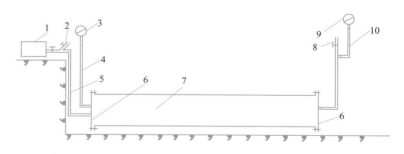

图 3.18　落压试验装置

1—手摇泵;2—进水总管;3—压力表;4—压力表连接管;5—进水管;6—盖板;7—试验管段;8—放水管;9—压力表;10—连接管

②严密性试验法。严密性试验法也称渗水量试验法,将管段压力升至试验压力后,记录表压降低 0.1 MPa 所需的时间 T_1(min),然后在管内重新加压至试验压力,从放水阀放水,并记录表压下降 0.1 MPa 所需的时间 T_2(min)和此间放出的水量 W(L)。按下式计算渗水率:$q=W/(T_1-T_2) \times L$,式中 L 为试验管段长度(km)。渗水量试验示意图如 3.19 所示。若 q 值小于表 3.11 的规定,即认为合格。

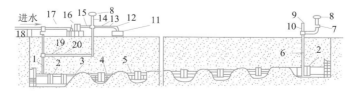

图 3.19　渗水量试验示意图

1—进水管;2—封闭端;3—回填土;4—试验臂段;5—工作坑;6、19—压力表连接管;8—压力表;
9—放水阀;11—水筒;12—龙头;16—手摇泵;7、10、13、14、15、17、18、20—闸门

表 3.11 硬聚氯乙烯管强度试验的允许渗水率

管外径/mm	允许渗水率/[L/（min·km）]		管外径/mm	允许渗水率/[L/（min·km）]	
	粘接连接	胶圈连接		粘接连接	胶圈连接
63~75	0.2~0.24	0.3~0.5	200	0.56	1.4
90~110	0.26~0.28	0.6~0.7	225~250	0.7	1.55
125~140	0.35~0.38	0.9~0.95	280	0.8	1.6
160~180	0.42~0.5	1.05~1.2	315	0.85	1.7

3.6.3 管道气压试验

1. 承压管道气压试验规定

（1）管道进行气压试验时应在管外 10 m 范围设置防护区，在加压及恒压期间，任何人不得在防护区停留。

（2）气压试验应进行两次，即回填前的预先试验和回填后的最后试验。试验压力如表 3.12 所示。

表 3.12 承压管道气压试验压力

管 材		强度试验压力/MPa	严密性试验压力/MPa
钢 管	预先试验	工作压力小于 0.5，为 0.6	0.3
	最后试验	工作压力大于 0.5，为 1.15 倍工作压力	0.03
铸铁管	预先试验	0.15	0.1
	最后试验	0.6	0.03

2. 气压试验验收标准

（1）钢管和铸铁管以气压进行时，应将压力升至强度试验压力，恒压 30 min，如管道、管件和接口未发生破坏，然后将压力降至 0.05 MPa 并恒压 24 h，进行外观检查（如气体溢出的声音、尘土飞扬和压力下降等现象），如无泄漏，则认为预先试验合格。

（2）在最后气压试验时，升压至强度试验压力，恒压 30 min；再降压至 0.05 MPa，恒压 24 h。若管道未破坏，且实际压力下降不大于表 3.13 规定，则认为合格。

表 3.13 长度不大于 1 km 的钢管道和铸铁管道气压试验时间和允许压力降

管径/mm	钢管道		铸铁管道		管径/mm	钢管道		铸铁管道	
	试验时间/h	试验时间内的允许水压降/kPa	试验时间/h	试验时间内的允许水压降/kPa		试验时间/h	试验时间内的允许水压降/kPa	试验时间/h	试验时间内的允许水压降/kPa
100	0.5	0.55	0.25	0.65	500	4	0.75	2	0.70
125	0.5	0.45	0.25	0.55	600	6	0.50	2	0.55
150	1	0.75	0.25	0.50	700	6	0.60	3	0.65
200	1	0.55	0.5	0.65	800	6	0.50	3	0.45
250	1	0.45	0.5	0.50	900	6	0.40	4	0.55
300	2	0.75	1	0.70	1 000	12	0.70	4	0.50
350	2	0.55	1	0.55	1 100	12	0.60		
400	2	0.45	1	0.50	1 200	12	0.50		

3.6.4 无压管道严密性试验

（1）进行严密性试验的试验管段应按井距分隔，长度不大于 1 km，带井试验。雨水和与其性质相似的管道,除大孔性土壤及水源地区外,可不做渗水量试验。污水管道不允许渗漏。

（2）闭水试验管段应符合下列规定：

① 管道及检查井外观质量已验收合格;管道未回填,且沟槽内无积水;全部预留孔(除预留进出水管外)应封堵坚固,不得渗水;管道硼端堵板承载力经核算应大于水压力的合力。

② 试验段上游设计水头不超过管顶内壁时,试验水头应以试验段上游管顶内壁加 2 m 计,当上游设计水头超过管顶内壁时,试验水头应以上游设计水头加 2 m 计;当计算出的试验水头小于 10 m,但已超过上游检查井井口时,试验水头应以上游检查井井口高度为准。无压管道闭水试验装置图如图 3.20 所示。

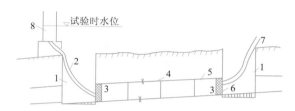

图 3.20　闭水试验示意图
1—检查井;3—堵头;4—接口;5—试验臂段;6—闸门;2、7—腔管;8—水筒

③ 试验管段灌满水后浸泡时间不小于 24 h。当试验水头达到规定水头时,开始计时,观测管道的渗水量,观测时间不少于 30 min,期间应不断向试验管段补水,以保持试验水头恒定。实测渗水量应符合表 3.14 规定。

表 3.14　无压管道严密性试验允许渗水量

管道内径/mm	允许渗水量/[m³/(24 h·km)]	管道内径/mm	允许渗水量/[m³/(24 h·km)]	管道内径/mm	允许渗水量/[m³/(24 h·km)]
200	17.60	900	37.50	1 600	50.00
300	21.62	1 000	39.52	1 700	51.50
400	25.00	1 100	41.45	1 800	53.00
500	27.95	1 200	43.30	1 900	54.48
600	30.60	1 300	45.00	2 000	55.90
700	33.00	1 400	46.70		
800	35.35	1 500	48.40		

3.6.5　给水管道的冲洗与消毒

给水管道试验合格后,竣工验收前应进行冲洗、消毒,使管道出水符合《生活饮用水的水质标准》,经验收合格才能交付使用。

1. 管道冲洗

（1）放水口

管道冲洗主要使管内杂物全部冲洗干净,使排出水的水质与自来水状态一致。在没有达到上述水质要求时,这部分冲洗水要有放水口,可排至附近河道、排水管道。排水时应取得有关单位协助,确保安全排放、畅通。

安装放水口时,其冲洗管接口应严密,并设有插盘短管、闸阀、排气管和放水龙头,如图 3.21 所示。弯头处应进行临时加固。

冲洗水管可比被冲洗的水管管径小,但断面不应小于 1/2。冲洗水的流速宜大于 0.7 m/s。管径较大时,所需用的冲洗水量较大,可在夜间进行冲洗;以不影响周围的正常用水。

（2）冲洗步骤及注意事项

① 准备工作。会同自来水管理部门,商定冲洗方案,如冲洗水量、冲洗时间、排水路线和安全措施等。

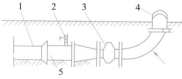

图 3.21　放水口
1—管道;2—排气管;3—闸阀;
4—放水龙头;5—插盘短管

② 冲洗时应避开用水高峰,以流速不小于 1.0 m/s 的冲洗水连续冲洗。

③ 冲洗时应保证排水管路畅通安全。

④ 开闸冲洗放水时,先开出水闸阀再开来水闸阀;注意排气,并派专人监护放水路线;发现情况及时处理。

⑤ 检查放水口水质。观察放水口水的外观,至水质外观澄清,化验合格为止。

⑥ 关闭闸阀。放水后尽量使来水闸阀、出水闸阀同时关闭。如做不到,可先关闭出水闸阀,但留几扣暂不关死,等来水阀关闭后,再将出水阀关闭。

⑦ 放水完毕,管内存水 24 h 以后再化验为宜,合格后即可交付使用。

2. 管道消毒

管道消毒的目的是消灭新安装管道内的细菌,使水质不致污染。消毒液通常采用漂白粉溶液,注入被消毒的管段内。灌注时可少许开启来水闸阀和出水闸阀,使清水带着漂白液流经全部管段,从放水口检验出高浓度氯水为止,然后关闭所有闸阀,使含氯水浸泡 24 h 为宜。氯浓度为 26 ~ 30 mg/L。其漂白粉耗用量可参照表 3.15 选用。

表 3.15　每 100 mm 管道消毒所需漂白粉用

管径/mm	100	150	200	250	300	400	500	600	800	1 000
漂白粉/kg	0.13	0.28	0.5	0.79	1.13	2.01	3.14	4.53	8.05	12.57

注:(1)漂白粉含氯量以 25% 计。

(2)漂白粉溶解率以 75% 计。

(3)水中含氯浓度 30 mg/L。

3.6.6 地下给水排水管道工程施工质量检验与验收

工程验收制度是检验工程质量必不可少的一道程序,也是保证工程质量的一项重要措施。当质量不符合规定时,可在验收中发现和处理,并避免影响使用和增加维修费用,为此,必须严格执行工程验收制度。

给水排水管道工程验收分为中间验收和竣工验收,中间验收主要是验收埋在地下的隐蔽工程,凡是在竣工验收前被隐蔽的工程项目,都必须进行中间验收,并对前一工序验收合格后,方可进行下一工序,当隐蔽工程全部验收合格后,方可回填沟槽。竣工验收是全面检验给水排水管道工程是否符合工程质量标准,它不仅要查出工程的质量结果怎样,更重要的还应该找出产生质量问题的原因,对不符合质量标准的工程项目必须经过整修,甚至返工,经验收达到质量标准后,方可投入使用。

地下给水排水管道工程属隐蔽工程。给水管道的施工与验收应严格按国家颁发的《给水排水管道工程施工及验收规范》《工业管道工程施工及验收规范》《室外硬聚氯乙烯给水管道工程施工及验收规程》进行施工及验收,排水管道按建设部《市政排水管渠工程质量检验评定标准》、国家标准《给水排水管道施工及验收规范》进行施工与验收。

给水排水管道工程竣工后,应分段进行工程质量检查。质量检查的内容包括:

(1)外观检查。对管道基础、管座、管子接口、节点、检查井、支墩及其他附属构筑物进行检查。

(2)断面检查。断面检查是对管子的高程、中线和坡度进行复测检查。

(3)接口严密性检查。对给水管道一般进行水压试验,排水管道一般作闭水试验。生活饮用水管道,还必须进行水质检查。

给水排水管道工程竣工后,施工单位应提交下列文件:

(1)施工设计图并附设计变更图和施工洽商记录。

(2)管道及构筑物的地基及基础工程记录。

(3)材料、制品和设备的出厂合格证或试验记录。

(4)管道支墩、支架、防腐等工程记录。

(5)管道系统的标高和坡度测量的记录。

(6)隐蔽工程验收记录及有关资料。

（7）管道系统的试压记录、闭水试验记录。

（8）给水管道通水冲洗记录。

（9）生活饮用水管道的消毒通水，消毒后的水质化验记录。

（10）竣工后管道平面图、纵断面图及管件结合图等。

（11）有关施工情况的说明。

3.7　掘进顶管

不开槽施工的方法主要有顶管法、盾构法、浅埋暗挖法、管棚法等。用此施工方法敷设的给排水管道有钢管、钢筋混凝土管及预制或现浇的钢筋混凝土管沟（渠、廊）等。常用的管材为钢筋混凝土管，分为普通管和加厚管，管口形式有平口和企口两种。通常顶管使用加厚企口钢筋混凝土管为宜，特殊时也可用钢管作为顶管管材。

影响不开槽施工的因素包括地质、管道埋深、管道种类、管材及接口、管径大小、管节长、施工环境、工期等，其中主要因素是地质和管节长。

顶管施工就是非开挖施工方法，是一种不开挖或者少开挖面层，并且能够穿越公路、铁道、隧道、河川、地面建筑物、地下构筑物以及各种地下管线等的一种暗挖式管道埋设施工技术。该施工方法就是在工作坑内借助于顶进设备产生的顶力，克服管道与周围土壤的摩擦力，将管道按设计的坡度顶入土中，并将土方运走。一节管子完成顶入土层之后，再下第二节管子继续顶进。其原理就是借助于主顶油缸及管道间、中继间等推力，把工具管或掘进机从工作坑内穿过土层一直推进到接收坑内吊起。管道紧随工具管或掘进机后，埋设在两坑之间。其构成主要由顶进设备、掘进机（工具管）、中继环、工程管、排土设备等五部分组成。

掘进顶管施工操作程序如图3.22所示。

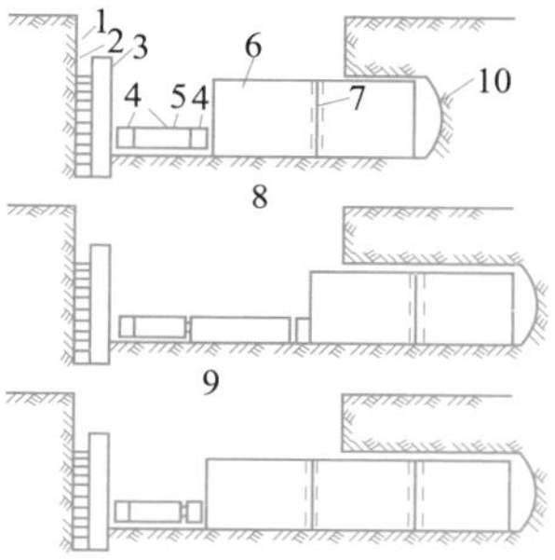

3.7.1　人工掘进顶管

人工掘进顶管又称普通顶管，是目前较普遍的顶管方法。人工顶管施工是穿越铁路、河流、公路等障碍物的最佳施工方法。

1. 顶管施工的准备工作

顶管施工前，进行详细调查研究，编制可行的施工方案。

（1）掌握下列情况

管道埋深、管径、管材和接口要求；管道沿线水文地质资料，如土质、地下水位等；顶管地段内地下管线交叉情况，并取得主管单位同意和配合；现场地势、交通运输、水源情况；可能提供的掘进、顶管设备情况；其他有关资料。

图3.22　掘进顶管工程示意图

1—后座墙；2—后背；3—立铁；
4—横铁；5—千斤顶；6—管子；7—内涨圈；
8—基础；9—导轨；10—掘进工作面

（2）编制施工方案的主要内容

选定工作坑位置和尺寸，顶管后背的结构和验算；确定掘进和出土的方法、下管方法和工作平台支搭形式；进行顶力计算，选择顶进设备，是否采用中继、润滑剂等措施，以增加顶管段长度；遇到地下水时，采取降水方法；顶进钢管时，确定每节管长、焊缝要求、防腐绝缘保护层的防护措施；保证工程质量和安全的措施。

2. 工作坑的布置

工作坑是掘进顶管施工的工作场所。其位置可根据以下条件确定：

（1）根据管线设计，排水管线可选在检查井下面。

（2）单向顶进时，应选在管道下游端，以利排水。

（3）考虑地形和土质情况，有无可利用的原土后背。

（4）工作坑与被穿越的建筑物要有一安全距离。

（5）距水、电源较近的地方等。

3. 工作坑的种类及尺寸

根据工作坑顶进方向,可分为单向坑、双向坑、交汇坑和多向坑等形式,如图 3.23 所示。

图 3.23 工作坑类型
1—单向坑;2—双向坑;3—交汇坑;4—多向坑

工作坑尺寸是指坑底的平面尺寸,它与管径大小、管节长度、覆盖深度、顶进形式、施工方法有关,并受土的性质、地下水等条件影响,还要考虑各种设备布置位置、操作空间、工期长短、垂直运输条件等多种因素。

工作坑的长度如图 3.24 所示。

其计算公式:

$$L = L_1 + L_2 + L_3 + L_4 + L_5 \tag{3.2}$$

式中:L——矩形工作坑的底部长度(m);

L_1——工具管长度(m),当采用管道第一节作为工具管时,钢筋混凝土管不宜小于 0.3 m;钢管不宜小于 0.6 m;

L_2——管节长度(m);

L_3——运土工作间长度(m);

L_4——千斤顶长度(m);

L_5——后背墙的厚度(m)。

工作坑的宽度和深度如图 3.25 所示。

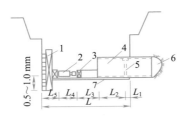

图 3.24 工作坑底的长度
1—后背;2—千斤顶;3—顶铁;4—管子;
5—内涨圈;6—掘进工作面;7—导轨

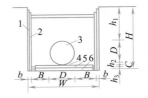

图 3.25 工作坑的底宽和高度
1—撑板;2—支撑立木;3—管子;
4—导轨;5—基础;6—垫层

其计算公式:

$$W = D + 2B + 2b \tag{3.3}$$

式中:W——工作坑底宽(m);

D——顶进管节外径(m);

B——工作坑内稳好管节后两侧的工作空间(m);

b——支撑材料的厚度。支撑板时,$b = 0.05$ m;木板桩时,$b = 0.07$ m。

$$H = h_1 + h_2 + h_3 + D \tag{3.4}$$

式中:H——顶进坑地面至坑底的深度(m);

h_1——地面至管道顶部外缘的深度(m);

h_3——管道外缘底部至导轨底面的高度(m);

h_3——基础及其垫层的厚度(m)。

工程施工中,可以根据经验,估算工作坑的长度和宽度。

工作坑的长度可以用下式估算:

$$L = L_4 + 2.5 \text{ m} \tag{3.5}$$

工作坑的宽度可以用下式估算：

$$W = D + (2.5 \sim 3.0)\,\text{m} \tag{3.6}$$

4. 工作坑、导轨及基础

（1）工作坑

工作坑的施工方法有开槽式、沉井式及连续墙式等。

① 开槽式工作坑：应用比较普遍的一种支撑式工作坑，这种工作坑的纵断面形状有直槽式、梯形槽式，工作坑支撑采用板桩撑。图 3.26 所示的支撑就是一种常用的支撑方法。

支撑式工作坑适用于任何土质，与地下水位无关，且不受施工环境限制，但深度太深操作不便，一般挖掘深度以不大于 7 m 为宜。

② 沉井式工作坑：在地下水位以下修建工作坑，可采用沉井法施工。沉井法即在钢筋混凝土井筒内挖土，井筒随井筒内挖土，靠自重或加重使其下沉，直至沉至要求的深度，最后用钢筋混凝土封底。沉井式工作坑采用平面形状有单孔圆形沉井和单孔矩形沉井。

③ 连续墙式工作坑：采取先深孔成槽，用泥浆护壁，然后放入钢筋网，浇筑混凝土时将泥浆挤出形成连续墙段，再在井内挖土封底而形成工作坑。与同样条件下施工的沉井式工作坑相比，可节约一半的造价及全部的支模材料，工期缩短。

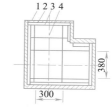

图 3.26　工作坑壁支撑
1—坑壁；2—撑板；3—横木；4—撑杠

（2）导轨

导轨的作用是引导管子按设计的中心线和坡度顶进，保证管子在顶入土之前位置正确。导轨安装牢固与准确对管子的顶进质量影响较大，因此，安装导轨必须符合管子中心，高程和坡度的要求。

导轨有木导轨和钢导轨。常用的是钢导轨，钢导轨又分轻轨和重轨，管径大的采用重轨。两导轨间净距按要求确定，如图 3.27 所示。

一般的导轨都采取固定安装，但有一种滚轮式的导轨（见图 3.28），具有两导轨间距调节的功能，以减少导轨对管子摩擦。这种滚轮式导轨用于钢筋混凝土管顶管和外设防腐层的钢管顶管。

图 3.27　导轨安装图
1—导轨；2—枕木；3—混凝土基础；4—木板

图 3.28　滚轮式导轨

导管的安装应按管道设计高程、方向及坡度铺设导轨。要求两轨道平行，各点的轨距相等。导轨装好后应按设计检查轨面高程、坡度及方向。检查高程时在第 n 条轨道的前后各选 6～8 点，测其高程，允许误差 0～3 mm。稳定首节管后，应测量其负荷后的变化，并加以校正，还应检查轨距，两轨内距 ±2 mm。在顶进过程中，还应检查校正。保证管节在导轨上不产生跳动和侧向位移。

（3）基础

① 枕木基础：工作坑底土质好、坚硬、无地下水，可采用埋设枕木作为导轨基础，如图 3.29 所示。枕木一般采用15 cm×15 cm 方木，方木长度 2～4 m，间距一般 40～80 cm 一根。

② 卵石木枕基础：卵石木枕基础适用于虽有地下水但渗透量不大，而地基土为细粒的粉砂土，为了防止安装导轨时扰动基土，可铺一层10 cm 厚的卵石或级配砂石，以增加其承载能力，并能保持排水通畅。

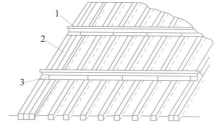

图 3.29　枕木基础
1—导轨；2—方木；3—道钉

在枕木间填粗砂找平。这种基础形式简单实用,较混凝土基础造价低,施工方便。

③ 混凝土木枕基础:在地下水位高,地基承载力又差的地方,在工作坑浇筑 20 cm 厚的 C10 混凝土,同时预埋方木作轨枕。这种基础能承受较大的荷载,工作面干燥无泥泞,但造价较高。

此外,在坑底无地下水,但地基土质很差,可在坑底铺方木形成木筏基础,方木可重复利用,造价较低。

5. 后背墙与后背

后背墙是将顶管的顶力传递至后背土体的墙体结构。当顶进开始时,由于顶力的作用,首先将后背墙与后背墙土体间的空隙与后背墙垫块间的空隙压缩,待这些空隙密合后,在顶力的作用下后背土体将产生弹性变形,由于空隙的密合和土体的弹性变形,将使后背墙产生少量的位移,其值一般在 0.5 ~ 2.0 cm 之间是正常的,当顶力逐渐增大,后背土体将产生被动压力。在顶进的过程中,必须防止后背墙的大位移及上、下、左、右不均匀位移,这些现象的出现,往往是顶进管道出现偏差的诱因。为了避免出现后背大位移或不均匀位移的现象,必须使后背的垫块之间接触紧密,后背与后背土体间应采取砂石料填实。后背墙最好依靠原土加排方修建,据以往经验,当顶力小于 400 t 时,后背墙后的原土厚度不小于 7.0 m,就不致发生大位移现象(墙后开槽宽度不大于 3.0 m),如图 3.30 所示。

(1)原土后背墙安装时,应满足下列要求:

① 后背土壁应铲修平整,并使土壁墙面与管道顶进方向相垂直。

② 靠土壁横排方木面积,一般土质可按承载不超过 150 kPa 计算。

③ 方木应卧入工作坑底 0.5 ~ 1.0 m,使千斤顶的着力中心高度不小于方木后背高度的 1/3;方木断面可用 15 cm × 15 cm,立铁可用 20 cm × 30 cm 工字钢,横铁可用 15 cm × 40 cm 工字钢。

④ 土质松软或顶力较大时,可在方木前加钢板。无法利用原土作后背墙时,可修建人工后背墙。人工后背墙做法很多,其中一种如图 3.31 所示。在双向坑内进行双向顶进时,利用已顶进的管段作为后背,由此可以不设后墙与后背。

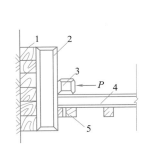

图 3.30 原状土后背
1—方木;2—立铁;3—横轨;4—导轨;5—导轨方木

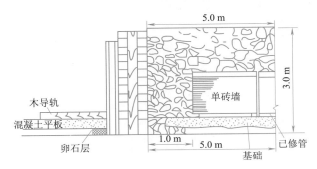

图 3.31 人工后背墙

后背在顶力作用下,产生压缩,压缩方向与顶力作用方向相一致。当停止顶进时,顶力消失,压缩变形随之消失,这种弹性变形现象是正常的。顶管时,后背不应当破坏,产生不允许的压缩变形。后背不应出现上下或左右的不均匀压缩。否则,千斤顶支承在斜面后背的土上,造成顶进偏差。为了保证顶进质量和施工安全,应进行后背的强度和刚度计算。

由于最大顶力一般在顶进段接近完成时出现,所以后背计算时应充分利用土抗力,而且在工程进行中应严密注意后背土的压缩变形值。当发现变形过大时,应考虑采取辅助措施,必要时可对后背土进行加固,以提高土抗力。

(2)无法利用原土作后背墙时,可修建人工后背墙。在双向坑内进行双向顶进时,利用已顶进的管段作为后背,由此可以不设后墙与后背。

6. 工作坑的附属设施

工作坑的附属设施主要有工作台、工作顶进口装置等。

（1）工作台

工作台位于工作坑顶部地面上,由 U 形钢支架而成,上面铺设方木和木板。在承重平台的中部有下管孔道,盖有活动盖板。下管后,盖好盖板。管节堆放平台上,卷扬机将管提起,然后推开盖板再向下吊放。

（2）工作棚

工作棚位于工作坑上面,目的是防风雨、雪以利操作。工作棚的覆盖面积要大于工作坑平面尺寸。工作棚多采用支拆方便、重复使用的装配式工作棚。

（3）顶进口装置

管子入土处不应支设支撑。土质较差时,在坑壁的顶口处局部浇筑素混凝土壁,混凝土壁当中预埋钢环及螺栓,安装处留有混凝土台,台厚最少为橡胶垫厚度与外部安装环厚度之和。在安装环上将螺栓紧固压紧橡胶垫止水,以防止采用触变泥浆顶管时,泥浆从管外壁外溢。工作坑内还要解决坑内排水、照明、工作坑上下扶梯等问题。

7. 顶进设备

顶进设备主要包括千斤顶、高压油泵、顶铁、下管及运出设备等。

（1）千斤顶(也称顶镐)。千斤顶是掘进顶管的主要设备,目前多采用液压千斤顶。千斤顶在工作坑内的布置与采用个数有关,如图 3.32 所示。

（2）高压油泵。由电动机带动油泵工作,一般选用额定压力 32 MPa 的柱塞泵,经分配器、控制阀进入千斤顶,各千斤顶的进油管并联在一起,保证各千斤顶活塞的行程一致。

（3）顶铁。顶铁是传递顶力的设备,要求它能承受顶进压力而不变形,并且便于搬动。根据顶铁放置位置的不同,可分为横顶铁、顺顶铁和 U 形顶铁 3 种。

8. 顶进

管道顶进的过程包括挖土、顶进、测量、纠偏等工序。开始顶进的质量标准为:轴线位置 3 mm,高程 0 ~ 13 mm。

（1）前挖土和运土

① 挖土:对于密实土质,管端上方可有大于等于 1.5 cm 空隙,以减少顶进阻力,管端下部 135° 中心角范围内不得超挖,保持管壁与土壁相平,也可预留 1 cm 厚土层,在管子顶进过程中切去,这样可防止管端下沉。在不允许顶管上部土壤下沉地段顶进时(如铁路、重要建筑物等),管周围一律不得超挖,如图 3.33 所示。

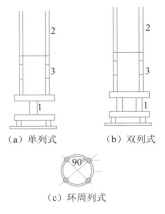

图 3.32 千斤顶布置方式

1—千斤顶;2—管子;3—顺铁

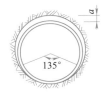

图 3.33 超挖示意

a—最大超挖量

在松软土层中顶进时,应采取管顶上部土壤加固或管前安设管檐或工具管,如图 3.34 所示。操作人员在其内挖土,开挖工具管迎面的土体时,不论是砂类土或黏性土,都应自上而下分层开挖。有时为了方便而先挖下层土,尤其是管道内径超过手工所及的高度时,先挖中下层土很可能给操作人员带来危险。为防止坍塌伤人,管内挖土工作条件差,劳动强度大,应组织专人轮流操作。

② 运土:从工作面挖下来的土,通过管内水平运输和工作坑的垂直提升运至地面。除保留一部分土方

用作工作坑的回填外,其余都要运走弃掉。

(2)顶进:顶进时利用千斤顶出镐在后背不动的情况下将被顶进管子推向前。其操作过程如下:

① 安装好顶铁挤牢,管前端已挖一定长度后,启动油泵,千斤顶进油,活塞伸出一个工作行程,将管子推向一定距离。

② 停止油泵,打开控制阀,千斤顶回油,活塞回缩。

③ 添加顶铁,重复上述操作,直至需要安装下一节管子为止。

④ 卸下顶铁,下管,在混凝土管接口处放一圈麻绳,以保证接口缝隙和受力均匀。

⑤ 在管内口处安装一个内胀圈,作为临时性加固措施,防止顶进纠偏时错口,其装置如图 3.35 所示。胀圈直径小于管内径 5~8 cm,空隙用木楔背紧,胀圈用 7~8 mm 厚板焊制、宽 200~300 mm。

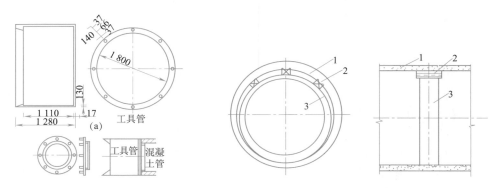

图 3.34　工具管(单位:mm)　　　　　图 3.35　钢制内胀圈安装图
1—混凝土管;2—木楔;3—内胀圈

⑥ 重新装好顶铁,重复上述操作。

顶进时应注意事项:

① 顶进时应遵照"先挖后顶,随挖随顶"的原则。应连续作业,避免中途停止,造成阻力增大,增加顶进的困难。

② 首节管子顶进的方向和高程,关系到整段顶进质量,应勤测量、勤检查,及时校正偏差。

③ 安装顶铁应平顺,无歪斜扭曲现象,每次收回活塞加放顶铁时,应换用可能安放的最长顶铁,使连接的顶铁数目为最少。

④ 顶进过程中,发现管前土方坍塌、后背倾斜,偏差过大或油泵压力表指针骤增等情况,应停止顶进,查明原因,排除故障后,再继续顶进。

3.7.2　机械掘进顶管

机械掘进与人工掘进的工作坑布置基本相同,不同处主要是管端挖土与运土。采用机械顶管法改善了工作条件,减轻了劳动强度,一般土质均能顺利顶进。但在使用中也存在一些问题,影响推广使用。在我国,机械设备技术比较落后,地区差异明显,水平参差不齐,缺乏规范化,人才不足,对顶管机械设备我国主要依赖于进口。

1. 施工工艺

机械取土顶管是在被顶进管子前端安装机械钻进的挖土设备,配上传动带运土,可代替人工挖土、运土。当管前土被切削形成一定的孔洞后,开动千斤顶,将管子顶进一段距离,机械不断切削,管子不断顶入。同样,每顶进一段距离,需要及时测量及纠偏。

2. 常用机械设备

(1)伞式挖掘机

伞式挖掘机用于 800 mm 以上大管内,是顶进机械中最常见的形式,适合于黏土、粉质黏土、亚砂土和砂土中钻进,不适合弱土层或含水土层内钻进。挖掘机由电动机通过减速机构直接带动主轴,主轴上装有切削盘或切削臂,根据不同土质安装不同形式的刀齿于盘面或臂杆上,由主轴带动刀盘或刀臂旋转切土。再由提升环的铲斗将土铲起、提升、倾卸于传动带运输机上运走。典型的伞式掘进机的结构一般由工具管、切削机构、驱动机构、动力设施、装载机构及校正机构组成。

（2）螺旋掘进机

螺旋掘进机主要用于小口径（管径小于800 mm）的顶管,适用于短距离顶进,一般最大顶进长度为70~80 m。管子按设计方向和坡度放在导向架上,管前由旋转切削式钻头切土,并由螺旋输送器运土。螺旋式水平钻机安装方便,但是顶进过程中易产生较大的下沉误差。而且,误差产生不易纠正。

（3）"机械手"挖掘机

其特点是弧形刀臂以垂直于管轴小的横轴为轴,作前后旋转,在工作面上切削。挖成的工作面为半球形,由于运动是前后旋转,不会因挖掘而造成工具管旋转,同时靠刀架高速旋转切削的离心力将土抛出离工作面较远处,便于土的管内输出。该机械构造简单、安装维修方便,便于转向,挖掘效率高,适用于黏性土。

3.7.3 其他

1. 水力掘进顶管

水力掘进主要设备在首节混凝土管前端装工具管。工具管内包括封板、喷射管、真空水力掘进便于实现机械化和自动化,边顶进,边水冲,边排泥。

其优点是:生产效率高,其冲土、排泥连续进行;设备简单,成本低;改善劳动条件,减轻劳动强度。但是,需要耗用大量的水,顶进时,方向不易控制,容易发生偏差;而且需要有存泥浆场地。

2. 挤压土顶管

挤压土顶管不用人工挖土装土,甚至顶管中不出土,使顶进、挖土、装土3个工序成一个整体,提高了劳动生产率。

挤压顶管的应用取决于土质、覆土厚度、顶进距离、施工环境等因素,分为出土挤压顶管和不出土顶管两种。

（1）出土挤压土顶管

主要设备包括带有挤压口的工具管、割土工具和运土工具。主要工作程序:安管—顶进—输土—测量。正常操作,在激光测量导向下,能保证上下左右的误差在10~20 mm以内,方向稳定。

（2）不出土顶管

不出土顶管是利用千斤顶将管子直接顶入土内,管周围的土被挤压密实。不出土顶管的应用取决于土质,一般应用在天然含水量的黏性土、粉土。管材以钢管为主、也可以用于铸铁管。管径一般要小于300 mm,管径愈小效果愈好。

3. 长距顶进技术

由于一次顶进长度受顶力大小、管材强度、后背强度诸因素的限制,一次顶进长度约在40~50 m,若再要增长,可采用中继间、泥浆套顶进等方法。提高一次顶进长度,可减少工作坑数目。

4. 顶管测量和校正

顶管施工时,为了使管节按规定的方向前进,在顶进前要求按设计的高程和方向精确地安装导轨、修筑后背及布置顶铁,这些工作要通过测量来保证规定的精度。

在顶进过程中必须不断观测管节前进的轨迹,检查首节管是否符合设计规定的位置。当发现前端管节前进的方向或高程偏离原设计位置后,要及时采取措施迫使管节恢复原位再继续顶进。这种操作过程,称为管道校正。

5. 掘进顶管内接口

掘进顶管完毕,拆除临时连接,进行内接口。接口形式根据现场条件、管道使用要求。管口形式等因素进行选择。

钢筋混凝土管常采用的接口方式有:①钢筋混凝土管油麻石棉水泥或膨胀水泥接口,如图3.36所示。②企口钢筋混凝土管内接口,如图3.37所示。此外,还可以采取麻辫沥青冷油膏接口。该接口施工方便,管接口具有一定的柔性,利于顶进中校正方向和高程,密封效果好。

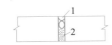

图 3.36　平口钢筋混凝土管油麻石棉水泥内接口
1—麻辫或塑料圈或绑扎绳;2—石棉水泥

图 3.37　企口钢筋混凝土管内接口
1—油毡;2—油麻;3—石棉水泥或膨胀水泥砂浆;
4—聚氯乙烯胶泥;5—膨胀水泥砂浆

3.8　盾构法

盾构法是暗挖法施工中的一种全机械化施工方法,是使用盾构机在地下掘进,在护盾的保护下,在机内安全地进行开挖和衬砌作业,从而构筑成隧道的施工方法。它通过盾构外壳和管片支承四周围岩防止发生往隧道内的坍塌,同时在开挖面前方用切削装置进行土体开挖,通过出土机械运出洞外,靠千斤顶在后部加压顶进,并拼装预制混凝土管片,形成隧道结构。

盾构根据挖掘方式可分为手工挖掘和机械挖掘式盾构,根据切削环与工作面的关系可分为开口形与密闭形盾构。

盾构法具有以下优点:

(1)因需顶进的是盾构本身,在同一土层中所需顶力为一常数,不受顶力大小的限制。

(2)盾构断面形状可以任意选择,而且可以形成曲线走向。

(3)操作安全,可在盾构设备的掩护下,进行土层开挖和衬砌。

(4)施工时不扰民,噪声小,影响交通少。

(5)盾构法进行水底施工,不影响航道通行。

(6)严格控制正面超挖,加强衬砌背面空隙的填充,可控制地表沉降。

3.8.1　盾构的组成

盾构是用于地下开槽法施工时进行地层开挖及衬砌拼装起支护作用的施工设备,基本构造由开挖系统、推进系统和衬砌拼装系统三部分组成。

1. 开挖系统

盾构壳体形状可任意选择,用于给排水管沟,多采用钢制圆形筒体,由切削环、支撑环、盾尾三部分组成,由外壳钢板连接成一个整体,如图 3.38 所示。

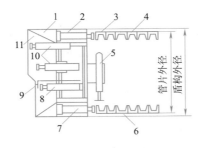

图 3.38　盾构构造简图
1—切口环;2—支撑环;3—盾尾部分;4—管片;5—管片拼装管;6—盾尾空隙;
7—盾构推进千斤顶;8—活动平台千斤顶;9—活动平台;10—支撑千斤顶;11—切口

2. 推进系统

推进系统是盾构核心部分,依靠千斤顶将盾构向前移动。千斤顶控制采用油压系统,其组成由高压油泵、操作阀件和千斤顶等设备构成。

3. 衬砌拼装系统

盾构顶进后应及时进行衬砌工作,衬砌块作为盾构千斤顶的后背,承受顶力,施工过程中作为支撑机构,施工结束后作为永久性承载结构。

3.8.2　盾构施工

盾构法施工概貌如图 3.39 所示。

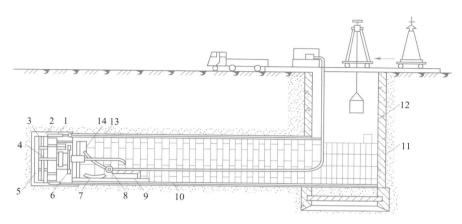

图 3.39　盾构法施工全貌

1—盾构千斤顶;2—盾构;3—出土转盘;4—出土皮带运输机;5—盾构正面网格;6—管片拼装机;
7—管片;8—压浆泵;9—出土机;10—由管片组成的隧道衬砌结构;11—后盾管片;
12—竖片;13—在盾尾空隙中的压浆;14—压浆孔

1. 施工准备工作

盾构施工前根据设计提供图样和有关资料,对施工现场应进行详细勘察,对地上、地下障碍物,地形、土质、地下水和现场条件等诸方面进行了解,根据勘察结果,编制盾构施工方案。

盾构施工的准备工作还应包括测量定线、衬块预制、盾构机械组装、降低地下水位、土层加固以及工作坑开挖等。上述这些准备工作视情况选用,并编入施工方案中。

2. 盾构工作坑及始顶

盾构法施工也应当设置工作坑(也称工作室),作为盾构开始、中间、结束井。开始工作坑作为盾构施工起点,将盾构下人工作坑内;结束工作坑作为全线顶进完毕,需要将盾构取出;中间工作坑根据需要设置,如为了减少土方、材料地下运输距离或者中间需要设置检查井、车站等构筑物时而设置中间工作坑。

3. 衬砌和灌浆

按照设计要求,确定砌块形状和尺寸以及接缝方法,接口有平口、企口和螺栓连接。企口接缝防水性能好,但拼装复杂;螺栓连接整体性好,刚度大。

砌块接口涂抹胶黏剂,提高防水性能,常用的胶黏剂有沥青、玛琋脂、环氧胶泥等。

灌浆作业应及时进行,灌入按自而上,左右对称地进行。灌浆时应防止浆液漏入盾构内,在此之前应做好止水。

3.9　检查井等构筑物施工

随着我国城市建设的迅速发展,给水排水构筑物的建设越来越多,在城市建设中占有越来越重要的地位。

3.9.1　砖石工程材料

砌筑材料常采用烧结普通砖和 P 型烧结多孔砖。

1. 烧结普通砖

烧结普通砖的技术要求包括砖的形状、尺寸、外观、强度及耐久性等。

(1)形状尺寸:普通黏土砖的尺寸规定为 240 mm × 115 mm × 53 mm。这样,4 个砖长、8 个砖宽或 16 个砖厚,都恰好为 1 m。1 m³ 砖砌体需用砖 512 块。

(2)外观检查:包括尺寸偏差、弯曲强度、缺棱掉角和裂纹等内容。要求内部组织结实,不含爆裂性矿物杂质如石灰质等。根据砖的强度、耐久性能和外观指标分为优等砖、一等砖和合格砖。

(3)强度:烧结普通砖根据抗压强度分为 MU30、MU25、MU20、MU15、MU10 五个等级。

(4)抗冻性:将吸收饱和的砖在 -15℃ 与 10~20℃ 的条件下经 15 次冻融循环,其重量损失不得超过 2%,裂纹长度不得超过合格砖规定。在南方温暖地区使用的砖可以不考虑砖的抗冻性。

(5)吸水率:砖的吸水率有标准规定。特等砖不大于 25%,一等砖不大于 27%,合格砖无要求。欠火砖的孔隙率大,吸水率也大,相应的强度低,耐水性差,不宜用于水池砌筑。

(6)密度:烧结普通砖的密度一般为 1 600~1 800 kg/m³。

2. P 型烧结多孔砖

(1)形状尺寸:P 型烧结多孔砖的尺寸规定为 240 mm × 115 mm × 90 mm。

(2)密度:承重的多孔砖密度一般为 1 400 kg/m³ 左右。

(3)P 型烧结多孔砖的质量标准按现行国家标准 GB 13544—2011《烧结多孔砖和多孔砌块》执行。

3.9.2 砖砌检查井施工

1 000 mm 砖砌检查井,如图 3.40 所示。

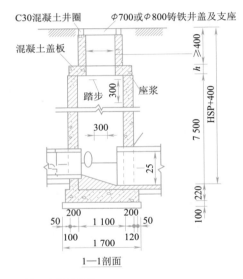
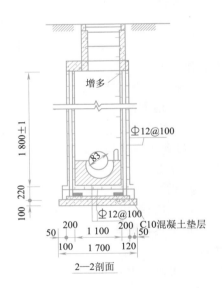
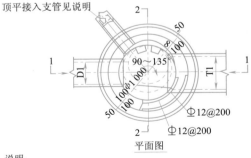

说明:

(1)单位:mm。

(2)外墙及底板混凝土为C25;钢筋Φ—HPB300级钢,Φ—HPB335级钢;搭接长度40d;基础保护层40,其他为35。

(3)底浆、抹三角灰采用1:2防水水泥沙浆。

(4)砌筑用M7.5水泥砂浆,MU10红砖;1:2防水水泥砂浆抹面,厚20 mm。

(5)井室净高一般为1 800 mm,埋深不足时酌情减少。

(6)其他参见相关标准图。

图 3.40 1 000 mm 砖砌检查井

1. 砌筑形式

砌筑形式主要有一顺一丁、三顺一丁、全丁等,如图 3.41、图 3.42 所示。

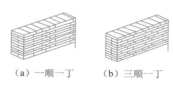

（a）一顺一丁　（b）三顺一丁

图 3.41　砖墙组砌形式

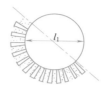

图 3.42　全丁砌法

（1）一顺一丁

一顺一丁是一皮全部顺砖与一皮全部丁砖间隔砌成。上下皮竖缝相互错开 1/4 砖长。这种砌法效率较高,适用于砌一砖、一砖半及二砖墙。

（2）三顺一丁

三顺一丁是三皮全部顺砖与一皮全部丁砖间隔砌成。上下皮顺砖间竖缝错开 1/2 砖长;上下皮顶砖与丁砖间竖缝错开 1/4 砖长。这种砌法因顺砖较多,效率较高,适用于砌一砖、一砖半墙。

（3）全丁

全丁砌法是各皮全用丁砖砌筑,上下皮竖缝相互错开。这种砌法适用于砌筑圆形砌体,如检查井等。

2. 砌筑工艺

砖墙的砌筑一般有抄平、放线、摆砖、立皮数杆、盘角、挂线、砌筑、勾缝、清理等工序。

（1）抄平、放线

砌墙前先在基础底板上定出标高,并用水泥砂浆或 C10 细石混凝土找平,然后根据龙门板的轴线,弹出墙身轴线、边线及门窗洞口位置,二楼以上墙的轴线可以用经纬仪或垂球将轴线引测上去。

（2）摆砖

摆砖又称摆脚,是指在放线的基面上按选定的组砌方式用干砖试摆,目的是为了校对所放出的墨线是否符合砖的模数,以尽可能减少砍砖,并使砌体灰缝均匀。摆砖由一个大角到另一个大角,砖与砖留 10 mm 缝隙。

（3）立皮数杆

皮数杆是指在其上划有每皮砖和灰缝厚度等高度位置的一种木制标杆。砌筑时用来控制墙体竖向尺寸及各部位构件的竖向标高,并保证灰缝厚度的均匀性。

（4）盘角、挂线

盘角是控制墙面横平竖直的主要依据,所以,一般砌筑时应先砌墙角。墙角砖层高度必须与皮数杆相符合,做到"三皮一吊,五皮一靠",墙角必须双向垂直。

墙角砌好后,即可挂小线,作为砌筑中间墙体的依据,以保证墙面平整,一般一砖墙、一砖半墙可用单面挂线,一砖半墙以上则应用双面挂线。

（5）砌筑、勾缝

砌筑操作方法各地不一,但应保证砌筑质量要求,通常采用"三一砌砖法",即一块砖、一铲灰、一揉压,并随手将挤出的砂浆刮去的砌筑方法。这种砌法的优点是灰缝容易饱满、固结力好、墙面整洁。

勾缝是砌清水墙的最后一道工序,可以用砂浆随砌随勾缝,叫作原浆勾缝;也可砌完墙后再用 1∶1.5 的水泥砂浆或加色砂浆勾结,称为加浆勾缝。勾缝具有保护墙面和增加墙面美观的作用,为了确保勾缝质量,勾缝前应清除墙面黏结的砂浆和杂物,并洒水润湿,在砌完墙后,应画出 1 cm 的灰槽,灰缝可勾成凹、平、斜或凸形状,勾缝完后还应清扫墙面。

3. 砖砌检查井施工

检查井一般分为现浇钢筋混凝土、砖砌、石砌、混凝土或钢筋混凝土预制拼装等结构形式,以砖(或石)砌检查井居多。

（1）常用的检查井形式

常用的砖砌检查井有圆形及矩形。圆形井适用于管径 $D = 200 \sim 800$ mm 的雨、污水管道上；矩形井适用于 $D = 800 \sim 2\ 000$ mm 的污水管道上。

（2）采用材料

① 砖砌体：采用 MU10 砖，M7.5 水泥砂浆；井基采用 C10 混凝土。

② 抹面：采用 1：2（体积比）防水水泥砂浆，抹面厚 20 mm，砖砌检查井壁内外均用防水水泥砂浆抹面，抹至检查井顶部。

③ 浇槽：采用土井墙一次砌筑的砖砌流槽，如采用 C10 混凝土时，浇筑前应先将检查井之井基、井墙洗刷干净，以保证共同受力。

（3）施工要点

在已安装好的混凝土管检查井位置处，放出检查井中心位置，按检查井半径摆出井壁砖墙位置。

一般检查井用 24 墙砌筑，采用内缝小外缝大的摆砖方法，满足井室弧形要求。外灰缝填碎砖，以减少砂浆用量。每层竖灰缝应错开。

对接入的支管随砌随安装，管口伸入井室 30 mm，当支管管径大于 300 mm 时，支管顶与井室墙交接处用砌拱形式，以减轻管顶受力。

砌筑圆形井室应随时检查井径尺寸。当井筒砌筑距地面有一定高度时，井筒量边收口，每层每边最大收口 3 cm；当偏心三面收口每层砖可收口 $4 \sim 5$ cm。

井室内踏步，除锈后，在砌砖时用砂浆填塞牢固。

井筒砌完居，及时稳好井圈，盖好井盖，井盖面与路面平齐。

（4）施工注意事项

① 砌筑体必须砂浆饱满，灰浆均匀。

② 预制和现浇混凝土构件必须保证表面平整、光滑、无蜂窝麻面。

③ 壁面处理前必须清除表面污物、浮灰等。

④ 盖板、井盖安装时加 1：2 防水水泥砂浆及抹三角灰，井盖顶面要求与路面平。

⑤ 回填土时，先将盖板坐浆盖好，在井墙和井筒周围同时回填，回填土密实度根据路面要求而定，但不应低于 95%。

3.9.3 预制检查井安装

（1）应根据设计的井位桩号和井内底标高，确定垫层顶面标高、井口标高及管内底标高等参数，作为安装的依据。

（2）按设计文件核对检查井构件的类型、编号、数量及构件的重量。

（3）垫层施工不得扰动井室地基，垫层厚度和顶面标高应符合设计规定长度和宽度。

（4）标示出预制底板、井筒等构件的吊装轴线，先用专用吊具将底板水平就位，并复核轴线及高程，底板轴线允许偏差 ±20 mm，高程允许偏差为 ±10 mm。底板安装合格后再安装井筒，安装前应清除底板上的灰尘和杂物，并按标示的轴线进行安装。井筒安装合格后再安装盖板。

（5）当底板、井筒与盖板安装就位后，再连接预埋连接件，并做好防腐。然后，将边缝润湿，用 1：2 水泥砂浆填充密实，做成 45° 抹角。当检查井预制件全部就位后，用 1：2 水泥砂浆对所有接缝进行里、外勾平缝。

（6）将底板与井筒、井筒与盖板的拼缝，用 1：2 水泥砂浆填满密实，抹角应光滑平整，水泥砂浆标号应符合设计要求。当检查井与刚性管道连接时，其环形间隙要均匀、砂浆应填满密实；与柔性管道连接时，胶圈应就位准确、压缩均匀。

3.9.4 现浇检查井施工

（1）按设计要求确定井位、井底标高、井顶标高、预留管的位置与尺寸。

（2）按要求支设模板。

（3）按要求拌制并浇筑混凝土。先浇底板混凝土,再浇井壁混凝土,最后浇顶板混凝土。混凝土应振捣密实,表面平整、光滑,不得有漏振、裂缝、蜂窝和麻面等缺陷;振捣完毕后进行养护,达到规定的强度后方可拆模。

（4）井壁与管道连接处应预留孔洞,不得现场开凿。

（5）井底基础应与管道基础同时浇筑。

检查井施工允许误差应符合表3.16的规定。

表3.16　检查井施工允许误差

项　目			允许误差/mm	检验频率		检验方法
				范围	点数	
井身尺寸	长、宽		±20	每座	2	用尺量,长宽各计一点
	直径		±20	每座	2	用水准仪测量
井口高程	非路面		±20	每座	1	用水准仪测量
	路面		与道路规定一致	每座	1	用水准仪测量
井底高程	安管	D≤1 000	±10	每座	1	用水准仪测量
		D>1 000	±15	每座	1	用水准仪测量
	顶管	D<1 500	+10,-20	每座	1	用水准仪测量
		D≥1 500	+10,-40	每座	1	用水准仪测量
踏步安装	水平及竖直间距外露长度		±10	每座	1	用尺量,计偏差较大者
脚窝	高、宽、深		±10	每座	1	用尺量,计偏差较大者
流槽宽度			+10	每座	1	用尺量

注:表中 D 为管径(mm)。

3.9.5　雨水口施工

1. 施工工艺

雨水口一般采用砖、石砌筑施工,砌筑工艺与检查井相同,要点如下:

（1）按道路设计边线及支管位置,定出雨水口中心线桩,使雨水口的长边与道路边线要比预制混凝土底板的长、宽各大100 mm,夯实后用水平尺校平,必要时应预留沉降量。

（2）根据雨水口的中心线桩挖槽,挖槽时应留出足够的肥槽,如雨水口位置有误差应以支管为准进行核对,平行于路边修正位置,并挖至设计深度。

（3）夯实槽底。有地下水时应排除并浇筑100 mm的细石混凝土基础;为松软土时应夯筑3∶7灰土基础,然后砌筑井墙。

（4）砌筑井墙:

① 按井墙位置挂线,先干砌一层井墙,并校对方正。

② 砌筑井墙。雨水口井墙厚度一般为240 mm,用MIJ10砖和M10水泥砂浆按一顺一丁的形式组砌,随砌随刮平缝,每砌高300 mm应将墙外肥槽及时填土夯实。

③ 砌至雨水口连接管或支管处应满卧砂浆,砌砖已包满管道时应将管口周围用砂浆抹平,不能有缝隙,管顶砌半圆砖券,管口应与井墙面平齐。

④ 井口应与路面施工配合同时升高,当砌至设计标高后再安装雨水箅。雨水箅安装好后,应用木板或铁板盖住,以免在道路面层施工时,被压路机压坏。

⑤ 井底用C10细石混凝土抹出向雨水口连接管集水的泛水坡。

（5）安装井箅。井箅内侧应与道牙或路边成一条直线,满铺砂浆,找平坐稳,井箅顶与路面平齐或稍低,但不得凸出。现浇井箅时,模板支设应牢固、尺寸准确,浇筑后应立即养护。

2. 施工注意事项

（1）位置应符合设计要求，不得歪扭。

（2）井算与井墙应吻合。

（3）井算与道路边线相邻边的距离应相等。

（4）内壁抹面必须平整，不得起壳裂缝。

（5）井算必须完整无损、安装平稳。

（6）井内严禁有垃圾等杂物，井周回填土必须密实。

（7）雨水口与检查井的连接应顺直、无错口；坡度应符合设计规定。

3. 质量要求

雨水口施工允许误差应符合表 3.17 的规定。

表 3.17　雨水口施工允许误差

顺序	项　目	允许偏差/mm	检验频率		检验方法
			范围	点数	
1	井圈与井壁吻合	10	每座	1	用尺量
2	井口高	0 −10	每座	1	与井周路面比
3	雨水口与路边线平行位置	20	每座	1	用尺量
4	井内尺寸	+20 0	每座	1	用尺量

3.9.6　阀门井施工

1. 施工工艺

阀门井一般采用砖、石砌筑施工，砌筑工艺与检查井相同。要点如下：

（1）井底施工要点

① 用 C10 混凝土浇筑底板，下铺 150 mm 厚碎石（或砾石）垫层，无论有无地下水，井底均应设置集水坑。

② 管道穿过井壁或井底，须预留 50～100 mm 的环缝，用油麻填塞并捣实或用灰土填实，再用水泥砂浆抹面。

（2）井室的砌筑要点

① 井室应在管道铺设完毕、阀门装好之后着手砌筑，阀门与井壁、井底的距离不得小于 0.25 m；雨天砌筑井室，须在铺设管道时一并砌好，以防雨水流入井室而堵塞管道。

② 井壁厚度为 240 mm，通常采用 MU10 砖、M5 水泥砂浆砌筑，砌筑方法同检查井。

③ 砌筑井壁内外均需用 1∶2 水泥砂浆抹面，厚 20 mm，抹面高度应高于地下水最高水位 0.5 m。

④ 爬梯通常采用 ϕ16 钢筋制作，并防腐，水泥砂浆未达到设计强度的 75% 以前，切勿脚踏爬梯。

⑤ 井盖应轻便、牢固、型号统一、标志明显；井盖上配备提盖与撬棍槽；当室外温度小于等于 −21 ℃ 时，应设置为保温井盖，增设木制保温井盖板。安装方法同检查井井盖。

⑥ 盖板顶面标高应与路面标高一致，误差不超过 ±50 mm，当在非铺装路面上时，井口须略高于路面，但不得超过 50 mm，并以 0.02 的坡度做护坡。

2. 施工注意事项

（1）井壁的勾缝抹面和防渗层应符合质量要求。

（2）井壁同管道连接处应严密，不得漏水。

（3）阀门的启闭杆应与井口对中。

3. 质量要求

阀门井施工允许误差应符合表 3.18 的规定。

表 3.18　阀门井施工允许误差

项　目		允许误差/mm	检验频率		检验方法
			范围	点数	
井身尺寸	长、宽	±20	每座	2	用尺量,长宽各计一点
	直径	±20	每座	2	用尺量
井盖高程	非路面	±20	每座	1	用水准仪测量
	路面	与道路规定一致	每座	1	用水准仪测量
底高程	$D < 1\ 000$ mm	±10	每座	1	用水准仪测量
	$D > 1\ 000$ mm	±15	每座	1	用水准仪测量

注:表中 D 为直径。

3.9.7　支墩施工

1. 材料要求

支墩通常采用砖、石砌筑或用混凝土、钢筋混凝土现场浇筑。其材质要求如下:

(1)砖的强度等级不应低于 MU7.5。

(2)片石的强度等级不应低于 MU20。

(3)混凝土或钢筋混凝土的强度等级不应低于 C10。

(4)砌筑用水泥砂浆的强度等级不应低于 M5。

2. 支墩的施工

(1)平整夯实地基后,用 MU7.5 砖、M10 水泥砂浆进行砌筑。遇到地下水时,支墩底部应铺 100 mm 厚的卵石或碎石垫层。

(2)横墩后背土的最小厚度不应小于墩底到设计地面深度的 3 倍。

(3)支墩与后背的原状土应紧密靠紧,若采用砖砌支墩,原状土与支墩间的缝隙,应用砂浆填实。

(4)对横墩,为防止管件与支墩发生不均匀沉陷,应在支墩与管件间设置沉降缝,缝间垫一层油毡。

(5)为保证弯管与支墩的整体性,向下弯管的支墩,可将管件上箍连接,钢箍用钢筋引出,与支墩浇筑在一起,钢箍的钢筋应指向弯管的弯曲中心,钢筋露在支墩外面部分,应有不小于 50 mm 厚的 1∶3 水泥砂浆做保护层;向上弯管应嵌入支墩内,嵌进部分中心角不小于 135°。

(6)垂直向下弯管支墩内的直管段,应包玻璃布一层,缠草绳两层,再包玻璃布一层。

3. 支墩施工注意事项

(1)位置设置要准确,锚定要牢固。

(2)支墩应修筑在密实的土基或坚固的基础上。

(3)支墩应在管道接口做完,位置固定后再修筑。

(4)支墩修筑后,应加强养护、保证支墩的质量。

(5)在管径大于 700 mm 的管线上选用弯管,水平设置时,应避免使用 90°弯管,垂直设置时,应避免使用 45°弯管。

(6)支墩的尺寸一般随管道覆土厚度的增加而减小。

(7)必须在支墩达到设计强度后,才能进行管道水压试验,试压前,管顶的覆土厚度应大于 0.5 m。

(8)经试压支墩符合要求后,方可分层回填土,并夯实。

3.9.8　安全与防护措施

在砌筑操作前,必须检查施工现场各项准备工作是否符合安全要求,如道路是否畅通,机具是否完好牢固,安全设施和防护用品是否齐全,经检查符合要求后才可施工。

施工人员进入现场必须戴好安全帽。砌基础时,应检查和注意基坑土质的变化情况,堆放砖石材料应离开坑边 1 m 以上,砌墙高度超过地坪 1.2 m 以上时,应搭设脚手架。架上堆放材料不得超过规定荷载值,堆砖高度不得超过三皮侧砖,同一块脚手板上的操作人员不应超过两人,按规定搭设安全网。

不准站在墙顶上做画线、刮缝及清扫墙面或检查大角垂直等工作,不准用不稳固的工具或物体在脚手板上垫高操作。

砍砖时应面向墙面,工作完毕应将脚手板和砖墙上的碎砖、灰浆清扫干净,防止掉落伤人,正在砌筑的墙上不准走人,不准站在墙上做画线、刮缝、吊线等工作。

雨天或每日下班时,应做好防雨准备,以防雨水冲走砂浆,致使砌体倒塌。冬期施工时,脚手板上如有冰霜、积雪,应先清除后才能上架子进行操作。

砌筑墙体高度超过 2 m 时,必须搭设操作平台,并做好防护措施,经专人验收合格后方准使用。

3.10　钢筋混凝土构筑物施工

给排水工程中,储水、水处理和泵房等地下或半地下构筑物大多需要采用钢筋混凝土结构形式,这是给排水工程中常见的结构,特点是构件断面较薄,钢筋一般较密,施工程序复杂。

3.10.1　施工准备

1. 技术准备

(1)完成土建与各专业设计图样的会审交接工作;编制施工组织设计与主要分项工序的施工方案,明确关键部位、重点工序的做法;对有关人员做好书面技术交底。

(2)认真核对结构坐标点和水准点,办理相关交接桩手续,并做好基准点的保护。

(3)完成结构定位控制线、基坑开挖线的测放与复核工作。

(4)根据工程具体要求,完成混凝土的配合比设计。

(5)编制各项施工材料计划单,落实预制构件、止水带等的订货与加工。

2. 材料要求

(1)钢筋

钢筋出厂时应有产品合格证和检验报告单,钢筋的品种、级别、规格应符合设计要求。钢筋进场时,应按国家现行标准的规定抽取试件做力学性能试验,其质量必须符合有关标准的规定。当发现钢筋在使用中脆断、焊接性能不良或力学性能显著不正常等现象时,应对该批钢筋进行化学分析或其他专项检查。

(2)模板

① 选型:结构模板可选用组合钢模板、木模板、全钢大模板等多种形式,施工中应结合工程特点、周转次数、经济条件及质量标准要求等通过模板设计确定。

② 支撑件:模板支撑所用方木、槽钢或钢管的材质、规格、截面尺寸偏差等应符合模板设计要求,应具有足够的承载力、刚度和稳定性。

③ 穿墙螺栓:模板穿墙螺栓宜优先采用三节式可拆型止水穿墙螺栓,螺杆中部加焊止水片。

④ 隔离剂:给水构筑物工程,隔离剂应无毒、无害,符合卫生环保标准;其他具有特殊要求的地下物,应满足相应的设计及使用功能需要。

(3)水泥

水泥宜优先选用普通硅酸盐水泥,水泥强度等级不低于32.5级,水泥进场应有产品合格证和出厂检验报告;进场后应对强度、安定性及其他必要的性能指标进行取样复试,其质量必须符合国家现行标准的规定,并应有法定检测单位出具的碱含量检测报告。

（4）石子

石子应采用具有良好级配的机碎石,石子粒径宜为 5 ～ 40 mm,含泥量不大于 1% ,吸水率不大于 1.5% ,其质量符合国家现行标准要求,并应有法定检测单位出具的集料活性检测报告。进场后应取样复试合格。

（5）砂

砂应采用中、粗砂,含泥量不大于 3% ,泥块含量不大于 1% ,其质量应符合国家现行标准的要求,并应有法定检测单位出具的集料活性检测报告;进场后应取样复试合格。

（6）粉煤灰

粉煤灰的级别不应低于二级,并应有相关出厂合格证和质量证明书和提供法定检测单位的质量检测报告,经复试合格后方可投入使用,其掺量应通过试验确定。

（7）混凝土拌和水

宜采用饮用水,当采用其他水源时,其水质应符合国家现行标准的规定。

（8）外加剂

外加剂应根据施工具体要求选用,其质量和技术性能应符合国家现行标准及有关环境保护的规定。外加剂应有产品说明书、出厂检验报告及合格证、性能检测报告,进场应取样复试,有害物含量检测报告应由有相应资质等级的检测部门出具,并应检验外加剂与水泥的适应性。

3. 机具设备

（1）土方工程

挖土机、推土机、自卸汽车、翻斗车等。

（2）钢筋工程

钢筋弯曲机、卷扬机、钢筋调直机、钢筋切断机、电焊机、粗直径钢筋连接设备(电弧焊机、直螺纹连接设备等)、钢筋钩子、撬棍、扳子、钢丝刷子等。

（3）模板工程

圆锯机、压刨、平刨、斧子、锯、扳手、电钻等。

（4）混凝土工程

强制式混凝土搅拌机、计量设备、混凝土输送泵、插入式振动器、平板式振动器、翻斗车、汽车吊、空气压缩机、手推车、串筒(或溜槽)、铁锹、铁板等。

4. 作业条件

（1）施工前,应探明施工区域内地下现况管线和构筑物的实际位置,及时进行现况管线和构筑物的改移与保护工作,将施工区内的所有障碍物清除、处理完毕。

（2）完成现场"四通一平"工作,修建临时供水、供电设施及临时施工道路,现场地表土层清理平整,挖设场区临时排水沟,搭设必需的临时办公、生活用房及加工棚。

（3）开挖低于地下水位的基坑时,应根据当地工程地质资料、挖方尺寸等,采取相应降水措施降低地下水,保证地下水位低于开挖底面不少于 0.5 m。

（4）预先确定弃土点或堆土场地。

（5）做好施工机械的维修、检查与进场工作。各类施工机械应工作状态良好,能够满足施工生产的需要。

3.10.2 施工工艺

1. 工艺流程

（1）整体施工工艺流程

施工准备→土方开挖→混凝土垫层施工→底板结构施工→墙体结构施工→顶板结构施工→满水试验→土方回填。

（2）主要部位施工工艺流程

① 底板结构施工工艺流程：测量放线→底板钢筋绑扎→底板模板支设→底板混凝土浇筑→混凝土养护。

② 墙体结构施工工艺流程：测量放线→墙体钢筋绑扎→墙体模板支设→墙体混凝土浇筑→混凝土养护。

③ 顶板结构施工工艺流程：测量放线→排架立杆搭设→梁板模板支设→梁板钢筋绑扎→梁板混凝土浇筑→混凝土养护。

2. 操作工艺

（1）土方开挖

参照管线沟槽（基坑）明挖土方即可。

（2）混凝土垫层施工

① 模板支设：基础垫层边模可采用槽钢或方木支设，模板背后打钢筋背撑顶紧，背撑间距 500 mm 左右。

② 混凝土浇筑：垫层混凝土采用平板振捣器振捣密实，根据标高控制线，进行表面刮杠找平，木抹子搓压拍实。待垫层混凝土强度达到 1.2 MPa 后方可进行下道工序。

（3）底板结构施工

① 测量放线：在已施工完毕的垫层混凝土表面测放底板轴线及结构边线，并用水准仪抄出高程控制线，经检查无误后办理相关验收手续。

② 底板钢筋绑扎：

● 钢筋的接头形式与位置：钢筋接头形式必须符合设计要求；当设计无要求时，混凝土结构中凡直径大于 22 mm 的钢筋接头宜采用焊接或机械连接；其余钢筋接头可采用绑扎搭接，其搭接长度应符合设计及规范规定。

● 钢筋绑扎：底板上、下层双向受力钢筋应逐点绑扎，不得跳扣绑扎。底板上层钢筋应设钢筋马凳支撑，马凳间距应根据底板厚度和钢筋直径大小确定，钢筋保护层厚度符合设计要求。

③ 底板模板支设：

● 模板选择：基础底板模板可采用组合钢模板或多层木模板现场拼装。对于周转次数多或有特殊要求的部位（变形缝、后浇带等），也可采用加工专用或组合式钢模板与钢支架，以适应特殊需要。

● 底板吊模安装：墙体下部施工缝宜留于距底板面不少于 300 mm 的墙身上，该部位宜采用吊模，吊模底部应采用细石混凝土垫块与钢筋三角架支顶牢固。

● 变形缝橡胶止水带加固：当结构底板变形缝部位设计有橡胶止水带时，应特别注意橡胶止水带的加固与就位正确，在结构内的部分通过加设钢筋支架夹紧，结构外的部分可采用方木排架固定。

④ 底板混凝土浇筑：

● 一般要求：底板混凝土应连续浇筑，不得留设施工缝；施工时宜采用泵送混凝土浇筑，对于厚度超过 1 m 的混凝土底板施工应按大体积混凝土考虑。混凝土浇筑时应逐层推进，每层浇筑厚度控制在 300 mm 以内，边浇筑边振捣。振捣棒插入点要顺序排列，逐点移动，均匀振实，移动间距宜为 300 ~ 400 mm，并插入下层混凝土 50 mm 左右；每一振点的延续时间宜为 10 ~ 30 s，以表面呈现浮浆和不再沉落为达到要求。

● 结构变形缝部位的浇筑：当地下构筑物设有结构变形缝时，应以变形缝为界跳仓施工。变形缝浇筑过程中应先将止水带下部的混凝土振实后再浇筑上部混凝土；该部位宜采用同强度等级的细石混凝土进行灌筑，并采用 φ30 振捣棒细致振捣，以确保混凝土密实度；振捣过程中不得触动止水带。

● 吊模部位的浇筑：吊模内混凝土需待其下部混凝土浇筑完毕且初步沉实后方可进行，振捣后的混凝土初凝前应给予二次振捣，以提高混凝土密实度。

● 搓平抹光：混凝土浇筑完毕，及时用刮杠将混凝土表面刮平，排除表面泌水。待混凝土收水后用木抹子搓压平实，铁抹子抹光，终凝后立即养护。

⑤ 混凝土养护:防水混凝土的养护应避免混凝土早期脱水和养护过程缺水。常温下,混凝土采用覆盖浇水养护,每天浇水次数能保证混凝土表面始终处于湿润状态,养护时间不得少于14 d。大体积混凝土应同时做好测温记录工作。控制混凝土内外温差不大于25 ℃。

(4)墙体结构施工

① 测量放线:测放墙体轴线、结构边线、高程控制线及预埋管道位置线,经检查无误后办理相关验收手续。

② 墙体钢筋绑扎:

• 一般要求:墙体钢筋绑扎前,应将预留插筋表面灰浆清理干净,并将钢筋校正到位,如有位移时应按1:6坡度进行纠偏。钢筋绑扎应严格执行设计与施工规范的要求。

• 墙体双排钢筋的固定:墙体双排钢筋间净距通过定位架立筋控制,架立筋的间距不宜超过1 000 mm。钢筋垫块摆放位置要与架立筋相对应,架立筋端头不得直接接触模板面。

• 钢筋保护层的控制:墙体钢筋保护层厚度符合设计要求。钢筋垫块绑扎时,每平方米不得少于一块,并呈梅花形布置;对于结构转角及腋角等边角部位应增加双倍数量的垫块。

• 穿墙管道、预留洞口处的钢筋绑扎:钢筋绑扎过程中,必须优先保证预留洞口和预埋管道位置正确;当洞口直径或边长≤300 mm时,钢筋应绕过洞口通过,不得截断。如遇较大洞口必须断筋处理时,应根据设计要求增设洞口加强筋,加强筋伸过洞口的长度不得低于该钢筋的锚固长度。

③ 墙体模板支设:

• 模板选择:由于地下构筑物多为清水混凝土结构,为达到这一标准,结构墙体模板宜采用大块多层胶合木模板或定型大模板。墙体模板施工前,应进行详细的模板设计与计算,确保模板及其支撑体系具有足够的刚度、强度和稳定性。

• 模板安装:当采用木模板施工时,面层模板可选用双面覆膜多层板或竹胶合板,所用多层板厚度不宜小于14 mm,竹胶合板厚度不宜小于12 mm,且模板背面宜满铺50 mm厚松木大板,以增强刚度;木模板拼缝宜采用企口连接,并在接缝处粘贴细海绵胶条填实,防止漏浆。当采用定型大模板施工时,模板板面应采用4～6 mm的钢板制作,模板接缝部位采用专用螺栓连接,螺栓、螺母下宜加设弹簧垫圈,以利于调整拼缝宽度,保证板缝拼接严密。

④ 墙体混凝土浇筑:

• 一般要求:墙体混凝土浇筑前,应在底部混凝土接茬处均匀浇筑一层50 mm厚与墙体混凝土配比相同的减石子混凝土。墙体混凝土应分层连续浇筑,振捣密实,做到不漏振、不欠振,每层浇筑厚度不大于300 mm;混凝土自由下落高度一般不超过2 m,否则应用串筒、溜槽或侧壁开窗的方法浇捣,应防止混凝土浇筑过程中产生分层离析现象。

• 施工缝处理:防水混凝土墙体一般只允许留设水平施工缝,其位置不应留在剪力与弯距最大处,下部施工缝宜留在高出底板面不小于300 mm的部位,墙体有孔洞时,施工缝距孔洞边缘不宜小于300 mm;如必须留设垂直施工缝时,应留在结构变形缝处。在施工缝上继续浇筑混凝土前,已浇筑混凝土的强度不得小于2.5 MPa;先将混凝土表面浮浆和杂物清除,用水冲洗干净,并保持润湿,再铺一层50 mm厚与所浇混凝土配合比相同的减石子混凝土后及时浇筑混凝土,确保新、旧混凝土紧密结合。

• 预留孔洞、穿墙管件部位混凝土施工:地下构筑物结构预留孔洞、穿墙管件部位均为渗漏水的薄弱环节,应采取相应的施工措施。在预留孔洞、预埋管件部位需改用同强度等级、小粒径混凝土浇筑并加强振捣;预埋大管径的套管或面积较大的金属板时,应在其底部开设浇筑振捣口,以利排气、浇筑和振捣。预留洞口及管道下灰时严格按"先底部,再两侧,最后浇筑盖面混凝土"的顺序进行,其两侧下灰高度应基本保持一致并同时振捣。

• 变形缝部位混凝土施工:变形缝止水带在混凝土浇筑前必须妥善地固定,变形缝两侧混凝土应间隔施工,不得同时浇筑。在一侧混凝土浇筑完毕,止水带经检查无损伤和位移现象后方可进行另一侧混凝土浇筑。混凝土浇筑时,应细致振捣,使混凝土紧密包裹止水带两翼,避免止水带周边骨料集中。

⑤ 混凝土养护:墙体混凝土的养护见规范规定。

(5)顶板结构施工

① 测量放线:测放结构轴线与边线、顶板高程控制线及排架立杆布置线,经检查无误后办理相关验收手续。

② 排架立杆搭设:模板下支撑排架的立杆纵、横间距执行模板设计,立杆底部垫 50 mm 厚通长木垫板,立杆搭设完毕后及时进行连接横杆的安装,并在支撑桁架各外立面设置十字剪刀撑,确保模板支撑体系的整体稳定。

③ 梁板模板支设:顶板模板宜选用大块多层胶合木模板,顶板模板施工时采用梁侧模包底模,板模压梁侧模的方法。梁跨度≥4 m 时,梁底模板应起拱,起拱高度为全跨长度 1‰~3‰。

④ 梁板钢筋绑扎:顶板钢筋铺放前,应将模板面所有刨花、碎木及其他杂物彻底清理,并在模板表面弹好钢筋位置线,依线绑扎。当板为双层筋时,两层筋之间须加设钢筋马凳。梁主筋进支座长度要符合设计要求,弯起钢筋位置应准确。

⑤ 梁板混凝土浇筑:梁板混凝土浇筑采用"赶浆法"施工。混凝土浇筑时呈阶梯形逐层连续推进,先用插入式振捣棒振捣,然后用平板振捣器振捣密实,平板振捣器的移动间距,应保证振捣器的平板已覆盖已振实部分的边缘。混凝土浇筑完毕先用木刮尺满刮一遍,待表干后用木抹子搓毛,铁抹子分三遍抹光压实,最后一遍抹光应在混凝土初凝前完成。

⑥ 混凝土养护:顶板混凝土的养护见规范规定。

(6)满水试验

对于现浇钢筋混凝土地下水池,应在结构施工完毕及时进行满水试验,经满水试验合格后方可进行结构周边土方回填。

① 前提条件及准备工作

• 结构混凝土的抗压强度、抗渗等级均符合设计及规范要求;混凝土表面局部蜂窝、麻面、螺栓孔、预埋筋在满水前均应修补完毕。

• 进行结构有无开裂、变形缝嵌缝处理等项目的检查,如有开裂和不均匀沉降等情况发生,应经设计等有关单位鉴定后再做处理。

• 水池的防水层、防腐层施工以及肥槽回填土施工以前。

• 工艺管道穿墙管口已堵塞完毕,且不得有渗漏现象。

• 水池抗浮稳定性,满足设计要求。

• 试验用水应采用清水,注水前应将池内杂物清扫干净,并做好注水和排空管路系统的准备工作。

• 有盖结构顶部的通气孔、人孔盖应装备完毕。必要的安全防护设施和照明标志配备齐全。

• 设置水位观测标尺,标定水池最高水位,安装水位测针。

• 蒸发量设备准备齐全。

• 对水池有沉降观测要求时,应事先布置观测点,测量记录水池各观测点的初始高程值。

• 满足设计图样中其他特殊要求。

② 试验步骤及检查测定方法:

• 注水:池内注水分 3 次进行,每次注入为设计水深的 1/3,注水水位上升速度不超过 2 m/d,相邻两次充水的间隔时间不少于 24 h;每次注水后宜测读 24 h 的水位下降值,同时应仔细检查池体外部结构混凝土和穿墙管道堵塞质量情况;池体外壁混凝土表面和管道堵塞有渗漏时,且水位降的测读渗水量较大时,应停止注水,经过检查、分析处理后,再继续注水;当水位降(渗水量)符合标准要求,但池体外表面出现渗漏现象,也被视为结构混凝土不符合规范要求。

• 水位观测:注水时的水位用水位标尺观测;注水至设计深度进行渗水量测定时,应用水位测针测定水位降;池内水位注水至设计深度 24 h 后开始测读水位测针初读数;测读水位的末读数与初读数的时间间隔,应不少于 24 h;水池水位降的测读时间,可依实际情况而定。若水池外观无渗漏,且渗水量符合标准,可继续测读一天;若前次渗水量超过允许渗水量标准,可继续测读水位降,并记录其延长的测读时间,同时,找出水位降超过标准的原因。

● 蒸发量的测定:有盖水池的满水试验,对蒸发量可忽略不计;无盖水池的满水试验的蒸发量,按国家标准规范规定的方法进行;现场测定蒸发量的设备,可采用直径约 500 mm、高约 300 mm 的敞口钢板水箱,内设测定水位的测针。水箱应检验,不得渗漏;水箱固定在水池中,水箱中充水深度 200 mm 左右;测定水池中水位同时,测定水箱中水位。

③ 试验标准:水池在满水试验中,应进行外观检查,不得有渗漏现象;钢筋混凝土水池渗水量不得超过 2 L/(m² × d)。

（7）土方回填

① 填土前,应将基底表面上的垃圾、树根等杂物清理干净、抽除坑穴内积水、淤泥。

② 回填土料宜优先利用基槽内挖出的土,但不得含有有机杂质,不得采用淤泥质土作为回填土。回填土料含水量应控制在最佳含水量的 −1% ~2% 范围内。

③ 土方回填应分层进行,每层铺土厚度应根据土质、密实度要求和所用机具确定。每层土方回填完毕,及时进行密实度检验,合格后方可继续上层土方回填。

3.10.3 季节性施工

1. 雨期施工

（1）土方工程

土方开挖与回填应分段进行,一旦开挖完毕及时组织验槽工作,及时浇筑垫层混凝土,防止雨水冲淋基础持力层。土方回填应尽快进行,连续作业,防止雨水浸泡基坑。

（2）钢筋工程

钢筋原材及已加工的半成品用方木垫起,上面应有防雨措施;如钢筋因遇雨生锈,应在浇筑混凝土前用钢丝刷或棉丝将锈迹彻底清除干净。

（3）模板工程

模板堆放场地搭设防雨棚,四周做好排水,模板表面涂刷的脱模剂,应采取有效覆盖措施,防止因雨水直接冲刷而脱落流失,影响脱模效果和混凝土表面质量。已搭设完毕的模板及其支撑,应在雨后进行重新检查,防止模板及其支撑体系雨后松动、失稳。

（4）混凝土工程

浇筑混凝土前,注意天气变化情况,避免混凝土浇筑中突然受雨冲淋。混凝土浇筑完毕根据当时天气情况及时进行保湿保温养护,确保混凝土不出现干缩裂缝和温度裂缝。

2. 冬期施工

（1）钢筋工程

钢筋焊接时,环境气温不宜低于 −20 ℃,且应有防雪挡风措施,已焊接完毕的部位应及时覆盖阻燃草帘被保温;焊后未冷却的接头严禁碰到冰雪。

（2）模板工程

模板使用前应将冰块、冰碴、积雪彻底清除干净,混凝土浇筑前模板表面覆盖保温层。结构模板拆除时间以相关混凝土试块强度报告为准,且混凝土结构表面的温度与环境温度差不得超过 15 ℃。

（3）混凝土工程

冬施期间,混凝土工程宜采用综合蓄热法施工,外加剂不得采用氯盐类防冻剂。混凝土搅拌时间取常温时的 1.5 倍;混凝土入模温度不得低于 5 ℃。混凝土养护期内必须做好测温记录,并按要求留置足够数量的混凝土试块。

3.10.4 质量标准

1. 土方开挖

（1）基本要求

基槽标高、边坡坡度、开槽断面、基底土质必须符合设计要求,且基底严禁扰动。

（2）实测项目（见表 3.19）

表 3.19　土方开挖允许误差

项次	检查项目	规定值或允许误差/mm	检查方法
1	标高	0、±20	用水准仪检查
2	长度、宽度	+200、-50	由设计中心线向两边量,用经纬仪、尺量检查
3	边坡偏陡	不允许	观察或坡度尺检查
4	表面平整度	20	用 2 m 靠尺和楔形塞尺量检查

2. 土方回填

（1）基本要求

① 基底处理必须符合设计要求或施工规范的规定。

② 回填土料,必须符合设计要求。

③ 回填土必须按规定分层夯实,各层压实度符合设计要求。

（2）实测项目（见表 3.20）

表 3.20　土方回填允许误差

项次	检查项目	规定值或允许误差/mm	检查方法
1	标高	0、-50	用水准仪或拉线尺量检查
2	分层厚度及含水量	设计要求	水准仪及抽样检查

3. 钢筋工程

（1）基本要求

① 钢筋质量必须符合有关标准规定。

② 钢筋安装时,受力钢筋的品种、级别、规格和数量必须符合设计要求。

（2）实测项目（见表 3.21）

表 3.21　水池钢筋安装允许偏差

项次	检查项目		规定值或允许偏差/mm	检查方法
1	受力钢筋的间距		±10	钢尺量两端、中间各一点,取最大值
2	受力钢筋的排距		±5	
3	钢筋弯起点位置		20	钢尺检查
4	箍筋、横向钢筋间距	绑扎骨架	±20	钢尺量连续三挡,取最大值
		焊接骨架	±10	
5	焊接预埋件	中心线位置	3	钢尺检查
		水平高差	3	钢尺和塞尺检查
6	受力钢筋的保护层	基础	±10	钢尺检查
		柱、梁	±5	钢尺检查
		板、墙	±3	钢尺检查

（3）外观鉴定:钢筋应平直、无损伤,表面不得有裂纹、油污、颗粒状或片状老锈。

4. 模板工程

（1）基本要求

① 模板及其支撑架必须具有足够的刚度、强度、稳定性,能可靠承受浇筑混凝土的重量、侧压力以及施工荷载。

② 预埋管件、预留孔洞及止水带的安装应位置正确,安装牢固,符合设计要求。

③ 模板拆除:

• 侧模拆除:侧模板应在混凝土强度等级不低于 2.5 MPa,且能保证其表面及棱角不因拆除模板而受损坏时,方可拆除。

● 承重模板拆除:承重底模拆除时的混凝土强度应符合设计要求;当设计无具体要求时,混凝土强度应达到表3.22规定数值时,方可拆除。

表3.22　整体现浇混凝土底模拆模时所需混凝土强度

结构部位	跨度/m	达到设计的混凝土抗压强度标准值的百分率/%
板	≤2	50
	>2、≤8	75
	>8	100
梁、拱、壳	≤8	75
	>8	100
悬臂构件	—	100

(2)实测项目(见表3.23)

表3.23　水池模板安装允许误差

项次	检查项目		规定值或允许误差/mm	检查方法
1	轴线位置	底板	10	钢尺检查
		池壁、柱、梁	5	钢尺检查
2	高程(垫层、底板、池壁、柱、梁)		±5	水准仪或拉线、钢尺检查
3	平面尺寸(混凝土底板和池体的长、宽或直径)	$L≤20$ m	±10	钢尺检查
		20 m$<L≤50$ m	$±L/2\ 000$	钢尺检查
		50 m$<L≤250$ m	±25	钢尺检查
4	混凝土结构截面尺寸	池壁、柱、梁、顶板	±3	钢尺检查
		洞、槽、沟净空,变形缝宽度	±5	钢尺检查
5	垂直度(池壁、柱)	$H≤5$ cm	5	经纬仪或吊线、钢尺检查
		5 m$<H≤20$ m	$H/1\ 000$	
6	表面平整度		5	用2 m靠尺和楔形塞尺量检查
7	中心位置	预埋件、预埋管	3	钢尺检查
		预留洞	5	钢尺检查
8	相邻两表面高低差		2	钢尺检查

(3)外观鉴定:在涂刷模板隔离剂时,不得污染钢筋和混凝土接茬处。

5. 混凝土工程

(1)基本要求

① 混凝土的原材料、配合比及坍落度必须符合有关规范及标准。混凝土中的氯化物和碱的总含量应符合国家现行标准的规定。

② 防水混凝土的抗压强度和抗渗等级必须满足设计要求。

③ 防水混凝土必须密实,几何尺寸正确,施工缝、变形缝、后浇带、穿墙管道、埋设件等的设置和构造均须满足设计要求,严禁有渗漏。

(2)实测项目(见表3.24)

表3.24　水池混凝土施工允许误差

项次	检查项目		规定值或允许误差/mm	检查方法
1	轴线位置	底板	15	钢尺检查
		池壁、柱、梁	8	钢尺检查

项次	检查项目		规定值或允许误差/mm	检查方法
2	高程(垫层、底板、池壁、柱、梁)		±10	水准仪或拉线、钢尺检查
3	平面尺寸(混凝土底板和池体的长、宽或直径)	$L \leqslant 20$ m	±20	钢尺检查
		20 m $< L \leqslant 50$ m	$±L/1\ 000$	钢尺检查
		50 m $< L \leqslant 250$ m	±50	钢尺检查
4	混凝土结构截面尺寸	池壁、柱、梁、顶板	+10、-5	钢尺检查
		洞、槽、沟净空	±10	钢尺检查
5	垂直度(池壁、柱)	$H \leqslant 5$ cm	8	经纬仪或吊线、钢尺检查
		5 m $< H \leqslant 20$ m	$1.5H/2\ 000$	
6	表面平整度		10	用2 m靠尺和楔形塞尺量检查
7	预埋件、预埋管中心位置		5	钢尺检查
8	预留洞中心位置		10	钢尺检查

(3)外观鉴定

混凝土表面应平整,无露筋、蜂窝等缺陷。

3.10.5　成品保护

(1)钢筋绑好后,应及时搭设行走通道,不得在钢筋上面直接踩踏行走。

(2)模板拆除或物件吊运时,不得破坏施工缝接口或撞动止水带。

(3)注意保护好预留洞口、预埋件及预埋管线的位置,防止振捣时挤偏或凹入混凝土中。

(4)模板拆除必须在混凝土达到规定强度后进行,不得提前拆除或松动模板的连接件及螺栓。

(5)已浇筑完毕的底板或顶板混凝土上表面要加以覆盖保护,混凝土必须在其强度达到2.5 MPa以后方准上人施工。

3.10.6　应注意的质量问题

1. 钢筋工程

(1)为防止钢筋绑丝外露及返锈现象,钢筋绑扎时绑丝头一律扣向结构里侧。

(2)为确保钢筋保护层厚度,现场制作的垫块必须在达到混凝土强度要求后方准投入使用。

(3)为确保墙体钢筋就位准确,墙体钢筋绑扎时,墙体竖筋应采用加设斜向拉筋或搭设钢管支撑架的形式予以固定牢固,架立筋按要求加工和安放,经检查无误后再将水平钢筋与竖筋按照预先划好钢筋的位置线,拉水平通线逐根绑扎成型。

2. 模板工程

(1)为确保底板侧墙吊模位置正确,该处吊模应按照规范要求的精度制作与安装,吊模安装时应在其下部安放细石混凝土垫块与钢筋支撑架。

(2)为避免墙面出现错台、跑浆现象,墙面木模板间接缝宜采用企口连接,面板背后满铺大板加强刚度;当采用大模板施工时,大模板钢肋间应夹细海绵胶条嵌堵密实。

(3)为防止穿墙螺栓处渗水及保证墙体平整度,模板穿墙螺栓拆下后,结构表面所留的锥形凹槽应采用干硬性防水膨胀砂浆分层填堵塞实,并做好养护。

3. 混凝土工程

(1)为确保穿墙套管处混凝土的防水效果,穿墙套管必须带有止水环,止水环与套管间满焊,并应在浇筑混凝土前预理固定牢固,止水环周围混凝土要振捣密实,防止漏振、欠振,主管与套管按设计要求用防水密封材料填实封严。

（2）为保证结构变形缝、止水带位置正确，其周围混凝土要细致浇筑振捣，且施工时振捣棒不得触动止水带。

（3）为防止后浇带混凝土出现裂缝，后浇带混凝土应在其两侧混凝土达到设计规定龄期后方可施工，后浇带浇筑混凝土前，应将基层混凝土表面清理冲刷干净，采用提高一个强度等级的补偿收缩混凝土浇筑补齐，混凝土养护时间不少于28 d。

3.10.7　混凝土结构工程施工安全

1. 钢筋加工安全

（1）机械的安装必须坚实稳固，保持水平位置。

（2）室外作业应设置机棚，机旁应有堆放原料、半成品的场地。

（3）加工较长的钢筋时，应有专人帮扶，并听从操作人员指挥，不得随意推拉。

（4）作业后，应堆放好成品、清理场地、切断电源、锁好电闸。

（5）焊机必须接地，以保证操作人员安全，对于焊接导线及焊钳接头处，都应可靠地绝缘。

（6）满足其他有关规定。

2. 模板施工安全

（1）进入施工现场人员必须戴好安全帽，高空作业人员必须配戴安全带，并应系牢。

（2）经医生检查认为不适宜高空作业的人员，不得进行高空作业。

（3）工作前应先检查使用的工具是否牢固，扳手等工具必须用绳链系挂在身上，以免掉落伤人。工作时要思想集中，防止钉子扎脚和空中滑落。

（4）安装与拆除5 m以上的模板，应搭脚手架，并设防护栏，防止上下在同一垂直面操作。

（5）高空、复杂结构模板的安装与拆除，事先应有切实的安全措施。

（6）遇六级以上大风时，应暂停室外的高空作业，雪霜雨后应先清扫施工现场，略干后不滑时再进行工作。

（7）满足其他有关规定。

3. 混凝土施工安全

（1）垂直运输设备，应有完善可靠的安全保护装置（如起重量及提升高度的限制、制动、防滑、信号等装置及紧急开关等），严禁使用安全保护装置不完善的垂直运输设备。

（2）垂直运输设备安装完毕后，应按出厂说明书要求进行无负荷、静负荷、动负荷试验及安全保护装置的可靠性实验。

（3）对垂直运输设备应建立定期检修和保养责任制。

（4）操作垂直运输设备的司机，必须通过专业培训。考核合格后持证上岗，严禁无证人员操作垂直运输设备。

（5）满足其他有关规定。

3.11　沉井工程施工

沉井是修筑深基础和地下构筑物的一种施工工艺，施工时先在地面或基坑内制作开口的钢筋混凝土井身，待其达到规定强度后，在井身内部分层挖土运出，随着挖土和土面的降低，沉井井身借其自重或在其他措施协助下克服与土壁间的摩阻力和刃脚反力，不断下沉，直至设计标高就位，然后进行封底。

沉井施工工艺的优点：可在场地狭窄情况下施工较深（可达50 m）的地下工程，且对周围环境影响较小；可在地质、水文条件复杂地区施工；施工不需复杂的机具设备；与大开挖相比，可减少挖、运和回填的土方量。其缺点是施工工序较多；技术要求高、质量控制难。沉井工艺一般适用于工业建筑的深坑（料坑、铁皮坑、翻车机室等）、设备基础、水泵房、桥墩、顶管的工作井、深地下室、取水口等工程施工。在高地下水位地段、流砂地段、软土地段和现场狭窄地段，采用大开槽方法修建深埋构筑物，在施工技术方面会遇到很多困难。在这些现场条件下,可采用沉井方法施工。

3.11.1 沉井类型

沉井类型很多,按材料分,有混凝土、钢筋混凝土、砖石等,但应用最多的还是钢筋混凝土沉井。按平面形状分,有圆形、方形、矩形、多边形、多孔形等,主要取决于其用途。由于圆形沉井受力性能好、易于控制下沉,应用最多。沉井的剖面,有圆筒形、锥形、阶梯形等。为减少下沉摩阻力,井壁在刃脚外缘处常缩进20~30 mm,呈圆柱带台阶形,井壁表面呈1/1 000的坡度,如图3.43所示。

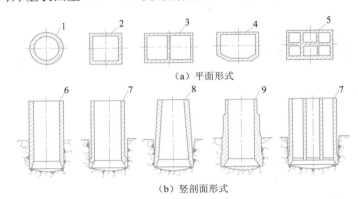

（a）平面形式

（b）竖剖面形式

图 3.43 沉井平面及剖面形式

1—圆形;2—方形;3—矩形;4—多边形;5—多孔形;6—圆柱形;7—圆柱带台阶形;8—圆锥形;9—阶梯形

3.11.2 沉井制作与下沉

1. 施工准备

沉井施工前的准备工作,除去常规的场地平整;修建临时设施;水、电、风等动力供应外,还应作好以下工作:

（1）地质勘察

在沉井施工处需进行钻探,钻孔设在井外,距外井壁距离宜大于2 m,需有一定数量和深度的钻孔,以提供土层变化、地下水位、地下障碍物及有无承压水等情况,对各土层要提供详细的物理力学指标,为制订施工方案提供技术依据。

（2）编制施工方案

施工方案是指导沉井施工的核心技术文件,要根据沉井结构特点、地质水文条件、已有的施工设备和过去的施工经验,经过详细的技术、经济比较,编制出技术上先进、经济上合理的切实可行的施工方案。在方案中要重点解决沉井制作、下沉、封底等技术措施及保证质量的技术措施,对可能遇到的问题和解决措施要做到心中有数。

（3）布设测量控制网

事先要设置测量控制网和水准基点,用于定位放线、沉井制作和下沉的依据。例如,附近存在建（构）筑物等,要设沉降观测点,以便施工沉井时定期进行沉降观测。

2. 沉井制作

沉井的施工程序为:平整场地→测量放线→开挖基坑→铺砂垫层和垫木或砌刃脚砖座→沉井浇筑→布设降水井点或挖排水沟、集水井→抽出垫木→沉井下沉封底→浇筑底板混凝土→施工内隔墙、梁、板、顶板及辅助设施。

（1）刃脚支设

沉井下部为刃脚,其支设方式取决于沉井重量、施工荷载和地基承载力。常用的方法有垫架法、砖砌垫座和土模。在软弱地基上浇筑较重的沉井,常用垫架法。垫架的作用是将上部沉井重量均匀传给地基,使沉井井身浇筑过程中不会产生过大不均匀沉降,使刃脚和井身产生裂缝而破坏;使井身保持垂直;便于拆除模板和支撑。采用垫架法施工时,应计算井身一次浇筑高度,使其不超过地耐力,其下砂垫层厚度亦需计算确定。直径(或边长)不超过8 m的较小的沉井,土质较好时可采用砖垫座,砖垫座沿周长分成6~8段,中间留20 mm空隙,以便拆除,砖垫座内壁用水泥砂浆抹面。对重量轻的小型沉井,土质较好时,甚至可用土胎模,土胎模内壁亦用水泥砂浆抹面,如图3.44所示。

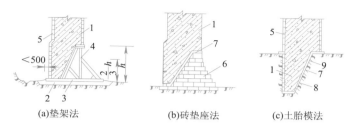

(a)垫架法　　　　(b)砖垫座法　　　　(c)土胎模法

图3.44　沉井刃脚支设
1—刃脚;2—砂垫层;3—枕木;4—垫架;5—模板;6—砖垫座;7—水泥砂浆抹面;8—刷隔离层;9—土胎模

刃脚支设用得较多的是垫架法。采用垫架法时,先在刃脚处铺设砂垫层,再在其上铺枕木和垫架,枕木常用断面16 cm×22 cm,垫架数量根据第一节沉井的重量和地基(或砂垫层)的容许承载力计算确定,间距一般为0.5~1.0 m。垫架应对称,一般先设8组定位垫架,每组由2~3个垫架组成。矩形沉井多设4组定位垫架,其位置在距长边两端0.15L处(L为长边边长),在其中间支设一般垫架,垫架应垂直井壁。圆形沉井垫架应沿刃脚圆弧对准圆心铺设。在枕木上支设刃脚和井壁模板。枕木应使顶面在同一水平面上,用水准仪找平,高差宜不超过10 mm,在枕木间用砂填实,枕心中心应与刃脚中心线重合。例如,地基承载力较低,经计算垫架需要量较多时,应在枕木下设砂垫层,将沉井重量扩散到更大面积上。

（2）井壁制作

沉井制作可在修建构筑物的地面上进行,亦可在基坑中进行,如在水中施工还可在人工筑岛上进行。应用较多的是在基坑中制作。沉井施工有下列几种方式:一次制作、一次下沉;分节制作、一次下沉;分节制作、分节下沉(制作与下沉交替进行)。若沉井过高,下沉时易倾斜,宜分节制作、分节下沉。沉井分节制作的高度,应保证其稳定性并能使其顺利下沉。采用分节制作、一次下沉时,制作高度不宜大于沉井短边或直径,总高度超过12 m时,需有可靠的计算依据和采取确保稳定的措施。

分节下沉的沉井接高前,应进行稳定性计算,若不符合要求,可根据计算结果采取井内留土、填砂(土)、灌水等稳定措施。井壁模板可用组合式定型模板(见图3.45),高度大的沉井亦可用滑模浇筑。分节制作时,水平接缝需做成凸凹型,以利防水。若沉井内有隔墙,隔墙底面比刃脚高,与井壁同时浇筑时需在隔墙下立排架或用砂堤支设隔墙底模。隔墙、横梁底面与刃脚底面的距离以500 mm左右为宜。

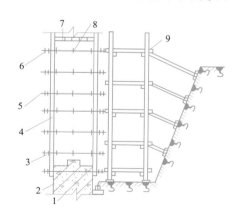

图3.45　沉井井壁钢模板支设
1—下一节沉井;2—预埋悬挑钢脚手铁件;3—木垫块;4—组合式定型钢模板;
5—对立螺栓;6—2[8钢楞;7—100×3止水片;8—顶撑木;9—钢管脚手架

钢筋由人工绑扎,亦可在沉井近处地面上预制成钢筋骨架或网片;用起重机进行大块安装。混凝土浇筑可用塔式起重机或履带式起重机吊运混凝土吊斗,沿沉井周围均匀、分层浇筑;亦可用混凝土泵车分层浇筑,每层厚不超过300 mm。沉井浇筑宜对称、均匀地分层浇筑,避免造成不均匀沉降使沉井倾斜。每节沉井应一次连续浇筑完成,下节沉井的混凝土强度达到70%后才允许浇筑上节沉井的混凝土。

3. 沉井下沉

(1) 下沉验算

沉井下沉前应进行混凝土强度检查、外观检查,并根据规范要求,对各种形式的沉井在施工阶段应进行结构强度计算、下沉验算和抗浮验算。沉井下沉时,第一节混凝土强度达到设计强度,其余各节应达到设计强度的70%。沉井下沉,其自重必须克服井壁与土间的摩阻力和刃脚、隔墙、横梁下的反力,采取不排水下沉时尚需克服水的浮力。因此,为使沉井能顺利下沉,应进行分阶段下沉系数的计算,作为确定下沉施工方法和采取技术措施的依据。

如图3.46所示,下沉系数按式(3.7)计算:

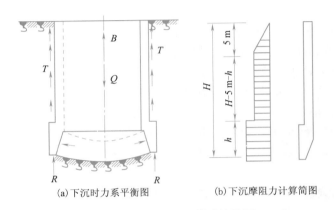

(a) 下沉时力系平衡图　　　　(b) 下沉摩阻力计算简图

图3.46　沉井下沉系数计算简图

B—井筒所受浮力;Q—井体自重;T—井壁与土间的摩擦力;R—刃脚反力;H—井筒高;h—刃脚高度

$$K_0 = (G - B)/T_f \tag{3.7}$$

式中:G——井体自重;

　　　B——下沉过程中地下水的浮力;

　　　T_f——井壁总摩阻力;

　　　k_0——下沉系数,宜为1.05~1.25,位于淤泥质土中的沉井取小值,位于其他土层中取大值。井壁摩阻力可参考表3.25。

表3.25　井壁摩阻力

序号	土 的 种 类	井壁摩阻力/(kN/m²)
1	流塑状黏性土	10~15
2	软塑及可塑状黏性土	12~25
3	粉砂和粉性土	15~25
4	砂卵石	17.7~29.4
5	泥浆套	3~5

当下沉系数较大,或在软弱土层中下沉,沉井有可能发生突沉时,除在挖土时采取措施外,宜在沉井中加设或利用已有的隔墙或横梁等作防止突沉的措施,并按下式验算下沉稳定性:

$$k'_0 = \frac{G - B}{T_f + R} \tag{3.8}$$

式中:R——沉井刃脚、隔墙和横梁下地基土反力之和;

k_0'——沉井下沉过程中的下沉稳定系数,取 $0.8 \sim 0.9$。

当下沉系数不能满足要求时,可在基坑中制作,减少下沉深度;或在井壁顶部堆放钢、铁、砂石等材料以增加附加荷重;或在井壁与土壁间注入触变泥浆,以减少下沉摩阻力等措施。

（2）垫架、排架拆除

大型沉井应待混凝土达到设计强度的 100% 方可拆除垫架(枕木、砖垫座),拆除时应分组、依次、对称、同步地进行。抽除次序:圆形沉井先抽除一般承垫架,后拆除定位垫架,矩形沉井先抽除内隔墙下垫架,再分组对称抽除外墙两短边下的垫架,然后抽除长边下一般垫架,最后同时抽除定位垫架。抽除时先将枕木底部的土挖去,利用绞磨或推土机的牵引将枕木抽出。每抽出一根枕木,刃脚下应立即用砂填实。抽除时应加强观测,注意沉井下沉是否均匀。隔墙下排架拆除后的空穴部分用草袋装砂回填。

（3）井壁孔洞处理

沉井壁上有时留有与地下通道、地沟、进水口、管道等连接的孔洞,为避免沉井下沉时地下水和泥土涌入,也为避免沉井各处重量不均,使重心偏移,易造成沉井下沉时倾斜,所以在下沉前必须进行处理。对较大孔洞,在沉井制作时在洞口预埋钢框、螺栓,用钢板、方木封闭,中填与空洞混凝土重量相等的砂石或铁块配重[见图 3.47(a)、(b)]。对进水窗则采取一次做好,内侧用钢板封闭[见图 3.47(c)]。沉井封底后拆除封闭钢板、挡木等。

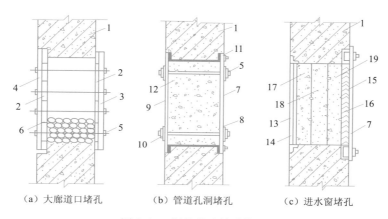

（a）大廊道口堵孔　　（b）管道孔洞堵孔　　（c）进水窗堵孔

图 3.47　沉井井壁堵孔构造

1—沉井井壁;2—50 mm 厚木板;3—枕木;4—槽钢内夹枕木;5—螺栓;6—配重;7—10 mm 厚钢板;
8—槽钢;9—100 mm × 100 mm 方木;10—50 mm × 100 mm 方木;11—橡皮垫;12—砂砾;13—钢筋箅子;
14—5 mm 孔钢丝网;15—钢百叶窗;16—15 mm 孔钢丝网;
17—砂;18—5 ~ 10 mm 粒径砂卵石;19—15 ~ 60 mm 粒径卵石

4. 施工方法

（1）下沉方案选择

沉井下沉有排水下沉和不排水下沉两种方案,一般应采用排水下沉。当土质条件较差,可能发生涌土、涌砂、冒水或沉井产生位移、倾斜及沉井终沉阶段下沉较快有超沉可能时,才向沉井内灌水,采用不排水下沉。当决定由不排水下沉改为排水下沉,或部分抽除井内灌水时,必须慎重,并应加强观察。

排水下沉常用的排水方法有:

① 明沟、集水井排水。在沉井内离刃脚 $2 \sim 3$ m 挖一圈排水明沟,设 $3 \sim 4$ 个集水井,深度比地下水深 $1 \sim 1.5$ m,沟和井底深度随沉井挖土而不断加深,在井内或井壁上设水泵,将地下水排出井外。为不影响井内挖土操作和避免经常搬动水泵,一般采取在井壁上预埋铁件,焊钢操作平台安设水泵,或设木吊架安设水泵,用草垫或橡皮承垫,避免振动。如果井内渗水量很少,则可直接在井内设高扬程潜水泵将地下水排出井外。本法简单易行,费用较低,适于地质条件较好时使用。

② 井点降水:在沉井外部周围设置轻型井点、喷射井点或深井井点以降低地下水位,使井内保持挖干土。适于地质条件较差,有流砂发生的情况时使用。

③ 井点与明沟排水相结合的方法。在沉井外部周围设井点截水,部分潜水,在沉井内再辅以明沟、集水

井用泵排水。

不排水下沉方法有:用抓斗在水中取土;用水力冲射器冲刷土;用空气吸泥机吸泥,或水中吸泥机油吸水中泥土等。

(2)下沉挖土方法

① 排水下沉挖土方法。常用的有:人工或用风动工具挖土;在沉井内用小型反铲挖土机挖土;在地面用抓斗挖土机挖土。挖土应分层、均匀、对称地进行,使沉井能均匀竖直下沉。有底架、隔墙分格的沉井,各孔挖土面高差不宜超过 1 m。若下沉系数较大,一般先挖中间部分,沿沉井刃脚周围保留土堤,使沉井挤土下沉;若下沉系数较小,应事先根据情况分别采用泥浆润滑套、空气幕或其他减阻措施,使沉井连续下沉,避免长时间停歇。井孔中间宜保留适当高度的土体,不得将中间部分开挖过深。

沉井下沉过程中,若井壁外侧土体发生塌陷,应及时采取回填措施,以减少下沉时四周土体开裂、塌陷对周围环境的影响。每 8 h 至少测量 2 次,当下沉速度较快时,应加强观测;若发现偏斜、位移时,应及时纠正。对普通土层从沉井中间开始逐渐挖向四周,每层挖土厚 0.4 ~ 0.5 m,沿刃脚周围保留 0.5 ~ 1.5 m 土堤,然后再沿沉井壁,每 2 ~ 3 m 一段向刃脚方向逐层全面、对称、均匀地削薄土层,每次削 5 ~ 10 cm,当土层经不住刃脚的挤压而破裂,沉井便在自重作用下均匀垂直挤土下沉,使不产生过大倾斜。本法可有效地提高工作效率,若下沉很少或不下沉,可再从中间向下挖 0.4 ~ 0.5 m,并继续按图 3.48 向四周均匀掏挖,使沉井平稳下沉。

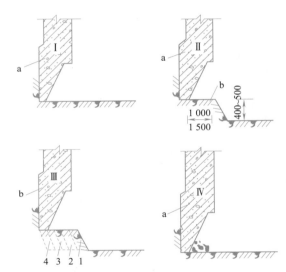

图 3.48　普通土层中下沉开挖方法
a—沉井刃脚;b—土堤;1、2、3、4—削坡次序

② 不排水下沉挖土方法:一般采用抓斗、水力吸泥机或水力冲射空气吸泥等在水下挖土。

• 抓斗挖土:用吊车吊抓斗挖掘井底中央部分的土,使之形成锅底。在砂或砾石类土中,一般当锅度比刃脚低 1 ~ 1.5 m 时,沉井即可靠自重下沉,而将刃脚下土挤向中央锅底,再从井孔中继续抓土,沉井即可继续下沉。在黏质土或紧密土中,刃脚下土不易向中央坍落,则应配以射水管冲土。沉井由多个井孔组成时,每个井孔宜配备一台抓斗。当用一台抓斗抓土时,应对称逐孔轮流进行,使其均匀下沉,各井孔内土面高差不宜大于 0.5 m。

• 水力机械冲土:用高压水泵将高压水流通过进水管分别送进沉井内的高压水枪和水力吸泥机,利用高压水枪射出的高压水流冲刷土层,使其形成一定稠度的泥浆汇流至集泥坑,然后用水力吸泥机(或空气吸泥机)将泥浆吸出,从排泥管排出井外。冲黏性土时,宜使喷嘴接近 90°的角度冲刷立面,将立面底部刷成缺口使之坍落。冲土顺序为先中央后四周,并沿刃脚留出土台,最后对称分层冲挖,尽量保持沉井受力均匀,不得冲空刃脚踏面下的土层。施工时,应使高压水枪冲入井底,所造成的泥浆量和渗入的水量与水力吸泥机吸入的泥浆量保持平衡。

（3）井内土方运出方法

通常采用的方法：在沉井边设置塔式起重机或履带式起重机（见图3.49）等，将土装入斗容量1～2 m³的吊斗内，用起重机吊出井外卸入自卸汽车运至弃土处。

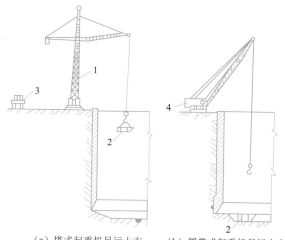

（a）塔式起重机吊运土方　　　（b）履带式起重机吊运土方

图3.49　用塔式或履带式起重机吊运土方
1—塔式起重机；2—吊斗；3—运输汽车；4—履带式起重机

沉井内土方吊运出井时，对于井下操作工人必须有安全措施，防止吊斗及土石落下伤人。

5. 测量控制

沉井位置标高的控制，是在沉井外部地面及井壁顶部四面设置纵横十字中心控制线、水准基点，以控制位置和标高。如图3.50沉井垂直度的控制，是在井筒内按4或8等分标出垂直轴线，各吊线坠一个对准下部标板来控制，并定时用两台经纬仪进行垂直偏差观测。挖土时，随时观测垂直度，当线坠离墨线达50 mm，或四面标高不一致时，即应纠正。沉井下沉的控制，系在井筒壁周围弹水平线，或在井外壁上两侧用白铅油画出标尺，用水平尺或水准仪来观测沉降。沉井下沉中应加强位置、垂直度和标高（沉降值）的观测，每班至少测量两次（于班中及每次下沉后检查一次），接近设计标高时应加强观测，每2 h一次，预防超沉。由专人负责并做好记录，如有倾斜、位移和扭转，应及时通知值班队长，指挥操作人员纠正，使偏差控制在允许范围以内。

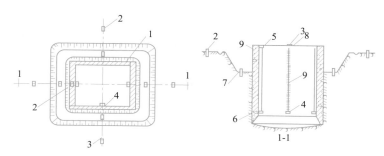

图3.50　沉井下沉测量控制方法
1—沉井；2—中心线控制点；3—沉井中心线；4—钢标板；5—铁件；
6—线坠；7—下沉控制点；8—沉降观测点；9—壁外下沉标尺

6. 沉井封底

当沉井下沉到距设计标高0.1 m时，应停止井内挖土和抽水，使其靠自重下沉至设计或接近设计标高，再经2～3 d下沉稳定，或经观测在8 h内累计下沉量不大于10 mm时，即可进行沉井封底。封底方法有排水封底和不排水封底两种，宜尽可能采用排水封底。

3.12 管井施工

由于地下水的类型、埋藏条件、含水层的性质等各不相同,开采和集取地下水的方法以及地下水取水构筑物的形式也各不相同。地下水取水构筑物按取水形式主要分为两类:垂直取水构筑物——井;水平取水构筑物——渠。井可用于开采浅层地下水,也可用于开采深层地下水,但主要用于开采较深层的地下水;渠主要依靠其较大的长度来集取浅层地下水。在我国,利用井集取地下水更为广泛。

井的主要形式有管井、大口井、辐射井、复合井等,渠的主要形式为渗渠。

3.12.1 管井的构造

管井主要由井室、井壁管、过滤器、沉淀管等部分组成,如图 3.51 所示。

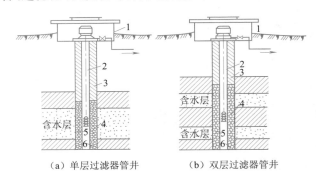

（a）单层过滤器管井　　　　（b）双层过滤器管井

图 3.51　管井的一般构造
1—井室;2—井壁管;3—黏土封闭;4—规格填砾;5—过滤器;6—沉淀管

1. 井室

井室是用于安装各种设备(如水泵、电动机、阀门及控制柜等)、保护井口免受污染和进行运行管理维护的场所。常见井室按所安装的抽水设备不同,可建成深井泵房、深井潜水泵房、卧式泵房等,其形式可为地面式、地下式或半地下式。

为防止井室地面的积水进入井内,井口应高出地面 0.3 ~ 0.5 m。为防止地下含水层被污染,井口周围需用黏土或水泥等不透水材料封闭,其封闭深度不得小于 3 m。井室应有一定的采光、通风、采暖、防水和防潮设施。

2. 井壁管

井壁管不透水,它主要安装在不需进水的岩土层段(如咸水含水层段、出水少的黏性土层段等),用以加固井壁、隔离不良(如水质较差、水头较低)的含水层。井壁管可以是铸铁管、钢管、钢筋混凝土管或塑料管,应具有足够的强度。

3. 过滤器

过滤器是指直接连接于井壁管上,安装在含水层中,带有孔眼或缝隙的管段,是管井用以阻挡含水层中的砂粒进入井中,集取地下水,并保持填砾层和含水层稳定的重要组成部分,俗称花管。过滤器表面的进水孔尺寸,应与含水层土壤颗粒组成相适应,以保证其具有良好的透水性和阻砂性。为防止含水层砂粒进入井中,保持含水层的稳定,又能使地下水通畅地流入井中,需要在过滤器与井壁之间的环形空间内回填砂砾石。这种回填砂砾石形成的人工反滤层,称为填砾层。

4. 沉淀管

沉淀管位于井底,用于沉淀进入井内的细小泥砂颗粒和自地下水中析出的其他沉淀物。

3.12.2 管井的施工

管井的建造一般包括钻凿井孔、物探测井、冲孔、换浆、井管安装、填砾、黏土封闭、洗井及抽水试验等主要工序,最后进行管井验收。

1. 钻凿井孔

钻凿井孔的方法主要有回转钻进和冲击钻进,用得最广泛的是回转钻进。回转钻进是用回转钻机带动钻头旋转对地层切削、挤压、研磨破碎而钻凿成井孔的。

2. 物探测井

井孔打成后,需马上进行物探测井,查明地层结构,含水层与隔水层的深度、厚度,地下水的矿化度(总含盐量)和咸、淡水分界面等,以便为井管安装、填砾和黏土封闭提供可靠资料。

3. 冲孔、换浆

井孔打成后,在井孔中仍充满着泥浆,泥浆稠度较大,含有大量泥质,无法安装井管,应进行填砾和黏土封闭。在下管前必须将井孔中的泥浆及沉淀物排出孔外。

4. 井管安装

井孔换浆完毕后,应立即进行井管安装,简称下管。下管前应根据凿井资料,确定过滤器的长度和安装位置,又称排管。下管的顺序一般为沉淀管、过滤器、井壁管。井管安装必须保证质量,接口要牢固,井管要顺直,不能偏斜和弯曲,过滤器要安装到位,否则将影响填砾质量和抽水设备的安装及正常运行,甚至造成整个管井的质量不合格。

5. 填砾和黏土封闭

下管完毕后,应立即填砾和封闭。管井填砾和封闭质量的优劣,都直接影响管井的水质和水量。填砾时要平稳、均匀、连续、密实,应随时测量填砾深度,掌握砾料回填状况,以免出现中途堵塞现象。一般情况下,回填砾料的总体积应与井管与孔壁之间环形空间的体积大致相等。

黏土封闭一般用黏土球,球径约 25 mm。采用黏土球进行井管外封闭的方法与填砾的方法相同。封闭时,黏土球一定要下沉到要求的深度,中途不可出现堵塞现象。当填至井口时,应进行夯实。

6. 洗井和抽水试验

(1)洗井

洗井就是用抽水的方法,使地下水产生强大的水流,冲刷泥皮和将杂质颗粒冲带到井中,再拍到地面上去,从而达到清除含水层中的泥浆和冲刷掉井壁上的泥皮的目的。同时,洗井还可以冲洗出含水层中的部分细小颗粒,使井周围含水层形成天然反滤层,使管井的出水量达到最大的正常值。

洗井工作应在下管、填砾、封闭之后立即进行,以防止泥浆壁硬化,给洗井带来困难。洗井方法主要有水泵洗井、压缩空气洗井、活塞洗井等多种方法。

洗井方法很多,应根据井管的结构、施工状况、地层的水文地质条件以及设备条件加以选用。

洗井的标准是彻底破坏泥浆壁,将含水层中残留的泥浆和岩土碎屑清除干净,以使出水清澈。

(2)抽水试验

抽水试验是管井建造的最后阶段。一般在洗井的同时,就可以做抽水试验。抽水前应测出地下水静水位,抽水时要测定井的出水量和相应的水位降深值,以评价井的出水量;采取水样进行分析,以评价地下水的水质。

3.12.3 管井的验收

管井验收是管井建造后的一项重要工作,只有验收合格后,管井才能投产使用。管井竣工后,应由设计单位、施工单位和使用单位根据《供水管井设计、施工及验收规范》共同验收。只有管井的施工文件资料齐全,水质、水量、管井的质量均达到设计要求,甲方才能签字验收。作为饮用水水源的管井,应经当地的卫生防疫部门对水质检验合格后,方可投产使用。

管井验收时,施工单位应提交下列资料:管井施工说明书、管井使用说明书、钻进中的岩样。上述资料是管井管理的重要依据,使用单位必须将此作为管井的技术档案妥善保存,以备分析、研究管井运行中可能出现的问题。

3.13 大口井施工

大口井具有构造简单、取材容易、施工方便、使用年限长、容积大能兼起调节水量作用等优点。但大口井深度小,对潜水水位变化适应性差。

大口井的一般构造,主要由井口(井台)、井筒和进水部分组成,如图 3.52 所示。

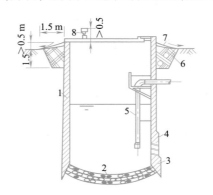

图 3.52　大口井的构造
1—井筒;2—井底反滤层;3—刃脚;4—井壁透水孔;5—吸水管;6—黏土层;7—排水管;8—通风管

3.13.1　大口井的施工

大口井的施工方法主要有大开槽法和沉井法。

1. 大开槽施工法

大开槽施工法是将基槽一直开挖到设计井深,并进行排水,在基槽中进行砌筑或浇筑透水井壁和井筒以及铺设反滤层等工作。大开槽施工的优点:施工方便,便于铺设反滤层,可以直接采用当地的建筑材料。但此法开挖土方量大,施工排水费用高。一般情况下,此法只适用于口径小($D < 4$ m)、深度浅($H < 9$ m),或地质条件不宜采用沉井施工的地方。

2. 深井施工法

深井施工法是先在井位处开挖基坑,将带有刃脚的井筒或进水井壁放在基坑中,再在井筒内挖土,让井筒靠自重切土下沉。随着井内继续挖土,井筒不断下沉,于是可在上面续接井筒或进水井壁,直至设计井深。沉井施工有排水与不排水两种方式。

3.13.2　大口井维护管理

大口井的维护管理基本上与管井相同。值得提出的是,很多大口井建造在河漫滩、河流阶地及低洼地区,需考虑不受洪水冲刷和被洪水淹没。大口井要设置密封井盖,井盖上应设密封人孔(检修孔),并应高出地面 0.5 ~ 0.8 m;井盖上还应设置通风管,管顶应高出地面或最高洪水位 2.0 m 以上。

3.14 辐射井

辐射井是由集水井与若干呈辐射状铺设的水平集水管(辐射管)组合而成的,它与大口井相比,更适用于较薄的含水层和厚度小而埋深大的含水层。辐射井是一种高效能的地下水取水构筑物。辐射井按集水井是否进水又分为两种形式:一是集水井底与辐射管同时进水;二是集水井底封闭,仅靠辐射管集水。前者适用于厚度较大的含水层(5 ~ 10 m),后者适用于较薄的含水层。

3.15 渗渠

渗渠是主要集取浅层地下水的水平地下水取水构筑物,包括在地面开挖、集取地下水的渠道和水平埋设在含水层中的集水管渠,如图 3.53 所示。

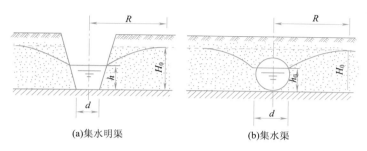

(a)集水明渠 　　　　　　(b)集水渠

图 3.53　潜水完整渗渠

R—影响半径;H_0—会水层厚度;h、h_0—集水深度;d—集水渠宽度

渗渠适用于开采埋深小于 2 m、厚度小于 6 m 的含水层。因此,渗渠的深度(或埋设深度)一般为 4 ~ 7 m,很少超过 10 m。渗渠主要靠加大长度增加出水量,以此区别于井。渗渠也可分为完整式和不完整式。

采用明渠集取地下水,是渗渠的一种集水形式。明渠可在地面上直接开挖建成,其成本低,适用于开采浅层地下水。由于明渠所集水暴露于地表,易受污染。

集水管(渠)埋设在地表以下的含水层中。受地表污染较轻,安全可靠,是取水工程中较常用的形式。采用集水管取水,其水量相对较小,施工复杂,成本较高。

渗渠主要埋设在河漫滩、河流阶地含水层中,用于集取河流下渗水和地下水潜流水。由于这一地带含水层颗粒粗,渗透性能良好,又能接受河水的补给,地下水量丰富。但这些地区地下水埋藏浅,不适于用井类构筑物开采地下水,故采用集水渗渠较为适宜。

渗渠汇集的地下水,经过了地层的过滤,水质相对较好。由于渗透途径较短,其水质往往兼有河水和普通地下水质的特点,如浊度、色度、细菌总数较河水低,而硬度、矿化度较河水高。

计 划 单

学习领域	给排水工程施工		
学习情境	市政给排水工程施工	学　时	44
工作任务	给排水管道及构筑物施工	计划学时	2
计划方式	小组讨论,教师引导,团队协作,共同制订计划		
序　号	实施步骤		具体工作内容描述
1			
2			
3			
4			
5			
6			
7			
8			
9			
制订计划说明	(写出制订计划中人员为完成任务的主要建议或可以借鉴的建议、需要解释的某一方面)		

	班　级	组　别	组长签字	教师签字	日　期
计划评价					
	评语:				

决　策　单

学习领域	给排水工程施工		
学习情境	市政给排水工程施工	学　　时	44
工作任务	给排水管道及构筑物施工	决策学时	2

	序号	方案的可行性	方案的先进性	实施难度	综合评价
方案对比	1				
	2				
	3				
	4				
	5				
	6				
	7				
	8				
	9				
	10				

	班　级	组　别	组长签字	教师签字	日　期

决策评价	评语:

实 施 单

学习领域	给排水工程施工		
学习情境	市政给排水工程施工	学　时	44
工作任务	给排水管道及构筑物施工	实施学时	4
实施方式	小组成员合作,共同研讨,确定动手实践的实施步骤,教师引导		
序　号	实施步骤		使用资源
1			
2			
3			
4			
5			
6			
7			
8			
9			
10			
11			
12			
13			
14			
15			
16			

实施说明:

班　级	组　别	组长签字	教师签字	日　期

作 业 单

学习领域	给排水工程施工		
学习情境	市政给排水工程施工	学　时	44
工作任务	给排水管道及构筑物施工	作业方式	动手实践,学生独立完成
提交某市政给排水管道工程或给排水构筑物工程施工技术交底记录			
根据实际工程资料,小组成员进行任务分工,分别进行动手实践,共同完成市政给排水管道工程或给排水构筑物工程施工技术交底			

姓　名	学　号	班　级	组　别	教师签字	日　期

作业评价	评语:

技术（质量）交底记录

工程名称		交底项目	
工程编号		交底日期	

交底内容：

文字说明或附图

接收人： 交底人：

检 查 单

学习领域	给排水工程施工			
学习情境	市政给排水工程施工		学　时	44
工作任务	给排水管道及构筑物施工		检查学时	1
序号	检查项目	检查标准	组内互查	教师检查
1	分项工程的划分	是否全面细致		
2	工序确定	是否正确、合理		
3	作业条件	是否详尽		
4	施工工艺、方法	是否合理		
5	施工安全技术措施	是否具体、可行		
6	质量要求	是否正确、详尽		
组　别	组长签字	班　级	教师签字	日　期
检查评价	评语：			

评 价 单

学习领域	给排水工程施工					
学习情境	市政给排水工程施工		学　时			44
工作任务	给排水管道及构筑物施工		评价学时			1
考核项目	考核内容及要求	分值	学生自评	小组评分	教师评分	实得分
计划编制 （25分）	工作程序的完整性	10	—	40%	60%	
	步骤内容描述	10	10%	20%	70%	
	计划的规范性	5	—	40%	60%	
工作过程 （50分）	合理划分分项工程,确定施工工序	10	—	40%	60%	
	作业条件详尽	10	10%	20%	70%	
	合理选择施工方法	10	—	30%	70%	
	合理确定施工安全技术措施	10	10%	20%	70%	
	施工工艺符合质量、安全等要求	10	10%	30%	60%	
学习态度 （5分）	上课认真听讲,积极参与讨论,认真完成任务	5	——	40%	60%	
完成时间 （10分）	能在规定时间内完成任务	10	——	40%	60%	
合作性 （10分）	积极参与组内各项任务,善于协调与沟通	10	10%	30%	60%	
总分（Σ）		100	5	30	65	
班级	姓名	学号	组别	组长签字	教师签字	总评	日期

评价评语	评语：

教学反馈单

学习领域	给排水工程施工			
学习情境	市政给排水工程施工	学　时		14
调查项目	序　号	调查内容	是	否	备注

调查项目	序　号	调查内容	是	否	备注
	1	你认为这种新型的上课方式有利于学习专业知识,便于掌握专业技能吗?			
	2	针对学习任务你了解资讯的方法吗?			
	3	简述通过虚拟实训平台来完成专业技能的操作。			
	4	你了解工程中土的性质与分类了吗?			
	5	你能进行土方量计算吗?			
	6	你掌握沟槽及基坑的加固方法了吗?			
	7	你知道土方回填的夯实方法吗?			
	8	你能说出土方冬、雨期施工的注意事项吗?			
	9	你清楚明沟排水的组成吗? 了解其适用场合吗?			
	10	你能够准确说出轻型井点的组成吗?			
	11	你能明确轻型井点的适用场合吗?			
	12	什么是注浆加固法?			
	13	你对实际工程中开槽施工的工序了解了吗?			
	14	你能说出地下给排水管道施工前应检查哪些内容吗?			
	15	你能说出管道做水压试验的目的吗?			
	16	你知道闭水试验、严密性试验的操作过程吗?			
	17	你知道什么叫"四合一"施工法吗?			
	18	你能说出什么情况下采用不开槽施工吗?			
	19	你对自己的表现是否满意?			
	20	你对小组成员之间的合作是否满意?			

你的意见对改进教学非常重要,请写出你的建议和意见:

被调查人信息				
班级	姓名	学号	组别	调查时间

学习情境 二

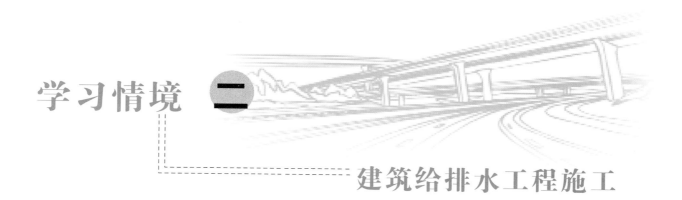

建筑给排水工程施工

学 习 指 南

学习目标

学生在教师的讲解和引导下,明确工作任务的目的和实施中的关键要素。通过学习,掌握建筑给水管道工程施工方法和建筑排水管道工程施工方法,培养学生进行建筑给排水管道施工操作的能力。能够借助工程资料找到完成任务所需的设施、材料、方法,能够最终完成提交建筑给水管道工程施工技术交底和建筑排水管道工程施工技术交底两项任务。要求在学习过程中锻炼职业素质,做到"严谨认真、吃苦耐劳、诚实守信"。

工作任务

(1)建筑给水管道工程施工。
(2)建筑排水管道工程施工。

学习情境描述

根据建筑给排水工程施工的工作过程选取了"建筑给水管道工程施工""建筑排水管道工程施工"两个任务作为载体,使学生通过训练掌握在行业企业中应该做好的建筑给排水工程施工有关的工作。学习的内容与组织如下:

(1)学习开工前的准备与配合土建施工事宜、钢管及非金属管的管道连接方法、管道及卫生器具的安装工艺以及建筑内部管道工程质量检查方法等内容,通过实际操作掌握建筑给排水工程施工技术。

(2)能够借助工程资料找到完成任务所需的设施、材料、方法,完成进行建筑给排水工程施工技术交底的任务,使学生对建筑给排水工程施工有真实的体会。

任务 4 建筑给水管道工程施工

任 务 单

学习领域	给排水工程施工		
学习情境	建筑给排水工程施工	学　时	14
工作任务	建筑给水管道工程施工	任务学时	8
布 置 任 务			
工作目标	1. 能够掌握各种管道的连接方法 2. 能够掌握各种管道安装的技术要求和质量标准 3. 能够检验建筑给水管道工程施工质量 4. 能够在学习中锻炼职业能力、专业素养和社会能力等		
任务描述	建筑内部给水排水管道及卫生器具的施工一般在土建主体工程完成,内外墙装饰前进行。根据实际工程资料,其具体工作如下: 1. 做好施工准备以及专业配合事宜 2. 确定管道的加工与连接方法 3. 明确管道的安装工艺 4. 明确建筑给水管道工程质量检查标准 5. 进行建筑给水管道工程施工技术交底		
学时安排	资讯　计划　决策　实施　检查　评价 3学时　0.5学时　0.5学时　2学时　1学时　1学时		
提供资料	[1] 建筑给水管道工程施工资料. [2] 刘灿生. 给排水工程施工手册. 2版. 北京:中国建筑工业出版社,2010. [3] 给水排水管道工程施工及验收规范(GB 50268—2008). 北京:中国建筑工业出版社,2009. [4] 建筑给水排水及采暖工程施工质量验收规范(GB 50242—2002). 中华人民共和国建设部. [5] 虚拟给排水工程施工实训平台.		
对学生的要求	1. 具有工程制图、建筑给排水工程等基本专业理论知识 2. 具有正确识读工程施工图的能力 3. 具有一定的自学能力以及进行基本专业计算的能力 4. 具有良好的与人沟通及语言表达能力 5. 具有团队协作精神及良好的职业道德 6. 能够严格遵守课堂纪律,不迟到,不早退,不旷课 7. 本工作任务学习完成后,需提交建筑给水管道工程施工技术交底记录		

资　讯　单

学习领域	给排水工程施工		
学习情境	建筑给排水工程施工	学　时	14
工作任务	建筑给水管道工程施工	资讯学时	3
资讯方式	在教材、参考书、专业杂志、互联网及信息单上查询问题,咨询任课教师		
资讯问题	1. 建筑给水排水管道工程施工准备工作有哪些? 如何配合土建留洞留槽? 2. 弯管种类及其加工方法有哪些? 3. 钢管螺纹连接适用的管材有哪几种? 加工机具以及管螺纹加工步骤是什么? 连接配套的管件名称、作用是什么? 4. 建筑给水管道常用哪些管材? 各使用在什么场合? 各采取哪些接口方式? 5. 建筑给水管道安装方法和安装顺序是什么? 6. 什么是测线工作? 何谓构造长度、安装长度、加工长度? 7. 建筑给水管道的敷设方式有哪几种? 各适用于什么情况? 有何要求? 8. 给水干管、立管和支管的安装方法和要求有哪些? 9. 建筑给水管道工程验收时应如何进行质量检查? 10. 建筑给水管道如何进行水压试验? 目的是什么? 应做哪些准备工作? 试验压力如何确定? 11. 建筑给水管道如何进行冲水消毒试验? 目的是什么? 12. 建筑给水管道如何进行通水试验? 13. 学生需要单独资讯的问题		
资讯引导	请在以下材料中查找: [1] 信息单. [2] 刘灿生. 给排水工程施工手册. 2版. 北京:中国建筑工业出版社,2010. [3] 给水排水管道工程施工及验收规范(GB 50268—2008). 北京:中国建筑工业出版社,2009. [4] 建筑给水排水及采暖工程施工质量验收规范(GB 50242—2002). 北京:中华人民共和国建设部. [5] 郭雪梅. 建筑给排水工程建造(国家示范性高职院校建设成果教材). 北京:机械工业出版社,2011. [6] 张胜峰. 建筑给排水工程施工. 北京:水利水电出版社,2010.		

信 息 单

建筑内部给水排水管道及卫生器具的施工一般在土建主体工程完成,内外墙装饰前进行。为了保证施工质量,加快施工进度,施工前应熟悉和会审施工图样及制订各种施工计划。要密切配合土建部门,做好预留各种孔洞、支架预埋、管道预埋等施工准备工作。

4.1 施工准备与配合土建施工

4.1.1 施工准备

建筑给水排水管道工程施工的主要依据是施工图样及全国通用给水排水标准图,在施工中还必须严格执行现行国家标准《建筑给水排水及采暖工程施工质量验收规范》的操作规程和质量标准。施工前必须熟悉施工图样,由设计人员向施工技术人员进行技术交底,说明设计意图、设计内容和对施工质量要求等。应使施工人员了解建筑结构及特点、生产工艺流程、生产工艺对给水排水工程的要求,管道及设备布置要求以及有关加工件和特殊材料等。

设计图样包括给水排水管道平面图、剖面图、给排水系统图、施工详图及节点大样图等。熟悉图样的过程中,必须弄清室内给水排水管道与室外给水排水管道连接情况,包括室外给水排水管道走向、给水引入管和排水排出管的具体位置、相互关系、管道连接标高,水表井、阀门井和检查井等的具体位置,以及管道穿越建筑物基础的具体做法;弄清室内给水排水管道的布置,包括管道的走向、管径、标高、坡度、位置及管道与卫生器具或生产设备的连接方式;搞清室内给水排水管道所用管材、配件、支架的材料和形式,卫生器具、消防设备、加热设备、供水设备、局部污水处理设施的型号、规格、数量和施工要求;搞清建筑的结构、楼层标高、管井、门窗洞槽的位置等。

施工前,要根据工程特点,材料设备到货情况,劳动力机具和技术状况,制订切实可行的施工组织设计,用以指导施工。施工班组根据施工组织设计的要求,做好材料、机具、现场临时设施及技术上的准备,必要时到现场根据施工图样进行实地测绘,画出管道预制加工草图。管道加工草图一般采用轴测图形式,在图上要详细标注管道中心线间距、各管配件间的距离、管径、标高、阀门位置、设备接口位置、连接方法,同时画出墙、柱、梁等的位置;根据管道加工草图可以在管道预制场或施工现场进行预制加工。

4.1.2 配合土建施工

为了保证整个工程质量,加快施工进度,减少安装工程打洞及土建单位补洞的工作量,防止破坏建筑结构,确保建筑物安全,在土建施工过程中,宜密切配合土建施工进行预埋支架或预留孔洞,减少现场穿孔打洞工作。

1. 现场预埋法

这种施工方法可以减少留洞、留槽或打洞的工作量,但对施工技术要求较高,施工时必须弄清楚建筑物各部尺寸,预埋要准确;适合于建筑物地下管道、各种现浇钢筋混凝土水池或水箱等的管道施工。

2. 现场预留法

这种施工方法避免了土建与安装施工的交叉作业以及安装工程面狭窄所造成的窝工现象。它是建筑给水排水管道工程施工常用的一种方法。

为了保证预留孔洞的正确,在土建施工开始时,安装单位应派专人根据设计图样的要求,配合土建预留孔洞,土建在砌筑基础时,可以按设计给出的尺寸预留孔洞,也可以按规范给出的尺寸预留孔洞。土建浇筑楼板之前,较大孔洞的预留应用模板围出;较小的孔洞一般用短圆木或竹筒牢牢固定在楼板上;预埋的铁件可用电焊固定在图样所设计的位置上。无论采用何种方式预留预埋,均须固定牢靠,以防浇捣混凝土时移动错位,确保孔洞大小和平面位置的正确。立管穿楼板预留孔洞尺寸可按有关规定进行预留。给水排水立管距墙的距离可根据卫生器具样本以及管道施工规范确定。

3. 现场打洞法

这种施工方法方便管道工程的全面施工,避免了与土建施工交叉作业,通过运用先进的打洞机具,如冲击电钻(电锤),使得打洞工作既快又准确。它是一般建筑给水排水管道施工的常用方法。

施工现场是采取管道预埋、孔洞预留或现场打洞,一般根据建筑结构要求、土建施工进度、工期、安装机具配置、施工技术水平等而确定。施工时,可视具体情况,决定采用哪种方式。

4.1.3 操作流程

具体施工时,可按以下操作流程进行:

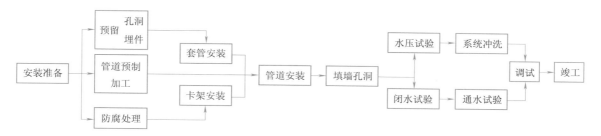

4.2 钢管加工与连接

钢管加工主要指钢管的调直、切断、套丝、煨弯及制作特殊管件等过程。以前钢管加工以人工操作为主,劳动强度大,生产效率低。现在推行机械加工,大大提高了生产效率,减轻了劳动强度,降低了生产成本。

4.2.1 管子切断

管子安装前应根据设计的尺寸要求将管子切断。切断是管道加工的一道工序,切断过程常称为下料。

管道的切断方法分为手工切断和机械切断两类:手工切断主要有钢锯切断、錾断、割刀切断、气割;机械切断主要有砂轮切割机切断、套丝机切断、专用管子切割机切断等。施工时常根据管材、管径、经济等因素和现场条件选用合适的切断方法。

1. 人工切断

(1)钢锯切断

钢锯是一种常用方法,钢管、铜管、塑料管都可采用,尤其适合于 DN50 以下的管子切断。手工钢锯(见图 4.1)切断的优点是设备简单,灵活方便,节省电能,切口不收缩和不氧化。缺点是速度慢,劳动强度大,较难达到切口平正。

(2)割刀切断

管子割刀是用带有刃口的圆盘形刀片,在压力作用下,边进刀边沿管壁旋转,将管子切断。采用管子割刀切管时,必须使滚刀垂直于管子,否则易损坏刀刃。选用滚刀规格要与被切割管径相匹配。管子割刀适用于切断管径 15～100 mm 的焊接钢管。此方法具有切管速度快,切口平正的优点,但产生缩口,必须用绞刀刮平缩口部分。采用钢锯切断或管子割刀切断均需要用压力钳将管子夹紧。图 4.2 所示为割刀切管器。

图 4.1　手工钢锯　　　　　　　　图 4.2　割刀切管器

（3）錾断

錾主要用于铸铁管、混凝土管、钢筋混凝土管、陶管。所用工具为手锤和扁錾。为了防止将管口錾偏，可在管子上预先划出垂直于轴线的錾断线，方法是用整齐的厚纸板或油毡纸圈在管子上，用磨薄的石笔在管子上沿样板边划一圈切断线。

錾切效率较低，切口不够整齐，管壁厚薄不均匀时，极易损坏管子（錾破或管身出现裂纹）。通常在缺乏机具条件下或管径较大情况下使用。

（4）气割

气割是利用氧气和乙炔气的混合气体燃烧时所产生的高温（约 1 100～1 150 ℃），使被切割的金属熔化而生成四氧化三铁熔渣，熔渣松脆易被高压氧气吹开，使管子或型材切断。手工气割采用射吸式割炬，也称为气割枪或割刀，如图 4.3 所示。气割的速度较快，但刀口不整齐，有铁渣，需要用钢锉或砂轮打磨和除去铁渣。

图 4.3　气割枪

气割常用于 DN 100 以上的焊接钢管、无缝钢管的切断。此外，各种型钢、钢板也常可用气割切断。此法不适合铜管、不锈钢管、镀锌钢管的切断。

2. 机械切断

（1）砂轮切割机

砂轮切割机（见图 4.4）的原理是高速旋转的砂轮片与管壁接触摩擦切削，将管壁磨透切断。砂轮切割速度快，适合于切割 DN 150 以下的金属管材，它既可切直口也可切斜口。砂轮切割机也可用于切割塑料管和各种型钢，是目前施工现场使用最广泛的小型切割机具，但切割噪声较大。

（2）套丝机切管

套丝机切管适合施工现场的套丝机均配有切管器，因此它同时具有切断管子、坡口（倒角）、套丝等功能。套丝机用于 DN≤100 mm 焊接钢管的切断和套丝，是施工现场常用的机具，如图 4.5 所示。

图 4.4　砂轮切割机

图 4.5　套丝机

（3）专用管子切割机

专用于不同管材、不同口径和壁厚的切割机。

（4）自爬式电动割管机

自爬式电动割管机（见图 4.6）可以切割 33～1 200 mm、壁厚小于等于 39 mm 的钢管、铸铁管，在自来水、煤气、供热及其他管道工程中广泛应用。该割管机均具有在完成切管的同时进行坡口加工的特点。电动割管机由电动机、爬行进给离合器、进刀机构、爬行夹紧机构及切割刀具等组成。割管机装在被切割的管口处,用夹紧机构把它牢牢地夹紧在管子上;切割由两个动作来实现,一是切割刀具对管子进行铣削,二是爬轮带动整个割管机沿管子爬行进给,刀具切入或退出是操作人员通过进刀机构的手柄来完成;进行切割时,用铣刀沿割线把管壁铣通,然后边爬行,边切割。自爬式电动割管机体积小、重量轻、通用性强、使用维修方便、切割效率高、切口面平整。

图 4.6　自爬式电动割管机

4.2.2　管子调直

钢管具有塑性,在运输装卸过程中容易产生弯曲,弯曲的管子在安装前必须调直。调直的方法有冷调直和热调直两种,冷调直用于管径较小且弯曲程度不大的情况,否则宜采用热调直。

1. 冷调直

管径小于 50 mm,弯曲度不大时,可用两把手锤进行冷调直。一把手锤垫在管子的起弯点处作支点,另一把手锤则用力敲击凸起面,两个手锤不移位对着敲,直至敲平为止;在敲击部位垫上硬木头,以免将管子击扁,如图 4.7、图 4.8 所示。

2. 热调直

管径大于 50 mm 或弯曲度大于 20°时可用热调直,如图 4.9 所示。热调直是将弯曲的管子放在炉子上,加热至 600～800 ℃,然后抬出放在平台上反复滚动,在重力作用下,达到调直目的,调直后的管子应放平存放,避免产生新的弯曲。

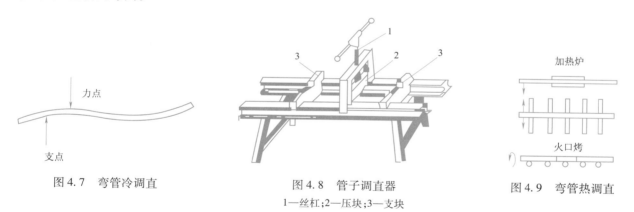

图 4.7　弯管冷调直　　　　　图 4.8　管子调直器　　　　　图 4.9　弯管热调直
1—丝杠;2—压块;3—支块

4.2.3　管子煨弯

在给水排水管道安装中,遇到管线交叉或某些障碍时,需要改变管线走向,应采用各种角度的弯管来解决,如90°和45°弯、乙字弯(来回弯)、抱弯(弧形弯)等。这些弯管以前均在现场制作,费工费时,质量难以保证;现在弯管的加工日益工厂化,尤其是各种模压弯管(压制弯)广泛地用于管道安装,使得管道安装进度加快,安装质量提高。但是,由于管道安装的特殊性,在管道安装现场仍然有少量的弯管需要加工。

1. 弯管断面质量要求与受力分析

钢管弯曲后其弯曲段的强度及圆形断面不应受到明显影响,因此必须对圆断面的变形、焊缝处、弯曲长度以及弯管工艺等方面进行分析、计算和制定质量标准。

(1)弯管受力与变形

管子在弯曲过程中,其内侧管壁各点均受压力,由于挤压作用,管壁增厚,且由于压缩而变短;外侧管壁受拉力,在拉力作用下,管壁厚度减薄,管壁减薄会使强度降低。为保证一定的强度,要求管壁有一定的厚度,在弯曲段管壁减薄应均匀,减薄量不应超过壁厚的15%。此外,管壁上不得产生裂纹、鼓包,且弯度要均匀,如图4.10所示。

（2）弯曲半径（R）

弯曲半径是影响弯管壁厚的主要因素。同一管径的管子弯曲时,R 大,弯曲断面的减薄（外侧）量小;R 小,弯曲断面外侧减薄量大。如果从强度方面和减小管道阻力考虑,R 值越大越好。但在工程上 R 大的弯头所占空间大且不美观,因此弯曲半径只应有一个选用范围。根据管径及使用场所不同采用不同的 R 值,一般常用 R 值为 1.5 ~ 4 DN（DN 为管子的公称直径）。采用机械弯管时 R 为:冷弯 $R = 4$ DN;热弯 $R = 3.5$ DN;压制弯、焊接弯头 $R = 1.5$ DN。

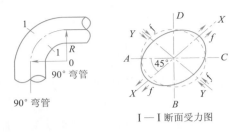

图4.10 弯管受力与变形
R—弯曲半径;f—受力;其他—轴线

2. 管子弯曲长度确定

管子弯曲长度即指弯头展开长度。其计算公式为

$$L = \alpha \div 360 \times 2\pi \times R = \alpha \div 180 \times \pi \times R$$

式中:α——弯管角度;

R——弯曲半径。

在给水排水管道施工中如果无特殊设计要求,采用手工冷弯时,90°弯头的弯曲半径取 4 DN,则弯曲长度可近似取 6.5 DN,45°弯头的弯曲长度取（2.5 ~ 3）DN。乙字弯（来回弯）一般可近似按两个45°弯头计算。

3. 冷弯弯管

制作冷弯弯管,通常用手动弯管器（见图4.11）或电动弯管机（见图4.12）等机具进行,可以弯制 DN ≤ 150 mm 的弯管。由于弯管时不用加热,常用于钢管、不锈钢管、铜管、铝管的弯管。冷弯弯头的弯曲半径 R 不应小于管子公称直径的 4 倍。

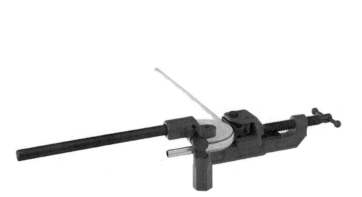

图4.11 手动弯管器

图4.12 电动弯管机

由于管子具有一定的弹性,当弯曲时施加的外力撤除后,因管子弹性变性的结果,弯头会弹回一个角度。弹回角度的大小与管材、壁厚以及弯头的弯曲半径有关。一般钢管弯曲半径为 4 倍管子公称直径,弹回的角度约为 3° ~ 5°。因此,在弯管时,应增加这一弹回角度。

手动弯管器的种类较多,弯管板是一种最简单的手动弯管器。它由长 1.2 m、宽 300 mm、厚 340 mm 左右的硬质钢板制成。板中按需弯管的管子外径开若干圆孔;弯管时将管子插入孔中,管端加上套管作为杠杆,以人工加力压弯,适合于小管径、弯曲角度不大的管子弯管。专用手动弯管器是施工现场常用的一种弯管器,这种弯管器需要用螺栓固定在工作台上使用,可以弯曲公称直径不超过 25 mm 的管子。

手动弯管法效率较低,劳动强度大,且质量难以保证。一般公称直径 25 mm 以上的管子都可以采用电动弯管机进行弯管。采用机械进行冷弯弯管具有工效高、质量好的优点。

冷弯适宜于中小管径和较大弯曲半径（$R \geq 2$ DN）的管子,对于大直径及弯曲半径较小的管子需很大的动力,这会使冷弯机机身复杂庞大,使用不便,因此常采用热弯弯管。

4. 热弯弯管

热弯弯管是将管子加热到一定温度后进行弯曲加工的方法。加热的方式有焦炭燃烧加热、电加热、氧-乙炔焰加热等。焦炭燃烧加热弯管由于劳动强度大、弯管质量不易保证,目前施工现场已极少采用。

中频弯管机(见图4.13)采用中频电能感应对管子进行局部环状加热,同时用机械拖动管子旋转,喷水冷却,使弯管工作连续进行。可弯制325 mm×10 mm的弯管,弯曲半径为管外径的1.5倍。

图 4.13　中频弯管机

火焰弯管机由加热和冷却装置、煨弯机构、传动机构、操作机构4部分组成。管子加热采用环形火焰圈,边加热边煨弯直至达到所需要的角度为止。加热带经过煨弯后立刻采取喷水冷却,以保证煨弯控制在加热带内。火焰弯管机的特点:弯管质量好,弯管曲率均匀,弯曲半径可以调节,体积小,重量轻,移动方便,比手动弯管效率高,成本低。火焰弯管机能弯制钢管范围:直径76～426 mm,壁厚4.5～20 mm,弯曲半径 R 为(2.5～5)DN的钢管。图4.14所示为火焰弯管示意图。

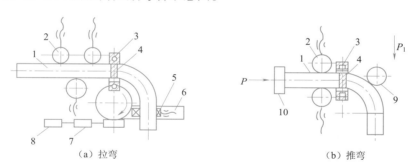

（a）拉弯　　　　　　　　　　　（b）推弯

图 4.14　火焰弯管示意图

1—管子;2—支撑滚轮;3—加热圈;4—加热区;5—夹头;6—转臂;
7—电动机;8—减速机;9—推力轮;10—推力挡板

5. 模压弯管(压制弯)

模压弯管(见图4.15)又称压制弯,它是根据一定的弯曲半径先制成模具,然后将下好料的钢板或管段放入加热炉中加热至900 ℃左右,取出放在模具中用锻压机压制成型。用板材压制的为有缝弯管,用管段压制的为无缝弯管。目前,模压弯管已实现了工厂化生产,不同规格、不同材质、不同弯曲半径的模压弯管都有产品,它具有成本低、质量好等优点,已逐渐取代了现场各种弯管方法,广泛地用于管道安装工程之中。

图 4.15　模压弯管

6. 焊接弯管

当管径较大、弯曲半径 R 较小时,可采用焊接弯管。首先,在管子上按图 4.16(a)所示用石笔画出切割线,用钢锯、砂轮机或氧-乙炔焰等沿切割线进行切割,注意切割时留足一定的割口宽度,然后将割下的管节按图 4.16(b)所示进行试对接,注意对接时各管段的中心线应对准,否则弯管焊好后会出现扭曲现象,最后将对接好的各管段进行施焊。焊接弯管的各管段在打坡口时,弯管外侧的坡口角度应小一些,弯管内侧的坡口角度应大一些。

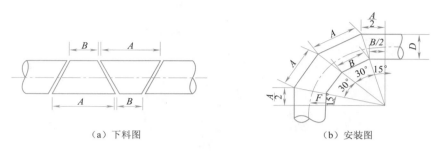

（a）下料图　　　　　　　　　　（b）安装图

图 4.16　弯管焊接示意图

A、B—切割线长度;D—管径

4.2.4　管螺纹加工

管螺纹加工,即在管子的连接端加工螺纹,该种螺纹加工习惯上称为套丝。套丝分为手工和电动机械加工两种方法。手工套丝就是用管子铰板在管子上套出螺纹。一般公称直径 15~20 mm 的管子,可以 1~2 次套成,稍大的管子,可分几次套出。

手工套丝加工速度慢、劳动强度大,一般用于缺乏电源或小管径(DN 15~32 mm)的管子套丝。电动套丝机不但能套丝,还有切断、扩口、坡口功能,尤其用于大管径套丝(DN 50~100 mm)更显示出套丝速度快的优点,它是施工现场常用的一种施工机械。无论是人工绞板套丝,还是电动套丝机套丝,其套丝结构基本相同,都是采用装在绞板上的四块板牙切削管外壁,从而产生螺纹。从质量方面要求:管节的切口断面应平整,偏差不得超过一扣,管子螺纹必须清楚、完整,光滑无毛刺、无断丝缺扣,拧上相应管件,松紧度应适宜,以保证螺纹连接的严密性,接口紧固后宜露出 2~3 扣螺纹。图 4.17(a)是手工套丝用管子绞板的构造,在绞板的板牙架上有 4 个板牙孔,用于安装板牙,板牙的伸、缩调节靠转动带有滑轨的活动标盘进行。绞板的后部设有 4 个可调节松紧的卡爪,用于在管子上固定绞板。图 4.17(b)是板牙的构造,套丝时板牙必须依 1、2、3、4 的顺序装入板牙孔,切不可将顺序装乱,配乱了板牙就套不出合格的螺纹。一般在板牙尾部和绞板板牙孔处均印有 1、2、3、4 序号字码,以便对应装入板牙。板牙每组 4 块能套两种管径的螺纹。使用时应按管子规格选用对应的板牙,不可乱用。

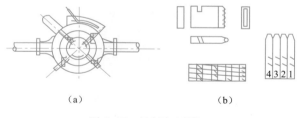

（a）　　　　　　　（b）

图 4.17　绞板与板牙

手工套丝步骤如下:

(1)根据需套丝管子的直径,选取相应规格的板牙头的板牙,将板牙装入绞板中,板牙上的 1、2、3、4 号码应与板牙头的号码相对应。

(2)把要加工的管子固定在管子压力钳上,加工的一端伸出钳口 150 mm 左右。

(3)将管子绞板套在管口上,拨动绞板后部卡爪滑盘把管子固定,注意不宜太紧,再根据管径的大小调整进刀的深浅。

(4)人先站在管端方向,左手用掌部扶住绞板机身向前推进,右手顺时针方针转动手把,使绞板入扣;绞板入扣后,人可站在面对绞板的左、右侧,继续用力旋转板把徐徐而进,扳动板把时用力要均匀平稳,在切削过程中,要不断在切削部位加注机油以润滑管螺纹及冷却板牙。

（5）当螺纹加工达到深度及规定长度时，应边旋转边逐渐松开标盘上的固定把，这样既能满足螺纹的锥度要求，又能保证螺纹的光滑。

4.2.5 钢管连接

在管道安装工程中，管材、管径不同，连接方式也不同。焊接钢管常采用螺纹、焊接及法兰连接；无缝钢管、不锈钢管常采用焊接和法兰连接。采用何种连接方法，在施工中，应按照设计及不同的工艺要求，选用合适的连接方式。

1. 钢管螺纹连接

螺纹连接也称为丝扣连接，常用于 DN≤100 mm，PN≤1 MPa 的冷、热水管道，即镀锌焊接钢管（俗称白铁管）的连接；也可用于 DN≤50 mm，PN≤0.2 MPa 的饱和蒸汽管道，即焊接钢管（俗称黑铁管）的连接，此外，对于带有螺纹的阀件和设备，也采用螺纹连接。螺纹连接的优点是拆卸安装方便。

管螺纹有圆柱形和圆锥形两种。圆柱形管螺纹其螺纹深度及每圈螺纹的直径都相等，只是螺尾部分较粗一些。管子配件（三通、弯头等）及丝扣阀门的内螺纹均采用圆柱形螺纹（内丝）。圆锥形管螺纹其各圈螺纹的直径皆不相等，从螺纹的端头到根部成锥台形。钢管采用圆锥形螺纹（外）。

管螺纹的连接有圆柱形管外螺纹与圆柱形管内螺纹连接（柱接柱）、圆锥形外螺纹与圆柱形内螺纹连接（锥接柱）、圆锥形外螺纹与圆锥形内螺纹连接（锥接锥）。螺栓与螺帽的螺纹连接是柱接柱，它们的连接在于压紧而不要求严密。钢管的螺纹连接一般采用锥接柱，这种连接方法接口较严密。连接最严密的是锥接锥，一般用于严密性要求高的管螺纹连接，如制冷管道与设备的螺纹连接。但这种圆锥形内螺纹加工需要专门的设备（如车床），加工较困难，故锥接锥的方式应用不多。

管子与丝扣阀门连接时，管子上加工的外螺纹长度应比阀门上内螺纹长度短 1~2 扣丝，以防止管子拧过头顶坏阀芯或胀破阀体。同理，管子外螺纹长度也应比所连接的配件的内螺纹略短些，以避免管子拧到头造成接口不严密的问题。

管道配件主要用可锻铸铁或软钢制造。管件按镀锌或不镀锌分为镀锌管件（白铁管件）和不镀锌管件（黑铁管件）两种。

管件按其用途，可分为以下 6 种，如图 4.18 所示。

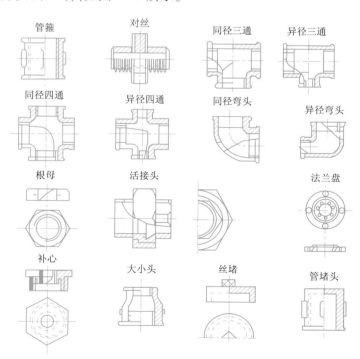

图 4.18 管道配件示意图

（1）管路延长连接用配件：管箍（套筒）、外丝（内接头）、外螺及接头（短外螺）。

（2）管路分支连接用配件：三通、四通。

（3）管路转弯用配件：90°弯头、45°弯头。

（4）节点碰头连接用配件：根母（六方内丝）、活接头（由任）、带螺纹法兰盘。

（5）管子变径用配件：补心（内外丝）、异径管箍（大小头）。

（6）管子堵口用配件：丝堵、管堵头。

在管路连接中，一种管件不止一个用途。如异径三通，既是分支件，又是变径件，还是转弯件。因此在管路连接中，应以最少的管件，达到多重目的，以保证管路简捷、降低安装费用。

管子配件的试压标准：可锻铸铁配件应承受的公称压力不小于0.8 MPa；软钢配件承压不小于1.6 MPa。

管配件的圆柱形内螺纹应端正整齐无断丝，壁厚均匀一致，外形规整，镀锌件应均匀光亮，材质严密无砂眼。

管钳是螺纹接口拧紧常用的工具，有张开式和链条式两种，张开式管钳应用较广泛。管钳的规格以它的全长尺寸划分，每种规格能在一定范围内调节钳口的宽度，以适应不同直径的管子。安装不同管径的管子应选用对应号数的管钳，这是因为小管径若用大号管钳，易因用力过大而胀破管件或阀门；大直径的管子用小号管钳，费力且不容易拧紧，还易损坏管钳。使用管钳时，不准用管子套在管钳手柄上加力，以免损坏管钳或出安全事故。

2. 钢管焊接

焊接是钢管连接的主要形式。焊接的方法有手工电弧焊、气焊、手工氩弧焊、埋弧自动焊、埋弧半自动焊、接触焊和气压焊等。在现场焊接碳素钢管，常用的是手工电弧焊和气焊。手工氩弧焊由于成本较高，一般用于不锈钢管的焊接。埋弧自动焊、埋弧半自动焊、接触焊和气压焊等方法由于设备较复杂，施工现场采用较少，一般在管道预制加工厂采用。

电焊焊缝的强度比气焊焊缝强度高，并且比气焊经济，因此应优先采用电焊焊接。只有公称直径小于80 mm、壁厚小于4 mm的管子才用气焊焊接。但有时因条件限制，不能采用电焊施焊的地方，也可以用气焊焊接公称直径大于80 mm的管子。

（1）管子坡口

管子坡口的目的是保证焊接的质量，因为焊缝必须达到一定熔深，才能保证焊缝的抗拉强度。管子需不需要坡口，与管子的壁厚有关。管壁厚度在6 mm以内，采用平焊缝；管壁厚度在6～12 mm，采用V形焊缝；管壁厚度大于12 mm，而且管径尺寸允许工人进入管内焊接时，应采用X形焊缝，如图4.19所示。后两种焊缝必须进行管子坡口加工。

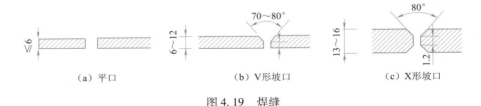

（a）平口　　　　　　（b）V形坡口　　　　　　（c）X形坡口

图4.19　焊缝

管子对口前，应将焊接端的坡口面及内外壁10～15 mm范围内的铁锈、泥土、油脂等脏物清除干净，不圆的管口应进行修整。

管子坡口加工可分为手工及电动机械加工两种方法。手工加工坡口方法：大平钢锉锉坡口、风铲（压缩空气）打坡口以及用氧割割坡口等几种方法。其中，以氧割割坡口用得较广泛，但氧割的坡口必须将氧化铁铁渣清除干净，并将凹凸不平处打磨平整。电动机械有手提砂轮磨口机和管子切坡口机。前者体积小，重量轻，使用方便，适合现场使用；后者坡口速度快、质量好，适宜于大直径管道坡口，一般在预制管加工厂使用。

（2）管子对口

钢管焊接前，应进行管子对口。对口应使两管中心线在一条直线上，也就是被施焊的两个管口必须对准,允许的错口量(见图4.20)不得超过表4.1规定值。对口时,两管端的间隙(见图4.20)应在表4.1规定允许范围内。

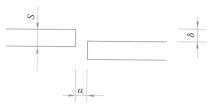

图4.20　管端对口的错口
S—管壁厚,mm;δ—错口量,mm;α—间隙值

表4.1　管子焊接允许错口量、两管端间隙值

管壁厚(s)/mm	4~6	7~9	≥10
允许错口量(δ)	0.4~0.6	0.7~0.8	0.9
间隙值α/mm	1.5	2	2.5

(3)电焊

电弧焊接简称电焊,分为自动焊接和手工焊接两种方式。大直径管道及钢制给排水容器采用自动焊接,既节省劳动力又可提高焊接质量和速度。手工电弧焊常用于施工现场钢管的焊接,可采用直流电焊机或交流电焊机。用直流电焊接时电流稳定,焊接质量好。但施工现场往往只有交流电源,为使用方便,施工现场一般采用交流焊机焊接。

①电焊机:由变压器、电流调节器及振荡器等部件组成。各部件的作用如下:

• 变压器:当电源的电压为220 V或380 V时,经变压器后输出安全电压55~65 V(点火电压),供焊接使用。

• 振荡器:用以提高电流的频率,将电源50 Hz的频率提高到250 000 Hz,使交流电的交变间隔趋于无限小,增加电弧的稳定性,以利提高焊接质量。

②电焊条:由金属焊条芯和焊药层两部分组成。焊药层易受潮,受潮的焊条在使用时不易点火起弧,且电弧不稳定易断弧,因此电焊条一般用塑料袋密封存放在干燥通风处,受潮的焊条不能使用或经干燥后使用。一般电焊条的直径不应大于焊件厚度,通常钢管焊接采用直径3~4 mm的焊条。

③焊接时的注意事项:电焊机应放在干燥的地方,且有接地线;禁止在易燃材料附近施焊。必须施焊时,需采取安全措施及5 m以上的安全距离;管道内有水或有压力气体或管道和设备上的油漆未干均不得施焊;在潮湿的地方施焊时,焊工须处在干燥的木板或橡胶垫上;电焊操作时必须戴防护面罩和手套,穿工作服和绝缘鞋。

④焊接方法:根据焊条与管子之间的相对位置,焊接方法分为平焊、横焊、立焊、仰焊4种。平焊易于施焊,焊接质量易于保障,横焊、立焊、仰焊操作困难,焊接质量难以保障,故焊接时尽可能采用平焊焊法。

焊接口在熔融金属冷却过程中,会产生收缩应力,为了减少收缩应力,施焊前应将管口预热15~20 cm的宽度,或采用分段焊法,即将管周分成四段,按照间隔次序焊接。焊接口的强度一般不低于管材本身的强度,为此,采用多层焊法以保证质量。

⑤焊接的质量检查:焊接完成后,应进行焊缝检查,检查项目包括外观检查和内部检查。外观检查项目有焊缝是否偏斜,有无咬边、焊瘤、弧坑、焊疤、焊缝裂缝、焊穿等现象;内部检查包括是否焊透、有无夹渣、气孔、裂纹等现象。焊缝内部缺陷可采用α或β射线检查和超声波检查等。

(4)气焊

气焊是用氧-乙炔进行焊接。由于氧和乙炔的混合气体燃烧温度达3 100~3 300 ℃,工程上借助此高温熔化金属进行焊接。气焊材料与设备及注意事项分述如下:

①氧气:焊接用氧气要求纯度达到98%以上。氧气厂生产的氧以15 MPa的压力注入专用钢瓶(氧气瓶)内,送至施工现场或用户使用。

②乙炔气:以前施工现场常用乙炔发生器生产乙炔气,既不安全,电石渣还污染环境。现在,乙炔气生产厂将乙炔气装入钢瓶,运送至施工现场或用户,既安全又经济,还不会产生环境污染。

③高压胶管:用于输送氧气及乙炔气至焊炬,应有足够的耐压强度。气焊胶管长度一般不小于30 m,质料要柔软便于操作。

④焊枪:气焊的主要工具,有大、中、小 3 种型号。在施焊时,一般根据管壁厚度来选择适当的焊嘴和焊条。

⑤焊条:气焊条又称焊丝。焊接普通碳素钢管道可用 H08 气焊条;焊接 10 号和 20 号优质碳素结构钢管道(PN≤6 MPa)可用 H08A 或 H15 气焊条。

⑥气焊操作要求:为了保证焊接质量,对要焊接的管口应坡口和钝边,同电焊一样,施焊时两管口间要留一定的间距。气焊的焊接方法及质量要求基本上与电焊相同。

⑦气焊操作方法:有左向焊法和右向焊法两种,一般应采用右向焊法。右向焊时焊枪在前面移动,焊条紧随在后,自左向右运动。施焊时,焊条末端不得脱离焊缝金属熔化处,以免氧深入焊缝金属,降低焊口机械性能,各道焊缝应一次焊毕,以减少接头。

⑧气焊操作注意事项:氧气瓶及压力调节器严禁沾油污,不可在烈日下曝晒,应置阴凉处注意防火;乙炔气为易燃易爆气体,施工场地周围严禁烟火,特别要防止焊枪回火造成事故;在焊接过程中,若乙炔胶管脱落、破裂或着火时,应首先熄灭焊枪火焰,然后停止供气。若氧气管着火时应迅速关闭氧气瓶上阀门;施焊过程中,操作人员应戴口罩,防护眼镜和手套;焊枪点火时,应先开氧气阀,再开乙炔阀。灭火、回火或发生多次鸣爆时,应先关乙炔阀再关氧气阀;对水管进行气割前,应先放掉管内水,禁止对承压管道进行切割。

3. 钢管法兰连接

法兰是固定在管口上的带螺栓孔的圆盘。凡经常需要检修或定期清理的阀门、管路附属设备与管子的连接常采取法兰连接。由于法兰盘连接是依靠螺栓的拉紧作用将两个法兰盘紧固在一起,所以法兰连接接合强度高、严密性好、拆卸安装方便。但法兰连接比其他接口耗费钢材多,造价高。

(1)法兰的种类

据法兰与管子的连接方式,钢制法兰分为以下几种:

①平焊法兰:给水排水管道工程中常用平焊法兰。平焊法兰示意图如图 4.21 所示。这种法兰制造简单、成本低,施工现场既可采用成品,又可按国家标准在现场用钢板加工。平焊法兰可用于公称压力不超过 2.5 MPa、工作温度不超过 300 ℃的管道上。

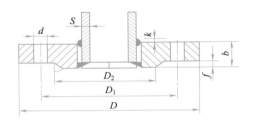

图 4.21 平焊法兰示意图

②对焊法兰:这种法兰本体带一段短管,法兰与管子的连接实质上是短管与管子的对口焊接,故称对焊法兰。一般用于公称压力大于 4 MPa 或温度大于 300 ℃的管道上。对焊法兰示意图,如图 4.22 所示。对焊法兰多采用锻造法制作,成本较高,施工现场大多采用成品。对焊法兰可制成光滑面、凸凹面、榫槽面、梯形槽等几种密封面,其中以前两种形式应用最为普遍。

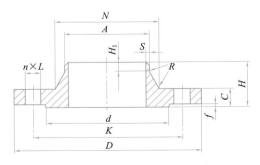

图 4.22 对焊法兰示意图

③铸钢法兰与铸铁螺纹法兰:适用于水煤气输送钢管上,其密封面为光滑面。它们的特点是一面为螺纹连接,另一面为法兰连接,属低压螺纹法兰。

④翻边松套法兰:属活动法兰,分为平焊钢环松套、翻边松套和对焊松套3种,如图4.23所示。翻边松套法兰由于不与介质接触,常用于有色金属管(铜管、铝管)、不锈钢管以及塑料管的法兰连接上。

⑤法兰盖:供管道封口用,俗称盲板,如图4.24所示。法兰盖的密封面应与其相配的另一个法兰对应,压力等级与法兰相等。

图4.23 翻边松套法兰示意图

图4.24 法兰盖示意图

(2)法兰与管子的连接方法

平焊法兰、对焊法兰与管子的连接,均采用焊接。焊接时要保持管子和法兰垂直,管口不得与法兰连接面平齐,应凹进1.3~1.5倍管壁厚度或加工成管台。

法兰的螺纹连接,适用于镀锌钢管与铸铁法兰的连接,或镀锌钢管与铸钢法兰的连接。

在加工螺纹时,管子的螺纹长度应略短于法兰的内螺纹长度,螺纹拧紧时应注意两块法兰的螺栓孔对正。若孔未对正,只能拆卸后重装,不能将法兰回松对孔,以保证接口严密不漏。

翻边松套法兰安装时,先将法兰套在管子上,再将管子端头翻边,翻边要平正成直角无裂口损伤,不挡螺栓孔。

(3)接口质量检查

法兰的密封面(即法兰台)无论是成品还是自行加工,应符合标准无损伤。垫圈厚薄要均匀,所用垫圈、螺栓规格要合适,上螺栓时必须对称分2~3次拧紧,使接口压合严密。两个法兰的连接面应平正且互相平行。法兰接口平行度允许偏差应为法兰外径的1.5%,且不应大于2 mm,螺孔中心允许偏差应为孔径的5%。应使用相同规格的螺栓,安装方向应一致,螺栓应对称紧固,紧固好的螺栓应露出螺母之外,但法兰连接用的螺栓拧紧后露出的螺纹长度不应大于螺栓直径的一半(约露出2~3扣螺纹)。与法兰接口两侧相邻的第一至第二个刚性接口或焊接接口,待法兰螺栓紧固后方可施工。

(4)法兰垫圈

法兰连接必须加垫圈,其作用为保证接口严密,不渗不漏。法兰垫圈厚度选择一般为3~5 mm,垫圈材质根据管内流体介质的性质或同一介质在不同温度和压力的条件下选用,给排水管道工程常采用以下几种垫圈:

①橡胶板:具有较高的弹性,所以密封性能良好。橡胶板按其性能可分为普通橡胶板、耐热橡胶板、夹布橡胶板、耐酸碱橡胶板等。在给排水管道工程中,常用含胶量为30%左右的普通橡胶板和耐酸碱橡胶板作垫圈。这类橡胶板,属中等硬度,既具有一定的弹性、又具有一定的硬度,适用于温度不超过60 ℃、公称压力小于或等于1 MPa的水、酸、碱及真空管路的法兰上。

②石棉橡胶板:用橡胶、石棉及其他填料经过压缩制成的优良垫圈材料,广泛地用于热水、蒸汽、燃气、液化气以及酸、碱等介质的管路上。石棉橡胶板分为普通石棉橡胶板和耐油石棉橡胶板两种,普通石棉橡胶板按其性能又分为低压、中压、高压3种。低压石棉橡胶板适用于温度不超过200 ℃、公称压力小于或等于1.6 MPa的给排水管路上;中、高压石棉橡胶板一般用于工业管路上。

法兰垫圈的使用要求:法兰垫圈的内径略大于法兰的孔径,外径应小于相对应的两个螺栓孔内边缘的距离,使垫圈不妨碍上螺栓;为便于安装,用橡胶板垫圈时,在制作垫圈时,应留一呈尖三角形伸出法兰外的手把;一个接口只能设置一个垫圈,严禁用双层或多层垫圈来解决垫圈厚度不够或法兰连接面不平整的问题。

4.3 非金属管的连接

4.3.1 管材与管件

建筑给排水非金属管常用塑料管。塑料管按制造原料的不同,分为硬聚氯乙烯管(UPVC 管)、聚乙烯管(PE 管)、聚乙烯塑料管(PE 管)、聚丙烯管(PP 管)、聚丁烯管(PB 管)和工程理料管(ABS 管)等。塑料管的共同特点是质轻、耐腐蚀好、管内壁光滑、流体摩擦阻力小、使用寿命长。可替代金属管用于建筑给水排水、城市给水排水、工业给水排水和环境工程。

1. 给水硬聚氯乙烯管

硬聚氯乙烯管又称 UPVC 管。按采用的生产设备及其配方工艺,分为给水用 UPVC 管和排水用 UPVC 管。

给水用 UPVC 管的质量要求是用于制造 UPVC 管的树脂中,含有已被国际医学界普遍公认的对人体致癌物质氯乙烯单体不得超过 5 mg/kg;对生产工艺上所要求添加的重金属稳定剂等,应符合相关要求。

给水用 UPVC 管材分 3 种形式:平头管材、粘接承口端管材和弹性密封圈承口端管材。

给水用 UPVC 管件按不同用途和制作工艺分为 6 类:

(1)注塑成型的 UPVC 粘接管件。

(2)注塑成型的 UPVC 粘接变径接头管件。

(3)转换接头。

(4)注塑成型的 LIPVC 弹性密封圈承口连接件。

(5)注塑成型 LJPVC 弹性密封圈与法兰连接转换接头。

(6)用 15PVC 管材二次加工成型的管件。

2. 聚乙烯管(PE 管)

聚乙烯管也叫铝塑复合管,多用于压力在 0.6 MPa 以下的给水管道,以代替金属管,主要用于建筑内部给水管,多采用热熔连接和螺纹连接。其管件也为聚乙烯制品。

聚乙烯夹铝复合管是目前国内外都在大力发展和推广应用的新型塑料金属复合管,该管由中间层纵焊铝管、内外层聚乙烯以及铝管与内外层聚乙烯之间的热熔胶共挤复合而成。具有无毒、耐腐蚀、质轻、机械强度高、耐热性能好、脆化温度低、使用寿命较长等特点。

明装的管道,外层颜色宜为黑色。一般用于建筑内部工作压力不大于 1.0 MPa 的冷、热水、空调、采暖和燃气等管道,是镀锌钢管和铜管的替代产品。这种管材属小管径材料,卷盘供应,每卷长度一般为 50 ~ 200 m。用途代号为 L、外层颜色为白色者用于冷水管;用途代号为 R、外层颜色为橙红色者用于热水管。热水管管材可用于冷水管,而冷水管管材不得用于热水管。

铝塑复合管不宜在室外明装,当需要在室外明装时,管道应布置在不受阳光直接照射处或有遮光措施。结冻地区室外明装的管道,应采取防冻措施。

铝塑复合管在室内敷设时,宜采用暗敷。暗敷方式包括直埋和非直埋两种:直埋敷设指嵌墙敷设和在楼面的找平层内敷设,不得将管道直接埋设在结构层中;非直埋敷设指将管道在管道井内、吊顶内、装饰板后敷设,以及在地坪的架空层内敷设。

建筑内直埋敷设在楼面找平层内的管道,在走道、厅、卧室部位宜沿墙脚敷设;在厨房、卫生间内宜设分水器,并使各分支管以最短距离到达各配水点。

明敷给水管道不得穿越卧室、储藏室、变配电间、计算机房等遇水损坏设备或物品的房间,不得穿越烟道、风道、便槽。管道不宜穿越建筑物沉降缝、伸缩缝,当一定要穿越时,管道应有相应的补偿措施。

给水管道应远离热源,立管距灶边的净距不得小于 0.4 m,距燃气热水器的距离不得小于 0.2 m,不满足此要求时应采用隔热措施。

直埋敷设的管道应采用整条管道,中途不应设三通接出分支管。阀门应设在直埋管道的端部。室外明装的无保温或保冷层的管道,应有遮蔽阳光的措施,可外缠两道黑色聚乙烯薄膜。

室内明装的管道,宜在内墙面粉刷层(或贴面层)完成后进行安装;直埋暗敷的管道,应配合土建施工同时进行安装。截断管道应使用专用管剪或管子割刀。

管道直接弯曲时,公称外径不大于 25 mm 的管道可采用在管内放置专用弹簧用手加力弯曲;公称外径为 32 mm 的管道宜采用专用弯管器弯曲。

暗敷在吊顶、管井内的管道,管道表面(有保温层时按保温层表面计)与周围墙、板面的净距离不宜小于 50 mm。

管道穿越混凝土屋面、楼板、墙体等部位,应按设计要求配合土建预留孔洞或预留套管,孔洞或套管的内径宜比管道公称外径大 30 ~ 40 mm。同时,应做防渗措施,可按下列规定施工:贴近屋面或楼板的底部,应设置管道固定支承件;预留孔或套管与管道之间的环形缝隙,用 C15 细石混凝土或 M15 膨胀水泥砂浆分两次嵌缝,第一次嵌缝至板厚的 2/3 高度,待达到 50% 强度后进行第二次嵌缝至板面平,并用 M10 水泥砂浆抹高、宽不小于 25 mm 的三角灰。

管道穿越地下室外壁或混凝土池壁时,必须配合土建预埋带有止水翼环的金属套管,套管长度不应小于 200 mm,套管内径宜比管道公称外径大 30 ~ 40 mm。

管道安装完后,对套管与管道之间的环形缝隙进行嵌缝;先在套管中部塞 3 圈以上油麻,再用 M10 膨胀水泥砂浆嵌缝至平套管。

3. 聚丙烯管(PP 管)

聚丙烯管是以石油炼制厂的丙烯气体为原料聚合而成的聚烃族热塑料管材,原料来源丰富,因此价格便宜;它是热塑性管材中材质最轻的一种,呈白色蜡状,透明度、强度、刚度和热稳定性均高于聚乙烯管;多用作化学废料排放管、化验室排水管、盐水处理管及盐水管道。由于材质轻、吸水性差及耐腐蚀,常用于灌溉、水处理及农村给水系统。

4. 聚丁烯管(PB 管)

聚丁烯管重量很轻。该管具有独特的抗冷变形性能,故机械密封接头能保持紧密,抗拉强度在屈服极限以上时,能阻止变形,使之能反复绞缠而不折断。

在温度低于 80 ℃ 时,对皂类、洗涤剂及很多酸类、碱类有良好的稳定性。室温时对醇类、醛类、酮类、醚类和酯类有良好的稳定性。但易受某些芳香烃类和氯化溶剂侵蚀,温度越高越显著。

聚丁烯管不污染,抗细菌、藻类和霉菌,因此可用作地下管道。其正常使用寿命一般为 50 年,主要用于给水管、热水管及燃气管道。在化工厂、造纸厂、发电厂、食品加工厂、矿区等也广泛采用聚丁烯管作为工艺管道。

5. 工程塑料管(ABS 管)

工程塑料管是丙烯腈 – 丁二烯 – 苯乙烯的共混物,属热塑性管材。ABS 管质轻,具有较高的耐冲击强度和表面硬度,在 –40 ~ 100 ℃ 范围内仍能保持韧性、坚固性和刚度,并不受电腐蚀和土壤腐蚀,因此宜作地埋管线。ABS 管表面光滑,具有优良的抗沉积性,能保持热量,不使油污固化、结渣、堵塞管道,因此被认为是在高层建筑内取代排水铸铁管排水、通气的理想管材。

ABS 管适用于室内外给水、排水、纯水、高纯水、水处理用管,尤其适合输送腐蚀性强的工业废水、污水等,它是一种能取代不锈钢管、铜管的理想管材。

4.3.2 连接方法

给水用 UPVC 管连接方法采用粘接和弹性密封圈连接两种,排水硬聚氯乙烯管一般采用承插粘接;聚丙烯管可采用焊接、热熔连接和螺纹连接,又以热熔连接最为可靠;聚丁烯管可采用热熔连接,其连接方法及要求与聚丙烯管相同,小口径管也可以采取螺纹连接;ABS 管常采用承插粘接接口,在与其他管道连接时,可采取螺纹、法兰等过渡接口。

1. 热熔连接

热熔连接技术是一个物理过程,适用于聚烯烃类热塑性塑料管道系统的连接。温度、加热时间和接缝压力是热熔连接的 3 个重要因素,对于管道外径小于 63 mm 的管材,采用手持式熔接器进行连接;对于外径大于 63 mm 的管材,采用大功率熔接器进行连接,如图 4.25 所示。

图 4.25　热熔连接示意

热熔连接步骤如下:

(1)使用专用剪刀垂直切割管材,切口应平滑,无毛刺,焊接前,清洁管材与管件的焊接部件,避免沙子、灰尘等损害接头的质量。

(2)用记号笔在管材末端做熔接深度标记。

(3)用于被焊接管材尺寸相配套的加热头装配熔接器,连接电源,等待加热头达到最佳工作温度(260 ± 10 ℃)。

(4)同时将管材与管件插入熔接器内,按规定时间进行加热。

(5)加热完毕,取出管材与管件,立即连接,在管材与管件连接配合时,如果两者位置不对,可以做少量调整,但扭转角度不得超过 5°。不要把管子推进管件太深,因为这有可能会减小内径甚至堵塞管材。

(6)连接完毕,必须双手紧握管子与管件,保持足够的冷却时间,冷却到一定程度后方可松手,继续安装下一段管子。

2. 卡套式(或扣压式)接口

聚乙烯夹铝复合管的连接可采取卡套式或扣压式接口。卡套式适合于规格等于或小于 DN 25 × 2.5 的管子,扣压式适合于规格等于或大于 DN 32 × 3 的管子,如图 4.26 所示。

图 4.26　卡套式接口示意图

卡套式连接应按下列程序进行:按设计要求的管径和现场复核后的管道长度截断管道;检查管口,如发现管口有毛刺、不平整或端面不垂直管轴线时,应修正;用专用刮刀将管口处的聚乙烯内层削坡口,坡角为 20°～30°,深度为 1.0～1.5 mm,且应用清洁的纸或布将坡口残屑擦干净;用整圆器将管口整圆;将锁紧螺帽、C 形紧箍环套在管上,用力将管芯插入管内,至管口达管芯根部;将 C 形紧箍环移至距管口 0.5～1.5 mm 处,再将锁紧螺帽与管件体拧紧。

4.4　给水管道安装

建筑给水管道所用的管材、配件、阀门等应根据施工图的设计选用,其安装顺序为:引入管—干管—立管—支管—水压试验合格—卫生器具或用水设备或配水器具—竣工验收。

4.4.1　引入管的安装

建筑物的引入管一般只设一条管,布置的原则是引入管应靠近用水量最大或不允许间断供水的地方引入,这样可以使大口径管道最短,供水比较可靠。当用水点分布比较均匀时,可从建筑物的中部引入,这样可使水压平衡;当建筑物内用水设备不允许间断供水或消火栓设置总数在 10 个以上时,可设置两条引入管,一般应从室外管网的不同侧引入。

引入管安装时,应尽量与建筑物外墙轴线相垂直,这样穿过基础或外墙的管段最短。引入管的安装,大多为埋地敷设,埋设深度应满足设计要求,如设计无要求,需根据当地土壤冰冻深度及地面荷载情况,参照室外给水接管点的埋深而定。引入管穿过承重墙或基础时,必须注意对管道的保护,防止基础下沉而破坏管子。

引入管的安装宜采取管道预埋或预留孔洞的方法。引入管敷设在预留孔洞内或直接进行引入管预埋,均要保证管顶距孔洞壁的距离不小于 100 mm。预留孔与管道间空隙用黏土填实,两端用水泥砂浆封口,如图 4.27、图 4.28、图 4.29 所示。

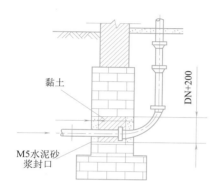

图 4.27　引入管穿墙基础图

图 4.28　引入管由基础下部进室内大样图

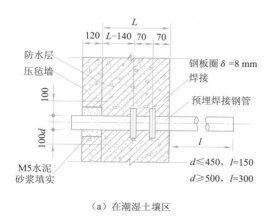

（a）在潮湿土壤区

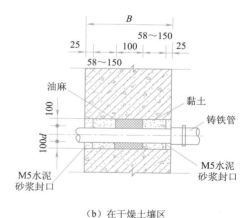

（b）在干燥土壤区

图 4.29　引入管穿地下室墙壁做法大样图

引入管上设有阀门或水表时,应与引入管同时安装,并作好防护设施,防止损坏;引入管敷设时,为便于维修时将室内系统中的水放空,其坡度应不小于 0.003,坡向室外。

当有两条引入管在同一处引入时,管道之间净距应不小于 0.1 m,以便安装和维修。

4.4.2　其他给水管道的安装

建筑内部给水管道的安装方法有直接施工和预制化施工两种。直接施工是在已建建筑物中直接实测管道、设备安装尺寸,按部就班进行施工的方法。这种施工方法较落后,施工进度较慢。但由于土建结构尺寸不甚严密,安装时宜在现场根据不同部位实际尺寸测量下料,对建筑物主体工程用砌筑法施工时常采用这种方法。预制化施工是在现场安装之前,按建筑内部给水系统的施工安装图和土建有关尺寸预先下料、加工、部件组合的施工方法。这种方法要求土建结构施工尺寸准确,预留孔洞及预埋套管、铁件的尺寸、位置无误(为此现在常采用机械钻孔而不必留孔)。这种方法还要求施工安装人员下料、加工技术水平高,准备工作充分。这种方法可提高施工的机械化程度和加快现场安装速度,保证施工质量,降低施工成本,是一种比较先进的施工法。随着建筑物主体工程采用预制化、装配化施工以及整体式卫生间等的推广使用,给水排水系统实行预制化施工会越来越普遍。

这两种施工方法都需进行测线,只不过前者是现场测线,后者是按图测线。给水设计图只给出了管道和卫生器具的大致平面位置,所以测线时必须有一定的施工经验,除了熟悉图样外,还必须了解给水工程的施工及验收规范、有关操作规程等,才能使下料尺寸准确,安装后符合质量标准的要求。

测线计量尺寸时经常要涉及下列几个尺寸概念:

(1)构造长度:管道系统中两零件或设备中心线之间(轴)的长度。例如,两立管之间的中心距离,管段零件与零件之间的距离等,如图4.30所示。

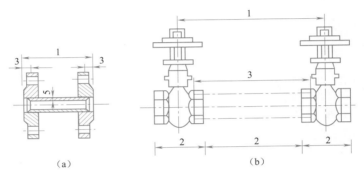

图4.30 管道的加工(下料)长度
1—构造长度;2—安装长度;3—预制加工长度

(2)安装长度:零件或设备之间管子的有效长度。安装长度等于构造长度减去管子零件或接头装配后占去的长度,如图4.30所示。

(3)预制加工长度:管子所需实际下料尺寸。对于直管段其加工长度就等于安装长度。

对于有弯曲的管段其加工长度不等于安装长度,下料时要考虑煨弯的加工要求来确定其加工长度。法兰连接时确定加工长度应注意扣去垫片的厚度。

安装管子主要解决切断与连接、调直与弯曲两对矛盾。将管子按加工长度下料,通过加工连接成符合构造长度要求的管路系统。

测线计量尺寸首先要选择基准,基准选择正确,配管才能准确。建筑内部给水排水管道安装所用的基准为水平线、水平面和垂直线、垂直面。水平面的高度除可借助土建结构,如地坪标高、窗台标高外,还须用钢卷尺和水平尺,要求精度高时用水准仪测定;角度测量可用直角尺,要求精度高时用经纬仪;决定垂直线一般用细线(绳)或尼龙丝及重锤吊线,放水平线时用细白线(绳)拉直即可。安装时应弄清管道、卫生器具或设备与建筑物的墙、地面的距离以及竣工后的地坪标高等,保证竣工时这些尺寸全面符合质量要求。例如,墙面未抹灰,安装管道时就应留出抹灰厚度。

通过实测确定了管道的构造长度,可以用计算法和比量法确定安装长度。根据管配件、阀门的外形尺寸和装入管配件、阀门内螺纹长度,计算出管段的安装长度,此为计算法。比量下料法是在施工现场按照测得的管道构造长度,用实物管配件或阀门比量的方法直接在管子上决定其加工长度,做好记号然后进行下料。

室内给水管道的安装,根据建筑物的结构形式、使用性质和管道工作情况,可分为明装和暗装两种形式。明装管道在安装形式上,又可分为给水干管、立管及支管(均为明装)以及给水干管、立管及支管(部分明装)两种。暗装管道就是给水管道在建筑物内部隐蔽敷设。在安装形式上,常将暗装管道分为全部管道暗装和供水干管、立管及支管部分暗装两种。

1. 给水干管安装

明装管道的给水干管安装位置,一般在建筑物的地下室顶板下或建筑物的顶层顶棚下。给水干管安装之前应将管道支架安装好,管道支架必须装设在规定的标高上,一排支架的高度、形式、离墙距离应一致。为减少高空作业,管径较大的架空敷设管道,应在地面上进行组装,将分支管上的三通、四通、弯头、阀门等装配好,经检查尺寸无误,方可进行吊装。吊装时,吊点分布要合理,尽量不使管子过分弯曲。在吊装中,要注意操作安全;各段管子起吊安装在支架上后,立即用螺栓固定好,以防坠落。

架空敷设的给水管,应尽量沿墙、柱子敷设,大管径管子装在里面,小管径管子装在外面,同时管道应避免对门窗的开闭的影响;干管与墙、柱、梁、设备以及另一条干管之间应留有便于安装和维修的距离,通常管道外壁距墙面不小于 100 mm,管道与梁、柱及设备之间的距离可减少到 50 mm。

暗装管道的干管一般设在设备层、地沟或建筑物的顶棚里,或直接敷设于地面下。当敷设在顶棚里时,应考虑冬季的防冻、保温措施;当敷设在地沟内,不允许直接敷设在沟底,应敷设在支架上。直接埋地的金属管道,应进行防腐处理。

2. 给水立管安装

给水立管安装之前,应根据设计图样弄清各分支管之间的距离、标高、管径和方向,应十分注意安装支管的预留口的位置,确保支管的方向坡度的准确性。明装管道立管一般设在房间的墙角或沿墙、梁、柱敷设。立管外壁至墙面净距:当管径 DN≤32 mm 时,应为 25~35 mm;当管径 DN>32 mm 时,应为 30~50 mm。明装立管应垂直,其偏差每米不得超过 2 mm;高度超过 5 m 时,总偏差不得超过 8 mm。

给水立管管卡安装,层高小于或等于 5 m,每层须安装 1 个;层高大于 5 m,每层不得少于 2 个。管卡安装高度,距地面为 1.5~1.8 m,2 个以上管卡可均匀安装。

立管穿楼板应加钢制套管,套管直径应大于立管 1~2 号,套管可采取预留或现场打洞安装。安装时,套管底部与楼板底部平齐,套管顶部应高出楼板地面 10~20 mm,立管的接口不允许设在套管内,以免维修困难。当给水立管出地坪设阀门时,阀门应设在距地坪 0.5 m 以上,并应安装可拆卸的连接件(如活接头或法兰),以便于操作和维修。

暗装管道的立管,一般设在管道井内或管槽内,采用型钢支架或管卡固定,以防松动。设在管槽内的立管安装一定要在墙壁抹灰前完成,并应作水压试验,检查其严密性。各种阀门及管道活接件不得埋入墙内,设在管槽内的阀门,应设便于操作和维修的检查门。

3. 横支管安装

横支管的管径较小,一般可集中预制、现场安装。明装横支管,一般沿墙敷设,并设 0.002~0.005 的坡度坡向泄水装置。横支管安装时,要注意管子的平直度,明装横支管绕过梁、柱时,各平行管上的弧形弯曲部分应平行。水平横管不应有明显的弯曲现象,其弯曲的允许误差为:管径 DN≤100 mm,每 10 m 为 5 mm;管径 DN>100 mm 时,每 10 m 为 10 mm。

冷、热水管上下平行安装,热水管应在冷水管上面;垂直并行安装时,热水管应装在冷水管左侧,其管中心距为 80 mm。在卫生器具上安装冷、热水龙头时,热水龙头应装在左侧,冷水龙头应装在右侧。

横支管一般采用管卡固定,固定点一般设在配水点附近及管道转弯附近。暗装的横支管敷设在预留或现场剔凿的墙槽内,应按卫生器具接口的位置预留好管口,并应加临时管堵。

4.4.3 热水管道安装

热水供应管道的管材一般为镀锌钢管,螺纹连接。宾馆、饭店、高级住宅、别墅等建筑宜采用铜管,承插口钎焊连接。

热水供应系统按照干管在建筑内布置位置有下行上给和上行下给两种方式。热水干管根据所选定的方式可以敷设在室内管沟、地下室顶部、建筑物顶棚内或设备层内。一般建筑物的热水管道敷设在预留沟槽、管井内。

管道穿过墙壁和楼板,应设置薄钢板或钢制套管。安装在楼板内的套管,其顶部应高出地面 20 mm,底部应与楼板底面相平;安装在墙壁内的套管,其两端应与饰面相平。所有横支管应有与水流相反的坡度,便于泄水和排气,坡度一般为 0.003,但不得小于 0.002。

横干管直线段应设置足够的伸缩器。上行式配水横干管的最高点应设置排气装置、管网最低点设置泄水阀门或丝堵,以便放空管网存水。对下行上给全循环管网,为了防止配水管网中分离出的气体被带回循环管,应将每根立管的循环管始端都接到其相应配水立管最高点以下 0.5 m 处。

一般干管离墙距离远,立管离墙距离近,为了避免热伸长所产生的应力破坏管道,两者连接点处常用处理立管的连接方法。当楼层较多时,这样的连接方法还可改善立管热胀冷缩的性能。

为了减少散热,热水系统的配水干管、水加热器、储水罐等,一般要进行保温。

4.4.4 消防管道安装

建筑消防给水系统按功能上的差异可分为消火栓消防系统、自动喷水消防系统及水幕消防系统三类。建筑消防给水管道的管材选用一般为:单独设置的消防管道系统,采用无缝钢管或焊接钢管,焊接和法兰连接;消防和生活共用的消防管道系统,采用镀锌钢管,管径 DN ≤ 100 mm 为螺纹连接,管径 DN > 100 mm 时,采用镀锌处理的无缝钢管或焊接钢管,焊接或法兰连接。焊接部分应作防腐处理。

1. 消火栓消防系统管道安装

消火栓消防系统由水枪、水带、消火栓、消防管道等组成。水枪、水带、消火栓一般设在便于取用的消火栓箱内,消火栓消防管道由消防立管及接消火栓的短支管组成。独立的消火栓消防给水系统,消防立管直接接在消防给水系统上;与生活饮用水共用的消火栓消防系统,其立管从建筑给水管上接出。消防立管的安装应注意短支管的预留口位置,要保证短支管的方向准确。而短支管的位置和方向与消火栓有关,即安装室内消火栓,栓口应朝外,栓口中心距地面为 1.1 m。阀门距消防箱侧面为 140 mm,距箱后内表面为 100 mm。安装消火栓水龙带,水龙带与水枪和快速接头绑扎好后,应根据箱内构造将水龙带挂在箱内的挂钉或水龙带盘上,以便有火警时,能迅速启动。

2. 自动喷水和水幕消防管道的安装

自动喷水装置是一种能自动作用喷水灭火,同时发出火警信号的消防设备。这种装置多设在人员密集、火灾危险性较大、起火蔓延很快的公共场所。

自动喷水消防系统多为闭式系统,由闭式洒水喷头、管网、控制信号阀和水源(供水设备)等所组成。水幕消防装置是将水喷洒成帘幕状,用于隔绝火源或冷却防火隔绝物,防止火势蔓延,以保护着火邻近地区的房屋建筑、人员免受威胁。它一般由洒水喷头、管网、控制设备、水源 4 部分组成。

自动喷水和水幕消防管网所用管材,可选择镀锌焊接钢管、镀锌无缝钢管,采取焊接或螺纹连接。如果设计无要求,充水系统可采取螺纹连接或焊接;充气或气水交替系统应采用焊接。横支管应有坡度,充水系统的坡度不小于 0.002,充气系统和分支管的坡度,应不小于 0.004,坡向配水立管,以便泄空检修。不同管径的连接,避免采用补心,而应采用异径管(大小头),在弯头上不得采用补心,在三通上至多用一个补心,四通上至多用两个补心。

安装自动喷水消防装置,应不妨碍喷头喷水效果。如果设计无要求,应符合下列规定:吊架与喷头的距离,应不小于 300 mm;距末端喷头的距离不大于 750 mm;吊架应设在相邻喷头间的管段上,若相邻喷头间距不大于 3.6 m,可设一个;若小于 1.8 m,允许隔段设置。在自动喷水消防系统的控制信号阀门前后,应设阀门;在其后面管网上不应安装其他用水设备。

4.5 给水管道工程质量检查

建筑给水管道系统根据工程施工的特点,应进行中间验收和竣工验收。管道安装完毕后必须进行严格的水压、冲洗和通水能力试验。

4.5.1 给水系统水压试验

试压的目的一是检查管道及接口强度,二是检查接口的严密性。建筑内部暗装、埋地给水管道应在隐蔽或填土之前作水压试验。

1. 试验前的准备工作

(1)试压设备与装置

水压试验设备按所需动力装置分为手摇式试压泵与电动试压泵两种。给水系统较小或局部给水管道试压,通常选择手摇式试压泵;给水系统较大,通常选择电动试压泵。水压试验采用的压力表必须校验准确;阀门要启闭灵活,严密性好;保证有可靠的水源。给水管道试压装置,如图4.31所示。

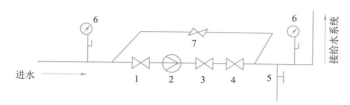

图4.31 水压实验装置示意图
1—试压泵进水阀;2—试压泵;3—止回阀;4—试压泵出水阀;
5—放水阀;6—压力表;7—旁通阀

试验前,应将给水系统上各放水处(即连接水龙头、卫生器具上的配水点)采取临时封堵措施,系统上的进户管上的阀门应关闭,各立管、支管上阀门打开;且管道接口不得油漆和保温,以便进行外观检查。在系统上的最高点装设排气阀,以便试压充水时排气。排气阀有自动排气阀、手动排气阀两种类型。在系统的最低点设泄水阀,当试验结束后,便于泄空系统中的水。

(2)水压试验压力

建筑内部给水管道系统水压试验压力如设计未注明时,各种材质的给水管道系统试验压力均为工作压力的1.5倍,但不得小于0.6 MPa;金属及复合管给水管道系统在试验压力下观测10 min,压力降不应大于0.02 MPa,然后降到工作压力进行检查,应不渗不漏;塑料管给水系统应在试验压力下稳压1 h,压力降不得超过0.05 MPa,然后在工作压力的1.15倍状态下稳压2 h,压力降不得超过0.03 MPa,同时检查各连接处不得渗漏。

2. 水压试验的方法及步骤

对于多层建筑给水系统,一般按全系统只进行一次试验;对于高层建筑给水系统,一般按分区、分系统进行水压试验。水压试验应有施工单位质量检查人员或技术人员、建设单位现场代表及有关人员到场,做好对水压试验的详细记录。各方面负责人签章,并作为技术资料存档。进行水压试验应满足规范规定。

试压试验的一般步骤:

(1)将水压试验装置进水管接在市政水管、水箱或临时水池上,出水管接入给水系统上。试压泵、阀门等附件宜用活接头或法兰连接,便于拆卸。

(2)将1、4、5阀门关闭,打开阀门7和室内给水系统最高点排气阀,试压泵前后的压力表阀也要打开。当排气阀向外冒水时,立即关闭,然后关闭旁通阀7。

(3)开启试压泵的进出水阀1、4,启动试压泵,向给水系统加压。加压泵加压应分阶段使压力升高,每达到一个分压阶段,应停止加压对管道进行检查,无问题时才能继续加压,一般应分2~3次使压力升至试验压力。

(4)当压力升至试验压力时,停止加压,观测10 min,压力降不大于0.05 MPa;然后将试验压力降至工作压力,管道、附件等处未发现漏水现象为合格。

(5)试压过程中,发现接口渗漏、管道砂眼、阀门等附件漏水等问题,应做好标记,待系统水放空,进行维修后继续试压,直至合格。

(6)试压合格后,应将进水管与试压装置断开。开启放水阀5,将系统中试验用水放空。并拆除试压装置。

4.5.2 给水系统冲洗和通水试验

1. 通水试验

给水系统交付使用前必须进行通水试验并做好记录。检验方法:观察和开启阀门、水嘴等放水。

检查给水系统全部阀门,将配水阀件全部关闭,控制阀门全部打开。向给水系统供水,压力、水质符合设计要求。检查各排水系统,均应与室外排水系统接通,并可以向室外排水。将排水立管编号,开启1号排水立管顶层各配水阀件至最大水量,使其处于向对应的排水点排水状态。检查排水立管从顶层到第一排水检查井各管段及排水点,对渗漏和排水不畅处,及时进行处理,再次通水检查。检查室内排水系统,设计要求同时开放的最大的数量配水点是否达到额定流量。将室内排水系统,按给水系统的1/3配水点同时开放,检查各排水点是否畅通,接口处有无渗漏。

2. 冲洗试验

生活给水系统管道水压试验合格后,在交付使用前必须进行冲洗和消毒,并经有关部门取样检验,符合国家《生活饮用水标准》方可使用。

方法:给水管道系统、空调水管道系统、自动喷水灭火管道系统、消火栓灭火管道系统都要进行冲洗,冲洗时应采用设计提供的最大流量连续进行,冲洗流速一般不宜小于3.0 m/s;冲洗前应解决好排水措施,如加设临时排水管,疏通排水沟渠。系统冲洗介质采用干净自来水,并要求保证连续冲洗,冲洗结果以目测排出的冲洗水的颜色、透明度与入口处水一致即为合格。

其他应注意的要点如下:

(1)管网冲洗的水流方向应与管网正常运行时的水流方向相一致。

(2)管网冲洗结束后,应将管网内的水排除干净,必要时,应采用压缩空气吹干。

(3)原则上,自动喷水灭火系统应采用水冲洗,在条件无法允许时,也可以用压缩空气吹扫末端管网。

(4)冲洗水流速一般为3.0 m/s,特殊情况不能低于1.5 m/s。

(5)生活饮用水管道在交付使用前应用每升水中含20~30 mg的游离氯灌满管道,含氯水在管中应留置24 h以上。消毒完毕后再用水冲洗,并经有关部门取样检验并出具检验报告,符合国家《生活饮用水标准》方可使用。

(6)在寒冷地区或冬季环境温度低于5 ℃时,水压试验应采取可靠的防冻措施。

计 划 单

学习领域	给排水工程施工		
学习情境	建筑给排水工程施工	学 时	14
工作任务	建筑给水管道工程施工	计划学时	0.5
计划方式	小组讨论,教师引导,团队协作,共同制订计划		
序 号	实施步骤		具体工作内容描述
1			
2			
3			
4			
5			
6			
7			
8			
9			
制订计划说明	(写出制订计划中人员为完成任务的主要建议或可以借鉴的建议、需要解释的某一方面)		

计划评价	班 级	组 别	组长签字	教师签字	日 期
	评语:				

决 策 单

学习领域	给排水工程施工		
学习情境	建筑给排水工程施工	学　时	14
工作任务	建筑给水管道工程施工	决策学时	0.5

方案对比	组号	方案的可行性	方案的先进性	实施难度	综合评价
	1				
	2				
	3				
	4				
	5				
	6				
	7				
	8				
	9				
	10				

	班　级	组　别	组长签字	教师签字	日　期

决策评价	评语：

实 施 单

学习领域	给排水工程施工		
学习情境	建筑给排水工程施工	学　时	14
工作任务	建筑给水管道工程施工	实施学时	2
实施方式	小组成员合作,共同研讨,确定动手实践的实施步骤,教师引导		
序　号	实施步骤		使用资源
1			
2			
3			
4			
5			
6			
7			
8			
9			
10			
11			
12			
13			
14			
15			
16			

实施说明:

班　级	组　别	组长签字	教师签字	日　期

作 业 单

学习领域	给排水工程施工		
学习情境	建筑给排水工程施工	学　时	14
工作任务	建筑给水管道工程施工	作业方式	动手实践,学生独立完成
提交建筑给水管道工程施工技术交底记录			
根据实际工程资料,小组成员进行任务分工,分别进行动手实践,共同完成建筑给水管道工程施工技术交底			

姓　名	学　号	班　级	组　别	教师签字	日　期

作业评价	评语:

技术（质量）交底记录

工程名称		交底项目	
工程编号		交底日期	

交底内容：

文字说明或附图

接收人：　　　　　　　　　　　　　交底人：

检 查 单

学习领域	给排水工程施工			
学习情境	建筑给排水工程施工		学　时	14
工作任务	建筑给水管道工程施工		检查学时	1
序号	检查项目	检查标准	组内互查	教师检查
1	施工准备	是否全面		
2	施工程序	是否合理		
3	管道连接	是否正确		
4	安装工艺	是否正确		
5	质量检查要求	是否全面、具体		
6	质量保证措施	是否合理选择保护措施		
组　别	组长签字	班　级	教师签字	日　期

检查评价	评语：

评 价 单

学习领域	给排水工程施工					
学习情境	建筑给排水工程施工		学　时		14	
工作任务	建筑给水管道工程施工		评价学时		1	
考核项目	考核内容及要求	分值	学生自评	小组评分	教师评分	实得分
计划编制 （25 分）	工作程序的完整性	10	—	40%	60%	
	步骤内容描述	10	10%	20%	70%	
	计划的规范性	5	—	40%	60%	
工作过程 （50 分）	充分进行施工准备	10	—	40%	60%	
	正确选择施工程序	10	10%	20%	70%	
	合理选择施工方法	10	—	30%	70%	
	明确质量检查要求	10	10%	20%	70%	
	确定质量保证措施	10	10%	30%	60%	
学习态度 （5 分）	上课认真听讲，积极参与讨论，认真 完成任务	5	—	40%	60%	
完成时间 （10 分）	能在规定时间内完成任务	10	—	40%	60%	
合作性 （10 分）	积极参与组内各项任务，善于协调与 沟通	10	10%	30%	60%	
总分（Σ）		100	5	30	65	
班级	姓名	学号	组别	组长签字	教师签字	总评	日期
评价评语	评语：					

任务5 建筑排水管道工程施工

任 务 单

学习领域	给排水工程施工		
学习情境	建筑给排水工程施工	学　时	14
工作任务	建筑排水管道工程施工	任务学时	6
布 置 任 务			

工作目标	1. 能够掌握建筑排水卫生器具安装的基本要求 2. 能够掌握各种管道安装的技术要求和质量标准 3. 能够检验建筑排水管道工程施工质量 4. 能够在学习中锻炼职业能力、专业素养和社会能力等
任务描述	建筑内部给水排水管道及卫生器具的施工一般在土建主体工程完成,内外墙装饰前进行。根据实际工程资料,其具体工作如下: 1. 明确建筑排水卫生器具及管道的安装工艺 2. 明确建筑排水管道工程质量检查的内容及方法 3. 进行建筑排水管道工程施工技术交底

学时安排	资讯	计划	决策	实施	检查	评价
	2 学时	0.5 学时	0.5 学时	1 学时	1 学时	1 学时

提供资料	[1] 建筑给排水管道工程施工资料. [2] 刘灿生. 给排水工程施工手册.2 版. 北京:中国建筑工业出版社,2010. [3] 给水排水管道工程施工及验收规范(GB 50268—2008). 北京:中国建筑工业出版社,2009. [4] 建筑给水排水及采暖工程施工质量验收规范(GB 50242—2002). 北京:中华人民共和国建设部. [5] 虚拟给排水工程施工实训平台.
对学生的要求	1. 具有工程制图、建筑给排水工程等基本专业理论知识 2. 具有正确识读工程施工图的能力 3. 具有一定的自学能力以及进行基本专业计算的能力 4. 具有良好的与人沟通及语言表达能力 5. 具有团队协作精神及良好的职业道德 6. 能够严格遵守课堂纪律,不迟到,不早退,不旷课 7. 本工作任务学习完成后,需提交室内给水管道工程施工技术交底记录

资 讯 单

学习领域	给排水工程施工		
学习情境	建筑给排水工程施工	学　　时	10
工作任务	建筑排水管道工程施工	资讯学时	2
资讯方式	在参考书、专业杂志、互联网及信息单上查询问题;咨询任课教师		
资讯问题	1. 卫生器具安装的质量要求是什么? 2. 高水箱蹲便器的安装顺序与要求是什么? 3. 低水箱坐便器的安装顺序与要求是什么? 4. 洗脸盆有哪几种形式? 如何安装? 5. 建筑排水系统常用哪些管材? 接口方式如何? 排水管道的安装顺序是什么? 敷设方式和要求是什么? 6. 排水 UPVC 管粘接施工步骤与要求是什么? 7. 建筑排水系统闭水试验方法和要求是什么? 8. 建筑给水排水管道工程质量检查的主要内容是什么? 9. 建筑给水排水管道工程竣工验收时,施工单位应向建设单位提供哪些资料? 10. 学生需要单独资讯的问题。		
资讯引导	请在以下材料中查找: [1] 信息单. [2] 刘灿生. 给排水工程施工手册. 2 版. 北京:中国建筑工业出版社,2010. [3] 给水排水管道工程施工及验收规范(GB 50268—2008). 北京:中国建筑工业出版社,2009. [4] 建筑给水排水及采暖工程施工质量验收规范(GB 50242—2002). 北京:中华人民共和国建设部. [5] 郭雪梅. 建筑给排水工程建造(国家示范性高职院校建设成果教材). 北京:机械工业出版社,2011. [6] 张胜峰. 建筑给排水工程施工. 北京:水利水电出版社,2010.		

信 息 单

5.1 卫生器具安装

卫生器具一般在主体完工后,室内防水、找平层及土建内粉刷工作基本完工,贴瓷砖之前施工,建筑内部给水排水管道敷设完毕后进行安装;土建应配合预留孔洞安装后的堵洞。安装前应熟悉施工图样和国家颁发的《全国通用给水排水标准图集》S342。做到所有卫生器具的安装尺寸符合国家标准及施工图样的要求。

卫生器具的安装基本上有共同的要求:平、稳、牢、准、不漏、使用方便、性能良好。

(1)平:所有卫生器具的上口边沿要水平,同一房间成排的卫生器具标高应一致。

(2)稳:卫生器具安装后无晃动现象。

(3)牢:安装牢固,无松动脱落现象。

(4)准:卫生器具的平面位置和高度尺寸准确。

(5)不漏:卫生器具上、下水管口连接处严密不漏。

(6)使用方便:零部件布局合理,阀门及手柄的位置朝向合理,整套设施力求美观。

安装前,应对卫生器具及其附件(如配水嘴、存水弯等)进行质量检查,卫生器具及其附件有产品出厂合格证,卫生器具外观应规矩、表面光滑、造型美观、无破损无裂纹、边沿平滑、色泽一致、排水孔通畅。不符合质量要求的卫生器具不能安装。

卫生器具的安装顺序:首先是卫生器具排水管的安装,然后是卫生器具落位安装,最后是进水管和排水管与卫生器具的连接。

卫生器具落位安装前,应根据卫生器具的位置进行支、托架的安装。支、托架的安装宜采用膨胀螺栓或预埋螺栓固定。卫生器具的支、托架防腐良好,安装须正确、牢固,与卫生器具接触应紧密、平稳,与管道的接触应平整。

卫生器具安装位置应正确、平直,其排水管管径选择和安装最小坡度应符合设计要求;若设计无要求,应符合表5.1的有关规定。

表5.1 连接卫生器具的排水管管径和管道的最小坡度

项次	卫生器具名称		排水管管径/mm	管道的最小坡度
1	污水盆(池)		50	0.025
2	单、双格洗涤盆(池)		50	0.025
3	洗脸盆、洗手盆		32 ~ 50	0.020
4	浴盆		50	0.020
5	淋浴器		50	0.020
6	大便器	高、低水箱	100	0.012
		自闭式冲洗阀	100	0.012
		拉管式冲洗阀	100	0.012
7	小便器	手动式冲洗阀	40 ~ 50	0.020
		自动冲洗水箱	40 ~ 50	0.020
8	化验盆(无塞)		40 ~ 50	0.025
9	净身器		40 ~ 50	0.020
10	饮水器		20 ~ 50	0.01 ~ 0.02
11	家用洗衣机		50(软管为30)	

注:成组洗脸盆接至共用水封的排水管的坡度为0.01。

卫生器具的安装高度,如设计无要求,应符合表 5.2 的规定。

表 5.2　卫生器具的安装高度

项次	卫生器具名称		卫生器具安装高度/mm		备　注
			居住和公共建筑	幼儿园	
1	污水盆（池）	架空式	800	800	自地面至器具上边缘
		落地式	500	500	
2	洗涤盆(池)		800	800	
3	洗脸盆、洗手盆(有塞、无塞)		800	500	
4	盥洗槽		800	500	
5	浴盆		≤520		
6	蹲式大便器	高水箱	1 800	1 800	自台阶面至高水箱底
		低水箱	900	900	自台阶面至低水箱底
7	坐式大便器	高水箱	1 800	1 800	自地面至高水箱底
		低水箱 外露排水管式	510		自地面至低水箱底
		虹吸喷射式	470	370	
8	小便器	挂式	600	450	自地面至下边缘
9	小便槽		200	150	自地面至台阶面
10	大便槽冲洗水箱		≥2 000		自台阶面至水箱底
11	妇女卫生盆		360		自地面至器具上边缘
12	化验盆		800		自地面至器具上边缘

卫生器具的给水配件应完好无损伤,接口严密,启闭部分灵活。卫生器具的给水配件(水嘴、阀门等)安装高度要求,应符合表 5.3 的规定。装配镀铬配件时,不得使用管钳;不得已时应在管钳上衬垫软布,方口配件应使用活扳手,以免破坏镀铬层,影响美观及使用寿命。

5.1.1　大便器安装

大便器分为蹲式大便器和坐式大便器两种。

1. 蹲式大便器的安装

表 5.3　卫生器具给水配件的安装高度

项次	给水配件名称		配件中心距地面高度/mm	冷热水嘴距离/mm
1	架空式污水盆(池)水嘴		1 000	
2	落地式污水盆(池)水嘴		800	
3	洗涤盆(池)水嘴		1 000	150
4	住宅集中给水水嘴		1 000	
5	洗手盆水嘴		1 000	
6	洗脸盆	水嘴(上配水)	1 000	150
		水嘴(下配水)	800	150
		角阀(下配水)	450	
7	盥洗槽	水嘴	1 000	150
		冷热水管其中热水嘴上下并行	1 100	150
8	浴盆	水嘴(上配水)	1 100	150
9	淋浴器	截止阀	1 150	95
		混合阀	1 150	
		淋浴喷头下沿	2 100	

续上表

项次	给水配件名称		配件中心距地面高度/mm	冷热水嘴距离/mm
10	蹲式大便器台阶面算起	高水箱角阀及截止阀	2 040	
		低水箱角阀	250	
		手动式自闭冲洗阀	600	
		脚踏式自闭冲洗阀	150	
		拉管式冲洗阀(从地面算起)	1 600	
		带防污助冲器阀门(从地面算起)	900	
11	坐式大便器	高水箱角阀及截止阀	2 040	
		低水箱角阀	150	
12	大便槽冲洗水箱截止阀(从台阶面算起)		≥2 400	
13	立式小便器角阀		1 130	
14	挂式小便器角阀及截止阀		1 050	
15	小便槽多孔冲洗管		1 100	
16	实验室化验水嘴		1 000	
17	妇女卫生盆混合阀		360	

注:装设在幼儿园内的洗手盆、洗脸盆和盥洗槽水嘴中心离地面安装高度应为700 mm,其他卫生器具给水配件的安装高度,应按卫生器具实际尺寸相应减少。

蹲式大便器本身不带存水弯,安装时需另加存水弯。存水弯有P形和S形两种,P形比S形的高度要低一些。所以,S形仅用于底层,P形既可用于底层又能用于楼层,这样可使支管(横管)的悬吊高度要低一些。

蹲式大便器一般安装在地坪的台阶上,一个台阶高度为200 mm;最多为两个台阶,高度400 mm。住宅蹲式大便器一般安装在卫生间现浇楼板凹坑低于楼板不少于240 mm内,这样,就省去了台阶,方便人们使用。

高水箱蹲式大便器的安装顺序如下:

(1)高水箱安装

先将水箱内的附件装配好,保证使用灵活。按水箱的高度、位置,在墙上划出钻孔中心线,用电钻钻孔,然后用膨胀螺栓加垫圈将水箱固定。

(2)水箱浮球阀和冲洗管安装

将浮球阀加橡胶垫从水箱中穿出来,再加橡皮垫,用螺母紧固;然后将冲洗管加橡胶垫从水箱中穿出,再套上橡胶垫和铁制垫圈后用根母紧固。注意用力适当,以免损坏水箱。

(3)安装大便器

大便器出水口套进存水弯之前,须先将麻丝白灰(或油灰)涂在大便器出水口外面及存水弯承口内,然后用水平尺找平摆正,待大便器安装定位后,将手伸入大便器出水口内,把挤出的白灰(或油灰)抹光。

(4)冲洗管安装

冲洗水管(一般为DN 32塑料管)与大便器进水口连接时,应涂上少许食用油,把胶皮碗套上,要套正套实,然后用14号钢丝分别绑扎两道,不许压结在一条线上,两道钢丝拧扣要错位。

(5)水箱进水管安装

将预制好的塑料管(或铜管)一端用锁母固定在角阀上,另一端套上锁母,管端缠聚四氟乙烯生料带或铅油麻丝后,用锁母锁在浮球阀上。

（6）大便器的最后稳装

大便器安装后,立即用砖垫牢固,再以混凝土做底座。但胶皮碗周围应用干燥细砂填充,便于日后维修。最后配合土建单位在上面作卫生间地面。

2. 坐式大便器安装

坐式大便器按冲洗方式,分为低水箱冲洗和延时自闭式冲洗阀冲洗;按低水箱所处的位置,坐便器又分为分体式或连体式两种。

分体式低水箱坐便器的安装顺序如下:

（1）低水箱安装

先在地面将水箱内的附件组装好,然后根据水箱的安装高度和水箱背部孔眼的实际尺寸,在墙上标出螺栓孔的位置,采用膨胀螺栓或预埋螺栓等方法将水箱固定在墙上;就位固定后的低水箱应横平竖直,稳固贴墙。

（2）大便器安装

大便器安装前,应先将大便器的排出口插入预先安装的 DN 100 污水管口内,再将大便器底座孔眼的位置用笔在地坪上标记,移开大便器用冲击电钻打孔（不打穿地坪）,然后将大便器用膨胀螺栓固定。固定时,用力要均匀,防止瓷质便器底部破碎。

（3）水箱与大便器连接管安装

水箱和大便器安装时应保证水箱出水口和大便器进水口中心对正,连接管一般为90°铜质冲水管。安装时,先将水箱出水口与大便器进水口上的锁母卸下,然后在弯头两端缠生料带或铅油麻丝,一端插入低水箱出水口,另一端插入大便器进水口,将卸下的锁母分别锁紧两端,注意松紧要适度。

（4）水箱进水管上角阀与水箱进水口处的连接

常采用外包金属软管,能有效地满足角阀与低水箱管口不在同一垂直线上的安装。该软管两端为活接,安装十分方便。

（5）大便器排出口安装

大便器排出口应与大便器安装同步进行。其做法与蹲便器排出口安装相同,只是坐便器不须存水弯。

连体式大便器由于水箱与大便器连为一体,造型美观,整体性好,已成为当今高档坐便器主流。其安装比分体式大便器简单得多,仅需连接水箱进水管和大便器排出管及安装大便器即可。

延时自闭式冲洗阀坐便器及蹲便器具有所占空间小、美观、安装方便等特点,因而得到广泛应用,其安装可参照设计施工图及产品使用说明进行。

5.1.2 洗脸盆、洗涤盆、小便器安装

1. 洗脸盆

洗脸盆有墙架式、立式、台式 3 种形式。墙架式洗脸盆,如图 5.1 所示,是一种低档洗脸盆。

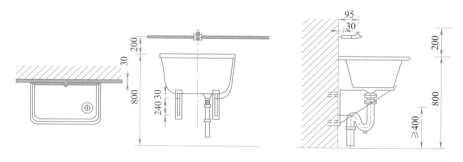

图 5.1 墙架式洗脸盆安装示意图

墙架式洗脸盆安装顺序如下：

(1)托架安装

根据洗脸盆的位置和安装高度,划出托架在墙上固定的位置。用冲击电钻钻孔,采用膨胀螺栓或预埋螺栓将托架平直地固定在墙上。

(2)进水管及水嘴安装

将脸盆稳装在托架上,脸盆上水嘴垫胶皮垫后穿入脸盆的进水孔,然后加垫并用根母紧固。水嘴安装时应注意热水嘴装在脸盆左边,冷水嘴装在右边,并保证水嘴位置端正、稳固。水嘴装好后,接着将角阀的入口端与预留的给水口相连接,另一端配短管(宜采用金属软管)与脸盆水嘴连接,并用锁母紧固。

(3)出水口安装

将存水弯锁母卸开,上端套在缠油麻丝或生料带的排水栓上,下端套上护口盘插入预留的排水管管口内,然后把存水弯锁母加胶皮垫找正紧固,最后把存水弯下端与预留的排水管口间的缝隙用铅油麻丝或防水油膏塞紧,盖好护口盘。

立式及台式洗脸盆属中高档洗脸盆,其附件通常是镀铬件,安装时应注意不要损伤镀铬层。安装立式及台式洗脸盆可参照国标图及产品安装要求,也可参照墙架式洗脸盆安装顺序进行。

2. 洗涤盆

住宅厨房、公共食堂中设洗涤盆,用作洗涤食品、蔬菜、碗碟等;医院的诊室、治疗室等也需设置。洗涤盆材质有陶瓷、砖砌后瓷砖贴面、水磨石、不锈钢。水磨石洗涤盆安装如图5.2所示。首先按图样所示,确定洗涤盆安装位置,安装托架或砌筑支撑墙,然后装上洗涤盆,找平找正,与排水管道进行连接。在洗涤盆排水口丝扣下端涂铅油,缠少许麻丝,然后与P形存水弯的立节或S形存水弯的上节丝扣连接,将存水弯横节或存水弯下节的端头缠好油盘根绳,与排水管口连接,用油灰将下水管口塞严、抹平。最后按图样所示安装、连接给水管道及水嘴。

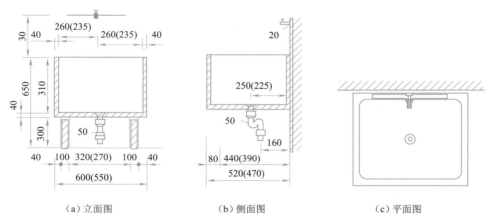

(a)立面图　　　　　(b)侧面图　　　　　(c)平面图

图5.2　洗涤盆安装示意图

3. 小便器

小便器是设于公共建筑的男厕所内的便溺设施,有挂式、立式和小便槽3种。挂式小便器安装,如图5.3所示。

挂式小便器安装:对准给水管中心画一条垂线,由地面向上量出规定的高度画一水平线,根据产品规格尺寸由中心向两侧量出孔眼的距离,确定孔眼位置、钻孔,栽入螺栓,将小便器挂在螺栓上;小便器与墙面的缝隙可嵌入白水泥涂抹。挂式小便器安装时应检查给水、排水预留管口是否在一条垂线上,间距是否一致。然后分别与给水管道、排水管道进行连接。挂式小便器给水管道、排水管道分别可以采用明装或暗装施工。

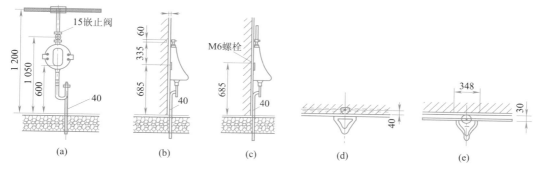

图 5.3　挂式小便器安装图

5.1.3　浴盆安装

浴盆一般为长方形,也有方形的,长方形浴盆有带腿和不带腿之分。按配水附件的不同,浴盆可分为冷热水龙头、固定式淋浴器、混合龙头、软管淋浴器、移动式软管淋浴器浴盆。冷热水龙头浴盆是一种普通浴盆。

1. 浴盆稳装

浴盆安装应在土建内粉刷完毕后才能进行。例如,浴盆带腿的,应将腿上的螺栓卸下,将拨锁母插入浴盆底卧槽内,把腿扣在浴盆上,带好螺母,拧紧找平,不得有松动现象;不带腿的浴盆底部平稳地放在用水泥砖块砌成的两条墩子上,从光地坪至浴盆上口边缘为 520 mm,浴盆向排水口一侧稍倾斜,以利排水。浴盆四周用水平尺找正,不得歪斜。

2. 配水龙头安装

配水龙头高于浴盆面 150 mm,热左冷右,两龙头中心距 150 mm。

3. 排水管路安装

排水管安装时先将溢水弯头、三通等组装好,准确地量好各段长度,再下料,排水横管坡度为 0.02。先把浴盆排水栓涂上白灰或油灰,垫上胶皮垫圈,由盆底穿出,用根母锁紧,多余油灰抹平,再连上弯头、三通。溢水管的弯头也垫上胶皮圈,将花盖串在堵链的螺栓上。然后将溢水管插入三通内,用根母锁住。三通与存水弯连接处应配上一段短管,插入存水弯的承口内,缝隙用铅油麻丝或防水油膏填实抹平。

4. 浴盆装饰

浴盆安装完成后,由土建用砖块沿盆边砌平并贴瓷砖,在安装浴盆排水管的一端,池壁墙应开一个 300 mm × 300 mm 的检查门,供维修使用。在最后铺瓷砖时,应注意浴盆边缘必须嵌进瓷砖 10 ~ 15 mm,以免使用时渗水。

在现实生活中由于使用浴盆会引起交叉感染,传播疾病,故现在许多地方已不再安装浴盆,而是将地面进行防水处理,然后站在地板上直接淋浴,淋浴水直接通过地漏排入排水管道系统。

除以上介绍的几种卫生器具的安装外,还有大便槽、小便槽、污水盆、化验盆、盥洗槽、淋浴器、妇女卫生盆及地漏等。施工时,可按设计要求及《全国通用给水排水标准图集》S342 要求安装。

5.2　排水管安装

建筑内部排水系统一般可分为生活污水排水系统、工业废水排水系统、雨雪水排水系统三类。生活污水排水系统,是指排除人们日常生活中的盥洗、洗涤污水和粪便污水的排水系统,是一种使用最广泛的建筑内部排水系统。

5.2.1 安装要求

室内排水管的安装一般先安装出户管,然后安装排水立管和排水支管,最后安装卫生器具。

1. 出户管安装

出户管的安装宜采取排出管预埋或预留孔洞方式。当土建砌筑基础时,将出户管按设计坡度、承口朝来水方向敷设,安装时一般按标准坡度,但不应小于最小坡度,坡向检查井。为减小管道的局部阻力和防止污物堵塞管道,出户管与排水立管的连接,应采用两个45°弯头连接。排水管道的横管与横管、横管与立管的连接应采用45°三通或45°四通和90°斜三通或90°斜四通。预埋的管道接口处应进行临时封堵,防止堵塞。

管道穿越房屋基础应作防水处理。排水管道穿过地下室外墙或地下构筑物的墙壁处,应设刚性或柔性防水套管。防水套管的制作与安装可参照全国通用《给水排水标准图集》S312。

排出管的埋深:在素土夯实地面,应满足排水铸铁管管顶至地面的最小覆土厚度0.7 m;在水泥等路面下,最小覆土厚度不小于0.4 m。

2. 排水立管安装

排水立管在施工前应检查楼板预留孔洞的位置和大小是否正确,未预留或留的位置不对,应重新打洞。

立管通常沿墙角安装,立管中心距墙面的距离应以不影响美观、便于接口操作为适宜。一般立管管径DN 50～75 mm时,距墙110 mm左右;DN 100 mm时,距墙140 mm;DN 150 mm时,距墙180 mm左右。

排水立管安装宜采取预制组装法,即先实测建筑物层高,以确定立管加工长度,然后进行立管上管件预制,最后分楼层由下而上组装。排水立管预制时,应注意下列管件所在位置:

(1)检查口设置及标高

排水立管每两层设置一个检查口,但最底层和有卫生器具的最高层必须设置。检查口中心距地面的距离为1 m,允许偏差±20 mm,并且至少高出该层卫生器具上边缘0.15 m。

(2)三通或四通设置及标高

排水立管上有排水横支管接入时,须设置三通或四通管件。当支管沿楼层地面安装时,其三通或四通口中心至地面距离一般为100 mm左右;当支管悬吊在楼板下时,三通或四通口中心至楼板底面距离为350～400 mm。此间距太小不利于接口操作;间距太大影响美观,且浪费管材。

立管在分层组装时,必须注意立管上检查口盖板向外,开口方向与墙面成45°夹角;设在管槽内立管检查口处应设检修门,以便对立管进行清通。还应注意三通口或四通口的方向要准确。

立管必须垂直安装,安装时可用线锤校验检查,当达到要求再进行接口。立管的底部弯管处应设砖支墩或混凝土支墩。

伸顶通气管应高出屋面0.3 m,并且应大于最大积雪厚度;经常有人活动的平屋顶,伸顶通气管应高出屋面2 m;通气口上应做网罩,以防落入杂物。伸顶通气管伸出屋面应作防水处理。

3. 排水支管安装

立管安装后,应按卫生器具的位置和管道规定的坡度敷设排水支管。排水支管通常采取加工厂预制或现场地面组装预制,然后现场吊装连接的方法。排水支管预制过程主要有测线、下料切断、连接、养护等工序。

测线要依据卫生器具、地漏、清通设备和立管的平面位置,对照现场建筑物的实际尺寸,确定各卫生器具排水口、地漏接口和清通设备的确切位置,实测出排水支管的建筑长度,再根据立管预留的三通或四通高度与各卫生器具排水口的标准高度,并考虑坡度因素求得各卫生器具排水管的建筑高度。

在实测和计算卫生器具排水管的建筑高度时,必须准确地掌握土建实际施工的各楼层地坪高度和楼板实际厚度,根据卫生器具的实际构造尺寸和国标大样图准确地确定其建筑尺寸。

测线工作完成后,即可进行下料,其关键在于计算是否正确。计算下料先要弄清管材、管件的安装尺寸,再按测线所得的构造尺寸进行计算。

排水支管连接时要算好坡度,接口要直,排水支管组装完毕后,应小心靠墙或贴地坪放置,不得绊动,接口湿养护时间不少于 48 h。排水支管吊装前,应先设置支管吊架或托架,吊架或托架间距一般为 1.5 m 左右,宜设在支管的承口处。

吊装方法一般用人工绳索吊装,吊装时应不少于两个吊点,以便吊装时使管段保持水平状态,卫生器具排水管穿过楼板调整好,待整体到位后将支管末端插入立管三通或四通内,用吊架吊好,采取水平尺测量并调整吊杆顶端螺母以满足支管所需坡度。最后进行立管与支管的接口,并进行养护。在养护期,吊装的绳索若要拆除,则须用不少于两处吊点的粗钢丝固定支管。

伸出楼板的卫生器具排水管,应进行有效的临时封堵,以防施工时杂物落入堵塞管道。

5.2.2　硬聚氯乙烯排水管安装

硬聚氯乙烯(UPVC)排水管具有重量轻、价格低、阻力小、排水量大、表面光滑美观、耐腐蚀、不易堵塞、安装维修方便等优点。排水硬聚氯乙烯管件,主要有带承插口的 T 形三通和 90°肘形弯头,带承插口的三通、四通和弯头。除此之外,还有 45°弯头、异径管和管接头(管箍)等。

硬聚氯乙烯排水管的安装顺序与排水铸铁管相同,先装出户管,后装立管、支管,然后安装卫生器具。管道接口一般为承插粘接。

1. 出户管安装

由于硬聚氯乙烯管抗冲击能力低,埋地铺设的出户管道宜分两段施工。第一段先做 ±0.00 以下的室内部分,至伸出外墙为止。待土建施工结束后,再铺设第二段,从外墙接入检查井。穿地下室墙或地下构筑物的墙壁处,应作防水处理。埋地铺设的管材为硬聚氯乙烯排水管时,应作 100 ~ 150 mm 厚的砂垫层基础。回填时,应先填 100 mm 左右的中、细砂层,然后再回填挖填土。出户管若采用排水铸铁管,底层硬聚氯乙烯排水立管插入排水铸铁管件(45°弯头)承口前,应先用砂纸打毛,插入后用麻丝填嵌均匀,以石棉水泥捻口,不得采用水泥砂浆,操作时应注意防止塑料管变形。

2. 硬聚氯乙烯排水管的粘接

硬聚氯乙烯排水管的承插粘接,应用胶黏剂粘牢。其操作按下列要求进行:

(1)下料及坡口

下料长度应根据实测并结合各连接件的尺寸确定。切管工具宜选用细齿锯、割刀和割管机等机具。断口应平整并垂直于轴线,断面处不得有任何变形。插口处坡口可用中号板锉锉成 15°~30°。坡口厚度宜为管壁厚度的 1/3 ~ 1/2,长度一般不小于 3 mm。坡口后应将残屑清理干净。

(2)清理粘接面

管材或管件在粘接前应用棉丝或软干布将承口内侧和插口外侧擦拭干净,使被粘接面保持清洁,无尘砂与水迹。当表面沾有油污时,可用棉纱蘸丙酮等清洁剂清除。

(3)管端插入承口深度

配管时应将管材与管件承口试插一次,在其表面划出标记,管端插入承口应有一定深度。具体深度如表 5.4 所示。

表 5.4　管端插入管件承口深度

序号	外径/mm	管端插入承口深度/mm	序号	外径/mm	管端插入承口深度/mm
1	40	25	4	110	50
2	50	25	5	160	60
3	75	40			

（4）胶黏剂涂刷

用毛刷蘸胶黏剂涂刷粘接承口内侧及粘接插口外侧时，应轴向涂刷，动作要快，涂抹均匀，涂刷的胶黏剂应适量，不得漏涂或涂抹过厚。应先涂承口，后涂插口。

（5）承插接口的连接

承插口涂刷胶黏剂后，应立即找正方向将管子插入承口，使其准直，再加挤压。应使管端插入深度符合所画标记，并保证承插接口的直度和接口位置正确，还应保持静待 2～3 min，防止接口滑脱。

（6）承插接口的养护

承插接口连接完毕后，应将挤出的胶黏剂用棉纱或干布蘸清洁剂擦拭干净。根据胶黏剂的性能和气候条件静止至接口固化为止。冬期施工时固化时间应适当延长。

3. 立管的安装

立管安装前，应按设计要求设置固定支架或支承件，再进行立管的吊装。立管安装时，一般先将管段吊正，注意三通口或四通口的朝向应正确。硬聚氯乙烯排水管应按设计要求设置伸缩节。伸缩节安装时，应注意将管端插口要平直插入伸缩节承口橡胶圈中，用力应均匀，不可摇挤，避免顶歪橡胶圈造成漏水。安装完毕后，即可将立管固定。

立管穿越楼板比较容易漏水。若立管穿越楼板是非固定的，应在楼板中埋设钢制防水套管（套管管径比立管管径大 1 号），套管高于地面 10～15 mm，套管与立管之间的缝隙用油麻或沥青玛瑞脂填实。当立管穿越楼板或屋面处固定时，应用不低于楼板强度等级的细石混凝土填实，立管周围应做出高于原地坪 10～20 mm 的阻水圈，防止接合部位发生渗水漏水现象。也可采用橡胶圈止水，圈壁厚 4 mm、高 10 mm，套在立管上，设在楼板内，再浇捣细石混凝土，立管周围抹成高出楼面 10～15 mm 的防水坡。还可以采用硬聚氯乙烯防漏环，环与立管粘接，安装方法同橡胶圈，但价格比橡胶圈便宜。

立管上的伸缩节应设置在靠近支管处，使支管在立管连接处位移较小。伸顶通气管穿屋面应作防水处理。通气管也可采用排水铸铁管，接口采取麻-石棉水泥捻口。

4. 支管的安装

支管安装前，应预埋吊架。支管安装时，应按设计要求设置伸缩节，伸缩节的承口应逆水流方向，安装时应根据季节情况，预留膨胀间隙。支管的安装坡度应符合设计要求。

硬聚氯乙烯排水管安装必须保证立管垂直度、出户管、支管弯曲度要求。

5. 硬聚氯乙烯排水管的螺纹连接

螺纹连接硬聚氯乙烯排水管系指管件的管端带有牙螺纹段，并采用带内螺纹与塑料垫圈和橡胶密封圈的螺帽相连接的管道，该方法常用于需经常拆卸的地方。与粘接相比，成本较高，施工要求高。在建筑排水工程中的应用没有粘接普遍。

（1）螺纹连接材料

管件必须使用注塑管件，塑料垫圈应采用与管材不同性质的塑料，如聚乙烯等制成。橡胶密封圈须采用耐油、耐酸和耐碱的橡胶制成。

（2）螺纹连接施工

首先应清除材料上的油污与杂物，使接口处保持洁净，然后将管材与管件的接口试插一次，使插入处留有 5～7 mm 的膨胀间隙，插入深度确定后，应在管材表面划出标记。

安装时，先在管端依次套上螺帽、垫圈和胶圈，然后插入管件。用手拧紧螺帽，并用链条扳手或专用扳手拧紧。用力应适量，以防止胀裂螺帽。拧紧螺帽时应使螺纹外露 2～3 扣。橡胶密封圈的位置应平整正确，使塑料垫圈四周均能压实。

6. 塑料管道的施工安全

塑料管道粘接所使用的清洁剂和胶黏剂等属易燃物品，其存放及使用过程中，必须远离火源、热源和电源，室内严禁明火。管道粘接场所，禁止明火和吸烟，通风必须良好。

集中操作预制场所,还应设置排风设施。管道粘接时,操作人员应站在上风处并应佩戴防护手套、防护眼镜和口罩等,避免皮肤与眼睛同胶黏剂接触。冬期施工,应采取防寒防冻措施。操作场所应保持空气流通,不得密闭。胶黏剂和清洁剂易挥发,装胶黏剂和清洁剂的瓶盖应随用随开,不用时应立即盖紧,严禁非操作人员使用。

5.3　排水管道工程质量检查

建筑给水排水管道工程在安装完毕后,应根据设计要求和施工验收规范进行质量检查,以便检查管道系统的强度和严密性是否达到设计要求。所有排水管道在安装完毕后,按设计要求一般需进行闭水(灌水)试验和通球试验,以检查其安装的严密性和排水的畅通性。

5.3.1　闭水(灌水)试验

建筑内部暗装或埋地排水管道以及安装在建筑内部的雨水管道,应在隐蔽或回填土之前作闭水试验,确认合格后方可进行回填土或进行隐蔽。

1. 准备工作

对各种工具(如堵头、胶管胶囊等)进行试漏检查。

2. 灌水高度的控制

对生活和生产排水管道系统,管内灌水高度应以不低于底层卫生器具的上边缘或底层地面高度为准;地漏灌至离地面 5 mm。雨水管的灌水高度必须到达每根立管最上部的雨水斗。

3. 试验程序

灌水试验示意图如图 5.4 所示。

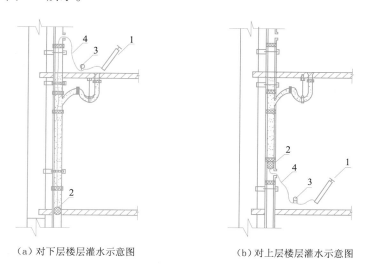

（a）对下层楼层灌水示意图　　　　（b）对上层楼层灌水示意图

图 5.4　灌水试验示意图

1—气筒;2—气囊;3—压力表;4—胶管

（1）打开检查口,先用卷尺大致量出由检查口至被检查水平管顺水三通管件下方 20 cm 处,后量出胶管长度,并做好标记,以控制胶管进入管道的位置。

（2）放入胶管至所标记的位置,向气囊充气至 0.7 MPa 左右。

（3）检验方法:从检查口处注水,注水高度符合灌水高度控制要求,满水观察 15 min,待水面下降后,再灌满观察 5 min,液面不下降,管道及其接口处无渗漏则为合格。雨水管的灌水试验持续 1 h,不渗不漏为合格。

（4）放水泄压。

4. 其他

（1）大便器胶皮碗试漏。胶囊在大便器下水口充气后,通过灌水试验如胶皮碗绑扎不严,水在接口处渗漏。

（2）地漏、立管穿楼板试漏。打开地漏盖,胶囊在地漏内充气后可在地面做泼水试验,如地漏或立管封堵不好,即向下层渗漏。

5. 注意事项

（1）灌水高度严格控制。

（2）胶囊放入的位置严格控制,严禁将胶囊放入管件口处,以免胶囊充气打爆。

（3）注意胶囊泄气排水时液面的下降速度。如果速度较快,则说明管道通畅;反之,则说明管道内有垃圾、杂物等堵塞。

（4）若管件接口处有渗漏,做好标记,必须返修处理。

（5）管道通水试漏,应分立管进行,以防止跑水现象。同时对于已装修好的房间进行试漏,可能渗漏的地方应采取措施,防止污染墙面、吊顶、地面。

（6）试压合格后必须将水排净。

整个闭水试验过程中,各有关方面负责人必须到现场,做好记录和签证,并作为工程技术资料归档。

5.3.2 通球试验

室内排水立管或干管在安装结束后,需用直径不小于管径2/3的橡胶球、铁球或木球等硬质球体进行管道通球试验,如图5.5所示。

1. 具体操作

（1）立管进行通球试验时,为了防止球滞留在管道内,必须用线贯穿并系牢(线长略大于立管总高度)然后将球从伸出屋面的通气口向下投入,看球能否顺利地通过干管并从出户弯头处溜出,如能顺利通过,说明主管无堵塞。

图5.5 硬质通球

（2）干管进行通球试验时,从干管起始端投入塑料小球,并向干管内通水,在户外的第一个检查井处观察,发现小球流出为合格。

2. 注意事项

（1）如果通球受阻,可拉出通球,测量线的放出长度,则可判断受阻部位,然后进行疏通处理,反复做通球试验,直至管道通畅为止。如果出户管弯头后的横向管段较长,通球不易滚出,可灌些水帮助通球流出。

（2）通球试验必须100%合格后,排水管才可投入使用。

5.4 建筑给水排水工程竣工验收

建筑给水排水系统除根据外观检查、水压试验及闭水灌水试验的结果进行验收外,还须对工程质量进行检查。建筑给水排水管道工程质量一般先自查,不符合设计要求者,应及时返工,达到设计要求后再会同建设单位及有关人员进行给水排水工程验收。

建筑给水排水工程应按分项分部或单位工程验收。分项分部工程由施工单位会同建设单位共同验收,单位工程则应由主管单位组织施工、设计、建设及有关单位联合验收。验收期间应做好记录、签署文件,最后立卷归档。

5.4.1　建筑给水排水管道工程质量检查的内容

（1）管道的平面位置、标高和坡度是否符合设计要求。
（2）管道、支架和卫生器具安装是否牢固。
（3）管道、阀件、水泵、水表等安装是否正确及有无渗漏现象。
（4）管道的管材、管径、接口是否达到设计要求。
（5）排水立管、干管、支管及卫生器具位置是否正确,安装是否牢固,各接口是否美观整洁。
（6）排水系统按给水系统的1/3配水点同时放水,检查各排水点是否畅通,接口有无渗漏。
（7）管道油漆和保温是否符合设计要求。

5.4.2　分项、分部工程的验收

应根据工程施工的特点,可分为隐蔽工程的验收、分项中间验收和竣工验收。

1. 隐蔽工程验收

隐蔽工程是指下道工序做完能将上道工序掩盖,并且是否符合质量要求无法再进行复查的工程部位,如暗装的或埋地的给水排水管道,均属隐蔽工程。在隐蔽前,应由施工单位组织建设单位及有关人员进行检查验收,并填写好隐蔽工程的检查记录,签署文件归档。

2. 分项工程的验收

在给水排水管道安装过程中,其分项工程完工、交付使用时,应办理中间验收手续,做好检查记录,以明确使用保管责任。

3. 竣工验收

建筑给水排水管道工程竣工后,经办理验收证明书后,方可交付使用,对办理过验收手续的部分不再重新验收。竣工验收应重点检查工程质量是否达到设计要求及施工验收规范要求。对不符合设计要求和施工验收规范要求的地方,不得交付使用。可列出未完成进行整改项目一览表,整改、修好达到设计要求和规范要求后再交付使用。

5.4.3　单位工程的竣工验收

应在分项分部工程验收的基础上进行,各分项分部工程的质量,均应符合设计要求和施工验收规范的有关规定。验收时,施工单位应提供下列资料:

（1）施工图、竣工图及设计变更文件。
（2）设备、制品和主要材料的合格证或试验记录。
（3）隐蔽工程验收记录和中间试验记录。
（4）设备试运转记录。
（5）水压试验记录。
（6）管道冲洗记录。
（7）闭水试验记录。
（8）工程质量事故处理记录。
（9）分项、分部、单位工程质量检验评定记录。

施工单位应如实反映情况,实事求是,不得伪造、修改及补办。资料必须经各级有关技术人员审定。上述资料由建设单位立卷归档,作为各项工程合理使用的凭证,工程维护、扩建时的依据。

工程竣工验收后,为了总结经验及积累工程施工资料,施工单位一般应保存下列技术资料:

（1）招标投标时的中标书。

（2）施工组织设计和施工经验总结。

（3）新技术、新工艺及新材料的施工方法及施工操作总结。

（4）重大质量、安全事故情况，发生原因及处理结果记录。

（5）有关重要技术决定。

（6）施工日记及施工管理的经验总结。

计 划 单

学习领域	给排水工程施工		
学习情境	建筑给排水工程施工	学　时	14
工作任务	建筑排水管道工程施工	计划学时	0.5
计划方式	小组讨论,教师引导,团队协作,共同制订计划		
序　号	实施步骤		具体工作内容描述
1			
2			
3			
4			
5			
6			
7			
8			
9			
制订计划说明	（写出制订计划中人员为完成任务的主要建议或可以借鉴的建议、需要解释的某一方面）		

	班　级	组　别	组长签字	教师签字	日　期
计划评价					
	评语:				

决 策 单

学习领域	给排水工程施工			
学习情境	建筑给排水工程施工	学　时		14
工作任务	建筑排水管道工程施工	决策学时		0.5

方案对比	序号	方案的可行性	方案的先进性	实施难度	综合评价
	1				
	2				
	3				
	4				
	5				
	6				
	7				
	8				
	9				
	10				

	班　级	组　别	组长签字	教师签字	日　期
决策评价					
	评语：				

实 施 单

学习领域	给排水工程施工		
学习情境	建筑给排水工程施工	学　时	14
工作任务	建筑排水管道工程施工	实施学时	1
实施方式	小组成员合作,共同研讨,确定动手实践的实施步骤,教师引导		
序　号	实施步骤		使用资源
1			
2			
3			
4			
5			
6			
7			
8			
9			
10			
11			
12			
13			
14			
15			
16			

实施说明:

班　级	组　别	组长签字	教师签字	日　期

作 业 单

学习领域	给排水工程施工		
学习情境	建筑给排水工程施工	学　时	14
工作任务	建筑排水管道工程施工	作业方式	动手实践,学生独立完成
提交建筑排水管道工程施工技术交底记录			

根据实际工程资料,小组成员进行任务分工,分别进行动手实践,共同完成室内排水管道工程施工技术交底

姓　名	学　号	班　级	组　别	教师签字	日　期

作业评价	评语:

技术（质量）交底记录

工程名称		交底项目	
工程编号		交底日期	

交底内容：

文字说明或附图

接收人： 交底人：

检 查 单

学习领域	给排水工程施工			
学习情境	建筑给排水工程施工		学　时	14
工作任务	建筑排水管道工程施工		检查学时	1
序号	检查项目	检查标准	组内互查	教师检查
1	施工程序	是否合理		
2	管道连接	是否正确		
3	安装工艺	是否正确		
4	质量检查要求	是否全面、具体		
5	质量保证措施	是否合理选择保护措施		
组　别	组长签字	班　级	教师签字	日　期
检查评价	评语：			

评 价 单

学习领域	给排水工程施工					
学习情境	建筑给排水工程施工		学　　时		14	
工作任务	建筑排水管道工程施工		评价学时		1	
考核项目	考核内容及要求	分值	学生自评	小组评分	教师评分	实得分
计划编制 (25分)	工作程序的完整性	10	—	40%	60%	
	步骤内容描述	10	10%	20%	70%	
	计划的规范性	5	—	40%	60%	
工作过程 (50分)	正确选择施工程序	10分	—	40%	60%	
	正确选择管道连接方法	10分	10%	20%	70%	
	合理选择施工工艺	10分	—	30%	70%	
	明确质量检查要求	10分	10%	20%	70%	
	确定质量保证措施	10分	10%	30%	60%	
学习态度 (5分)	上课认真听讲,积极参与讨论,认真完成任务	5分	—	40%	60%	
完成时间 (10分)	能在规定时间内完成任务	10分	—	40%	60%	
合作性 (10分)	积极参与组内各项任务,善于协调与沟通	10分	10%	30%	60%	
总分(∑)		100分	5	30	65	
班级	姓名	学号	组别	组长签字	教师签字	总评	日期
评价评语	评语:						

教学反馈单

学习领域	给排水工程施工			
学习情境	建筑给排水工程施工	学　时		14
调查项目	序号	调查内容	是	否	备注
	1	了解施工前的准备工作吗？			
	2	清楚如何配合土建留洞留槽吗？			
	3	能说出钢管调直的方法吗？			
	4	掌握钢管切断方法及机具如何选择吗？			
	5	知道钢管螺纹连接适用的管材有哪几种吗？			
	6	知道钢管焊接前进行坡口加工的目的是什么吗？坡口方法有哪几种？			
	7	明确建筑给水排水管道常用哪些管材吗？各使用在什么场合？各采取哪些接口方式？			
	8	知道建筑给水排水管道安装方法和顺序吗？			
	9	能说出排水 UPVC 管粘接施工步骤与要求吗？			
	10	能说出建筑给水系统水压试验方法和步骤及建筑排水系统闭水试验方法和要求吗？			
	11	掌握建筑给水排水管道工程质量检查的主要内容是什么吗？			
	12	明确建筑排水管道常用哪些管材吗？适用什么场合？各采取哪些接口方式？			
	13	知道建筑排水管道安装方法和安装顺序吗？			
	14	能说出排水 UPVC 管粘接施工步骤与要求吗？			
	15	能说出建筑排水系统闭水试验方法和要求吗？			

你的意见对改进教学非常重要，请写出你的建议和意见：

被调查人信息

班　级	姓　名	学　号	组　别	调查时间

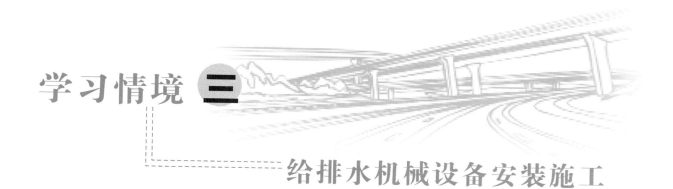

学习情境 三

给排水机械设备安装施工

学习指南

学习目标

学生在教师的讲解和引导下,明确工作任务的目的和实施中的关键要素,通过学习掌握水泵机组安装的知识、水泵附件与配管的安装方法、水泵试运转的方法、非标管件的展开放样、下料方法以及管件的成型工艺,能够借助工程资料找到完成任务所需的设施、材料、方法,能够最终完成提交水泵机组安装施工技术交底、完成非标管件模型的放样下料以及制作两项任务。要求在学习过程中锻炼职业素质,做到"严谨认真、吃苦耐劳、诚实守信"。

工作任务

(1)水泵机组安装施工。

(2)非标设备安装施工。

学习情境描述

根据给排水机械设备安装施工的工作过程选取了"水泵机组安装施工""非标设备安装施工"两个工作任务作为载体,使学生通过训练掌握在行业企业中应该做好的与给排水机械设备安装施工有关的工作。学习的内容与组织如下:

(1)学习水泵机组安装的知识、水泵附件与配管的安装方法、水泵试运转的方法、非标管件的展开放样、下料方法以及管件的成型工艺等内容,通过实际操作掌握市政给排水工程施工技术。

(2)能够借助工程资料找到完成任务所需的设施、材料、方法,完成进行给排水机械设备安装施工技术交底的任务,使学生对给排水机械设备安装施工有较真实的感受。

任务6 水泵机组安装施工

任　务　单

学习领域	给排水工程施工		
学习情境	给排水工程施工	学　　时	12
工作任务	水泵机组安装施工	任务学时	6
布 置 任 务			

工作目标	1. 能够掌握水泵机组的安装程序 2. 能够掌握水泵机组安装的技术要点
任务描述	常用水泵有叶片式水泵和容积式两大水泵,离心式水泵是应用最广的水泵,掌握了离心泵的安装,其他泵的安装就可照此办理。根据实际工程资料,其具体工作如下: 1. 水泵安装工艺 2. 阀门安装工艺 3. 管道配件安装要求 4. 水泵的试运转

学时安排	资讯	计划	决策	实施	检查	评价
	4 学时	1 学时	1 学时	4 学时	1 学时	1 学时

提供资料	[1]水泵机组安装施工资料. [2]刘灿生.给排水工程施工手册.2 版.北京:中国建筑工业出版社,2010. [3]给水排水管道工程施工及验收规范(GB 50268—2008).北京:中国建筑工业出版社,2009. [4]虚拟给排水工程施工实训平台.
对学生的要求	1. 具有工程制图、水泵与水泵站等基本专业理论知识 2. 具有正确识读工程施工图的能力 3. 具有一定的自学能力以及进行基本专业计算的能力 4. 具有良好的与人沟通及语言表达能力 5. 具有团队协作精神及良好的职业道德 6. 能够严格遵守课堂纪律,不迟到,不早退,不旷课 7. 本任务学习完成后,需提交水泵机组安装施工方案

资 讯 单

学习领域	给排水工程施工		
学习情境	给排水机械设备安装施工	学　　时	12
工作任务	水泵机组安装施工	资讯学时	4
资讯方式	在教材、参考书、专业杂志、互联网及信息单上查询问题;咨询任课教师		
资讯问题	1. 水泵机组安装的要求是什么?		
	2. 水泵机组基础施工时有哪些注意事项?		
	3. 水泵如何进行泵体安装?		
	4. 水泵吸水管路的安装要求是什么?		
	5. 水泵压水管路安装时应满足哪些要求?		
	6. 水泵减振措施有哪些?		
	7. 水泵试运转前应做好哪些准备?		
	8. 水泵试运转程序是什么?		
	9. 离心泵常见故障有哪些? 如何排除?		
	10. 学生需要单独资讯的问题。		
资讯引导	请在以下材料中查找: [1]信息单. [2]刘灿生.给排水工程施工手册.2 版.北京:中国建筑工业出版社,2010. [3]给水排水管道工程施工及验收规范(GB 50268—2008).北京:中国建筑工业出版社,2009. [4]全国二级建造师执业资格考试用书编委员会.市政公用工程管理与实务.4 版.北京:中国建筑工业出版社,2013. [5]全国一级建造师执业资格考试用书编委员会.市政公用工程管理与实务.4 版.北京:中国建筑工业出版社,2015.		

信 息 单

常用水泵中离心式水泵是应用最广的,掌握了离心泵的安装,其他泵的安装按照样本说明就可以进行。

6.1 水泵的安装

安装水泵的步骤:安装前的检查,基础施工及验收,机座安装、水泵泵体安装,水泵电动机安装。

1. 安装前的检查

(1)按水泵铭牌检查水泵性能参数,即水泵规格型号、电动机型号、功率、转速等。

(2)设备不应该有损坏和锈蚀等情况,管口保护物和堵盖应完整。

(3)用手盘车应灵活、无阻滞、卡住现象,无异常声音。

2. 水泵基础施工及验收

(1)小型水泵多为整体组装式,即在出厂时已把水泵、电动机与铸铁机座组合在一起,安装时只需将机座安装在混凝土基础上即可。另一类是水泵泵体与电动机分别装箱出厂,安装时要分别把泵体和电动机安装在混凝土基础上。

(2)水泵基础应按设计图样确定中心线、位置和标高,有机座的基础,其基础各向尺寸要大于机座100～150 mm,无机座的基础,外缘应距水泵或电动机地脚螺栓孔中心150 mm以上。基础顶面标高应满足水泵进出口中心高度要求,并不低于室内地坪100 mm。当基础的尺寸、位置、标高符合设计要求后,办理水泵基础交接验收手续,然后将底座置于基础上,套上地脚螺栓,调整底座的纵横中心位置与设计位置相一致。测定底座水平度:用水平仪(或水平尺)在底座的加工面上进行水平度的测量。其允许误差纵、横向均不大于0.1‰。底座安装时应用平垫铁片使其调成水平,并将地脚螺栓拧紧。

(3)基础一般用混凝土、钢筋混凝土浇筑而成,强度等级不低于C15。固定机座或泵体、电动机的地脚螺栓,可随浇筑混凝土同时埋入,此时要保证螺栓中心距准确,一般要依尺寸要求用木板把螺栓上部固定在基础模板上,螺栓下部用$\phi6$圆钢相互焊接固定。另一种做法是,在地脚螺栓的位置先预留埋置螺栓的深孔,待安装机座时再穿上地脚螺栓进行浇筑,此法叫二次浇筑法。由于土建施工先作基础,水泵及管道安装后进行,为了安装时更为准确,所以常采用二次浇筑。

地脚螺栓直径d是根据水泵底座上的螺栓孔直径确定的,一般d比孔径小2～10 mm,如表6.1所示。地脚螺栓埋入基础的尾部做成弯钩或燕尾式,埋入深度可参照直径确定。地脚螺栓的不垂直度不大于1%;地脚螺栓距孔壁的距离不应小于15 mm,其底端不应碰预留孔底;安装前应将地脚螺栓上的油脂和污垢消除干净;螺栓与垫圈、垫圈与水泵底座接触面应平整,不得有毛刺、杂屑;地脚螺栓的紧固,应在混凝土达到设计要求或相应的验收规范要求后进行,拧紧螺母后,螺栓必须露出螺母的1.5～5个螺距。地脚螺栓拧紧后,用水泥砂浆将底座与基础之间的缝隙填实,再用混凝土将底座下的空间填满填实,以保证底座的稳定。

表6.1 地脚螺栓直径及埋深

螺孔直径/mm	12～13	14～17	18～22	23～27	28～33	34～40	41～47	48～55
螺栓直径/mm	10	12～14	16	20	24	30	36	42
埋深尺寸/mm	200～400				500		600	700

水泵基础深度一般比地脚螺栓埋深200 mm。

(4)水泵基础验收主要内容:基础混凝土强度等级是否符合设计要求,外表面是否平整光滑,浇筑和抹面是否密实,可用手锤轻打,声音实脆且无脱落为合格。尺寸检查有平面位置、标高、外形尺寸、地脚螺栓留孔数量、位置、大小、深度。在基础强度达到设计要求或相应的验收规范要求后,方可进行水泵安装。在气温 10~15 ℃时,一般要在 7~12 天以后才可进行二次浇筑并进行安装。

（5）水泵基础应采取减振措施。在建筑给水系统中,水泵是产生噪声的主要来源,而水泵工作时产生的噪声主要来自振动。为了确保正常生活、生产和满足环境保护的要求,根据《水泵隔振技术规程》（CECS 59：1994）规定,设置水泵应采取隔振措施的场合有:设置在播音室、录音室、音乐厅等建筑的水泵必须采取隔振措施;设置在住宅、集体宿舍、旅馆、宾馆、商住楼、教学楼、科研楼、化验楼、综合楼、办公楼等建筑内设置的水泵应采取隔振措施;在工业建筑内,邻近居住建筑和公共建筑的独立水泵房内,有人操作管理的工业企业集中泵房内的水泵宜采取隔振措施;在有防振和安静要求的房间,其上下和毗邻的房间内,不得设置水泵。

水泵隔振的内容:水泵的振动是通过固体传振和气体传振两条途径向外传送的。固体传振防治重点在于隔振,空气传振防治重点在于吸声。一般采用隔振为主,吸声为辅。固体传振通过泵基础、泵进出水管道和管支架。因此,水泵隔振包括三项内容:水泵机组隔振、管道隔振、管支架隔振。这三项隔振必须同时配齐,以保证整体隔振效果。在必要时,对设置水泵的房间,建筑上还可采取隔振吸声措施。

水泵隔振措施:

①水泵机组应设隔振元件。水泵机座下安装橡胶隔振垫、橡胶隔振器、弹簧减振器等。隔振元件的选用应根据水泵型号规格、水泵转速和安装位置等因素由设计人员选定。卧式水泵宜采用橡胶隔振垫,安装在楼层时宜采用多层串联叠加的橡胶隔振垫或橡胶隔振器或阻尼弹簧隔振器。立式水泵宜采用橡胶隔振器。采用橡胶隔振垫的卧式水泵隔振基座安装,如图 6.1 所示。

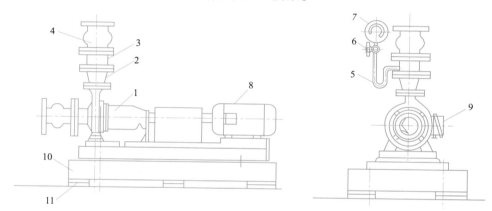

图 6.1　水泵隔振基座安装图

1—水泵;2—吐出锥管;3—短管;4—可曲挠接头;5—表弯管;6—表旋塞;7—压力表;
8—电动机;9—接线盒;10—钢筋混凝土基座;11—减振垫

②在水泵进出水管上宜安装曲挠橡胶接头。曲挠橡胶接头安装如图 6.2 所示。

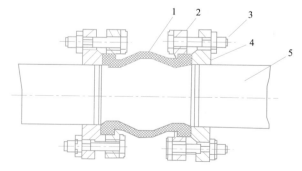

图 6.2　可曲挠橡胶接头安装示意图

1—可曲挠橡胶接头;2—特制法兰;3—螺杆;4—普通法兰;5—管道

③管道支架宜采用弹性吊架、弹性托架。弹性吊架安装如图 6.3 所示。

④管道穿墙或楼板处,应有防振措施,其孔口外径与管道间宜填玻璃纤维。

3. 水泵泵体安装

（1）水泵整机在基础上就位，机座中心线应与基础中心线重合，因此安装时首先在基础上画出中心线位置。机座用调整垫铁的方法进行找平，垫铁厚度依需要而定，垫铁组在能放稳和不影响灌浆的情况下，应尽量靠近地脚螺栓。每个垫铁组应尽量减少垫铁块数，一般不超过 3 块，并少用薄垫铁。放置平垫铁时，最厚的放在下面，最薄的放在中间，并将各垫铁相互焊接（铸铁垫铁可不焊），以免滑动影响机座稳固。机座的水平误差沿水泵轴方向，不超过 0.1 mm/m；沿与水泵轴垂直方向，不超过 0.3 mm/m。

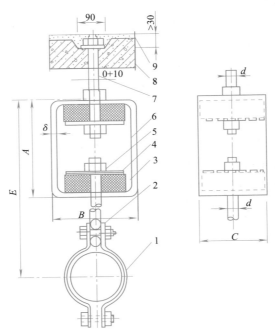

图 6.3　弹性吊架安装图

1—管卡；2—吊架；3—橡胶隔振器；4—钢垫片；5—螺母；
6—框架；7—螺栓；8—钢筋混凝土板；9—预留洞填水泥砂浆

（2）水泵泵体、电动机如已装为一体，机座就位后找正、找平即完成安装。当分体安装时，还要进行水泵泵体和电动机的安装和连接。此时，应按图样要求在机座上定出水泵纵横中心线，纵中心线就是水泵轴中心线，横中心线是以出水管的中心线为准。水泵找平的方法有：把水平尺放在水泵轴上测量轴向水平或用吊垂线的方法，测量水泵进出口的法兰垂直平面与垂线是否平行。若不平行，可以用泵体基座与泵体螺栓相接处加减薄钢片调整。水泵找正，在水泵外缘以纵横中心线位置立桩，并在空中拉中心线交角 90°，在两根线上各挂垂线，使水泵的轴心和横向中心线的垂线相重合，使其进出口中心与纵向中心线相重合。

（3）电动机的安装主要是把电动机轴的中心调整到与水泵轴的中心线在一条直线上，一般用钢板尺立在联轴器上做接触检查，转动联轴器，两个靠背轮与钢板尺处处紧密接触为合格。这是水泵安装中最关键的工序。另外，还要检查靠背轮之间的间隙能否满足在两轴做少量自由窜动时，不会发生顶撞和干扰。规定其间隙为：小型水泵 2～4 mm，中型水泵 4～5 mm，大型水泵 4～8 mm。

（4）水泵安装允许偏差应符合表 6.2 的规定；水泵安装基准线与建筑轴线、设备平面位置及标高的允许误差和检验方法如表 6.3 所示。

表 6.2　水泵安装允许偏差

序号	项　目	允许偏差/mm	检验频率		检验方法
			范围	点数	
1	底座水平度	±2	每台	4	用水准仪测量
2	底脚螺栓位置	±2	每只	1	用尺量

续上表

序号	项 目			允许偏差/mm	检验频率		检验方法
					范围	点数	
3	泵体水平度、铅垂度			0.1/m	每台	2	用水准仪测量
4	联轴器 同心度	轴向倾斜		0.8/m		2	用水平尺、百分表、测微螺钉和塞尺检查
5		径向位移		0.1/m		2	
6	皮带传动	轮宽中心 平面位移	平皮带	1.5		2	在主从动皮带轮端拉线用尺检查
7			三角皮带	1.0		2	

表 6.3 水泵安装基准线的允许误差和检验方法

项次	项 目			允许偏差/mm	检验方法
1	安装基准线	与建筑轴线距离		±20	用钢卷尺检查
2		与设备	平面位置	±l0	用水准仪和钢板尺检查
3			标高	+20 −10	

6.2 水泵附件与配管的安装

1. 阀门安装

(1)泵的连接管有吸入管和压出管两部分,吸入管上装有闸阀(截断关闭用阀门),吸入口若在水池中,还装有底阀和过滤器,压出管上装有闸阀或截止阀(作为截断关闭或作调节流量用阀门)及止回阀。止回阀的作用是防止水泵停泵时压出水的倒流。连接管路应有牢固的独立支撑。

(2)当泵中心线高出吸水井或储水池水位时,需设置引水装置,以保证水泵的正常启动。常用的引水装置有底阀、水环式真空泵、水射器和水上式底阀等。

2. 接头安装

管道与泵的连接为法兰连接,要求法兰连接同心并平行。为了减少水泵配管对水泵本身产生的应力和泵运转时通过管道传递振动和噪声,可在水泵进出水管上安装可曲挠性接头。

3. 管路安装

(1)吸水管路:必须严密,不漏气,在安装完成后应和压水管一样,要求进行水压试验。

每台水泵宜设单独的吸水管(特别是消防泵),尤其是吸上式水泵。若共用吸水管,运行时可能影响其他水泵的启动;吸水管不少于3根,并在连通管上装阀门,吸水管合用部分应处于自灌状态。当水泵为自灌式或水泵直接从室外管网抽水时,吸水管末端必须安装吸水底阀。

每台水泵出水管上应装设闸阀、止回阀和压力表。消防水泵的出水管应不少于两条,与环状管网相连,并应装设试验和检查用的放水阀门。

当水泵直接从室外给水管网抽水时,应在吸水管上装设阀门、止回阀和压力表。

吸入式水泵吸水管应有向水泵方向上扬且大于0.005的坡度,以免空气及水蒸气(水在负压区可能汽化)存在管内。吸水管路安装时不能出现空气囊,如吸水管水平管段变径时,偏心异径管的安装要求管顶平接,水平管段不能出现中间高的现象等,并应防止由于施工误差和泵房与管道产生不均匀沉降而引起的吸水管路的倒坡。

水泵备用泵设置应视建筑物的重要性、对供水安全性的要求等因素确定。

吸水管在水池中的位置应满足:吸水管入口应做成喇叭口,喇叭口直径 D 等于 $1.3 \sim 1.5$ 倍吸入管直径 d。喇叭口悬空高度不少于 $0.8D$,且不宜少于 0.5 m。其最小淹没深度一般为 $0.5 \sim 1$ m。喇叭口与水池壁的净距为 $(0.5 \sim 1)D$,喇叭口之间净距不少于 $1.5D$,避免相互干扰,如图 6.4 所示。

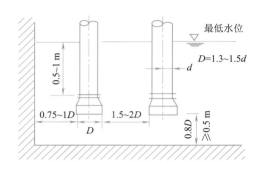

图 6.4 吸水管在水池中的位置要求

（2）压水管路：压水管管径一般比吸水管小一号，铸铁变径管与泵出口连接，并作为泵体配件一同供货。在大流量供水系统中通常用微阻缓闭止回阀代替普通止回阀。在正常运行时，微阻缓闭止回阀是常开的，因此阻力小；当停泵，水停止流动时，阀板先速闭并剩余 20% 左右开启面积，以缓解回流水击作用力，然后阀板徐徐缓闭，缓闭时间可在 0 ~ 60 s 范围内调节。与普通旋启式止回阀相比，减少阻力 20% ~ 50%，节电率大于 20%，并起到防止水击的安全作用。

6.3　水泵试运转

水泵机组安装完毕，经检验合格，应进行试运转以检查安装质量。水泵长期停用，在运行前也应进行试运行。试运转前应做好准备工作，新装水泵由施工单位制定试运转方案，包括试运转的人员组织、应达到的要求、操作规程、注意事项、记录表格、安全措施等，并对设备、仪表进行检查，电气部分除必须与机械部分同时运行外，应先行试运转。

1. 水泵试运转前的检查

（1）电动机转向是否与水泵转向一致。

（2）润滑油的规格、质量、数量应符合设备技术文件的规定；有润滑要求的部位应按设备技术文件的规定进行预润滑。

（3）检查各部位螺栓是否松动或不全；填料压盖松紧度要适宜；盘车应灵活、正常，无异常声音。

（4）吸水池水位是否正常。

（5）安全保护装置应灵活可靠。

（6）压力表、真空表、止回阀、蝶阀（闸阀）等附件是否安装正确并完好。

（7）离心泵开动前，应先检查吸水管路、底阀是否严密；传动皮带轮和顶丝是否牢固；叶轮内有无东西阻塞。

2. 水泵启动、试运转

（1）关闭出水管上阀门和压力表、真空表考克，打开吸水管上阀门，灌水或开动真空泵使水泵充满水；深井泵要打开润水管的阀门，对橡皮轴承进行润湿。

（2）启动电动机，进行试运转。电动机达到额定转速后，应逐渐打开出水管阀门，并打开压力表、真空表考克。

（3）试运转合格后慢慢地关闭出水管阀门和压力表、真空表考克，停止电动机运行，试运转完毕。

3. 水泵试运转的要求

离心泵和深井泵应在额定负荷下运转 8 h，轴承温升应符合产品说明书的要求，最高温度不得超过 75 ℃。填料函处温升很小，压盖松紧适度，只允许每分钟有 20 ~ 30 滴水泄出。水泵不应有较大振动，声音正常，各部位不得有松动和泄漏现象。对于深井泵，在启动 20 min 后应停止运转，进行轴向间隙终调节。电动机的电流值不应超过额定值。

水泵房中各种接头、部件均无泄漏现象。各种信号装置、计量仪表工作正常。从水泵房中输出的水应具有设计要求的水量、水压。水泵停止运转后，泵房内水管中的积水应全部放空。

试运转结束后要断开电源,排除泵和管道中存水,复查水泵轴向间隙和地脚螺栓、靠背轮螺钉、法兰螺栓等紧固部分,最后清理现场,整理各项记录,施工和使用单位在记录上签证。

4. 水泵运行故障及排除方法

离心水泵的常见故障、原因及排除方法如表6.4所示。

表6.4 离心水泵常见故障及排除方法

故 障 现 象	原 因	排 除 方 法
水泵不吸水,压力表及真空表的指针剧烈跳动,电流表指针接近零位	1. 吸水管、水泵内尚有空气 2. 吸水管或真空表管漏气	1. 再往水泵内灌水 2. 检查和堵塞漏气处
水泵不吸水,真空表的指示高度真空	1. 底阀没打开 2. 吸水管阻力太大 3. 吸水高度太大	1. 检修底阀 2. 放大吸水管径,换用局部阻力小的管件
压力表指示有一定压力,但不出水	1. 压力管阻力太大或逆止阀装反、闸阀损坏 2. 水泵叶轮转向不对 3. 水泵转速低于正常数 4. 叶轮流道阻塞	1. 检查压水管,清除阻塞 2. 检查电动机动转向,并改变转向 3. 调整水泵转速 4. 清理叶轮流道
水泵流量过小,电流表指示数值较低	1. 水泵内部有淤塞 2. 密封环磨损,间隙过大	1. 清除水泵内杂物、水垢 2. 更换密封环
电动机过载,内部声音不正常,类似振动	1. 填料压盖过紧 2. 水泵叶轮损坏 3. 流量过大	1. 拧松压盖 2. 更换叶轮 3. 关小闸门,减少流量
水泵内部声音时大时小,电流表指针波动	1. 吸水水面过低,开始吸入空气 2. 吸水管阻力过大	1. 降低出水量以减少出水量 2. 检查底阀及吸水管,清除阻塞物
水泵振动	1. 泵轴与电动机轴不在一条中心线上 2. 有的轴承损坏 3. 水泵轴与电动机轴中心不在一条中心线上	1. 加注或更换润滑油 2. 检修或更换泵零件 3. 紧固地脚螺栓,加固水泵基础
轴承过热	1. 缺少润滑油 2. 滑动轴承的油圈损坏 3. 水泵轴与电动机轴中心不在一条中心线上	1. 加注或更换润滑油 2. 检查并清洗轴承 3. 重校联轴器,使中心线重合

计 划 单

学习领域	给排水工程施工			
学习情境	给排水机械设备安装施工	学　时		12
工作任务	水泵机组安装施工	计划学时		0.5
计划方式	小组讨论,教师引导,团队协作,共同制订计划			
序　号	实施步骤			具体工作内容描述
1				
2				
3				
4				
5				
6				
7				
8				
9				
制订计划说明	(写出制订计划中人员为完成任务的主要建议或可以借鉴的建议、需要解释的某一方面)			

计划评价	班　级	组　别	组长签字	教师签字	日　期
	评语:				

决　策　单

学习领域	给排水工程施工			
学习情境	给排水机械设备安装施工	学　时		12
工作任务	水泵机组安装施工	决策学时		0.5

	序号	方案的可行性	方案的先进性	实施难度	综合评价
方案对比	1				
	2				
	3				
	4				
	5				
	6				

	班　级	组　别	组长签字	教师签字	日　期
决策评价					
	评语：				

实 施 单

学习领域	给排水工程施工		
学习情境	给排水机械设备安装施工	学 时	12
工作任务	水泵机组安装施工	实施学时	1
实施方式	小组成员合作,共同研讨,确定动手实践的实施步骤,教师引导		
序 号	实施步骤		使用资源
1			
2			
3			
4			
5			
6			
7			
8			
9			
10			
11			
12			
13			

实施说明:

班 级	组 别	组长签字	教师签字	日 期

作　业　单

学习领域	给排水工程施工		
学习情境	给排水机械设备安装施工	学　时	12
工作任务	水泵机组安装施工	作业方式	动手实践,学生独立完成
提交水泵机组安装施工施工技术交底记录			

根据实际工程资料,小组成员进行任务分工,分别进行动手实践,共同完成水泵机组安装施工施工技术交底

姓　　名	学　　号	班　　级	组　　别	教师签字	日　　期

作业评价	评语:

 技术（质量）交底记录

工程名称		交底项目	
工程编号		交底日期	

交底内容：

文字说明或附图

接收人：　　　　　　　　　　　　　交底人：

检 查 单

学习领域	给排水工程施工			
学习情境	给排水机械设备安装施工		学 时	12
工作任务	水泵机组安装施工		检查学时	1
序号	检查项目	检查标准	组内互查	教师检查
1	施工前的准备	是否全面、细致		
2	安装程序	是否正确		
3	泵体安装	是否准确		
4	配管设置	是否全面、准确		
5	质量要求及安全措施	是否全面、明确		
6	进行试运转	是否正常		
组 别	组长签字	班 级	教师签字	日 期

检查评价	评语：

评 价 单

学习领域	给排水工程施工					
学习情境	给排水机械设备安装施工		学　时			12
工作任务	水泵机组安装施工		评价学时			1
考核项目	考核内容及要求	分值	学生自评	小组评分	教师评分	实得分
计划编制 （25分）	工作程序的完整性	10	—	40%	60%	
	步骤内容描述	10	10%	20%	70%	
	计划的规范性	5	—	40%	60%	
工作过程 （50分）	合理确定施工顺序	10分	—	40%	60%	
	正确进行泵体安装	10分	10%	20%	70%	
	正确进行配管设置	10分	—	30%	70%	
	施工工艺符合质量、安全等要求	10分	10%	20%	70%	
	试运转正常	10分	10%	30%	60%	
学习态度 （5分）	上课认真听讲,积极参与讨论,认真完成任务	5分	—	40%	60%	
完成时间 （10分）	能在规定时间内完成任务	10分	—	40%	60%	
合作性 （10分）	积极参与组内各项任务,善于协调与沟通	10分	10%	30%	60%	
总分（∑）		100分	5	30	65	
班级	姓名	学号	组别	组长签字	教师签字	总评	日期

评价评语	评语:

任务7　非标设备安装施工

任 务 单

学习领域	给排水工程施工		
学习情境	给排水机械设备安装施工	学　时	12
工作任务	非标设备安装施工	任务学时	6
布　置　任　务			

工作目标	1. 能够进行常用管件及设备的下料计算 2. 能够掌握常用管件及设备制作的程序与技术要点
任务描述	工程中常用管件有弯头(肘管)、法兰、三通管、四通管(十字头)和异径管(大小头)等。根据实际工程资料,其具体工作如下: 1. 展开放样 2. 板材的切割下料 3. 管件的成型 4. 进行管件模型的制作

学时安排	资讯	计划	决策	实施	检查	评价
	2 学时	0.5 学时	0.5 学时	2 学时	0.5 学时	0.5 学时

提供资料	[1]非标管件的工程资料. [2]刘灿生.给排水工程施工手册.2 版.北京:中国建筑工业出版社,2010. [3]给水排水管道工程施工及验收规范(GB 50268—2008).北京:中国建筑工业出版社,2009.

对学生的要求	1. 具有工程制图、市政给排水管道工程、水泵与水泵站、建筑给排水工程等基本专业理论知识 2. 具有正确识读工程施工图的能力 3. 具有独立进行工程测量的能力 4. 具有一定的自学能力以及进行基本专业计算的能力 5. 具有良好的与人沟通及语言表达能力 6. 具有团队协作精神及良好的职业道德 7. 能够严格遵守课堂纪律,不迟到,不早退,不旷课 8. 本工作任务学习完成后,需提交非标设备安装施工方案

资 讯 单

学习领域	给排水工程施工		
学习情境	给排水机械设备安装施工	学　时	12
工作任务	非标设备安装施工	资讯学时	2
资讯方式	在教材、参考书、专业杂志、互联网及信息单上查询问题;咨询任课教师		
资讯问题	1. 常用管件(弯头、三通管、四通管、异径管)的展开放样图如何进行绘制? 2. 管件制作时如何进行下料? 3. 管件制作时如何成型/应注意哪些问题? 4. 碳钢容器如何下料成型?其焊接工艺要求? 5. 碳钢容器制作后如何进行质量检查? 6. 塑料设备制作时的技术要点? 7. 如何进行塑料容器的质量检查? 8. 学生需要单独资讯的问题。		
资讯引导	请在以下材料中查找: [1]信息单. [2]刘灿生.给排水工程施工手册.2版.北京:中国建筑工业出版社,2010. [3]给水排水管道工程施工及验收规范(GB50268—2008).北京:中国建筑工业出版社,2009. [4]全国二级建造师执业资格考试用书编写委员会.市政公用工程管理与实务.2版.北京:中国建筑工业出版社,2013. [5]全国一级建造师执业资格考试用书编写委员会.市政公用工程管理与实务.4版.北京:中国建筑工业出版社,2015.		

信　息　单

7.1　管件的制作

工程中常用的管件有弯头(肘管)、法兰、三通管、四通管(十字头)和异径管(大小头)等。弯头用于管道转弯的地方;法兰为使管子与管子相互连接的零件,连接于管端;三通管用于三根管子汇集的地方;四通管用于四根管子汇集的地方;异径管用于不同管径的两根管子相连接的地方。

7.1.1　管件的展开放样

在管道安装工程中,经常遇到转弯、分支和变径所需的管配件,这些管配件中的相当一部分要在安装过程中根据实际情况现场制作,而制作这类管件必须先进行展开放样。

1. 弯头的展开放样

弯头又称马蹄弯,根据角度的不同,可以分为直角马蹄弯和任意角度马蹄弯两类,如图 7.1 所示。它们均可以采用投影法进行展开放样。

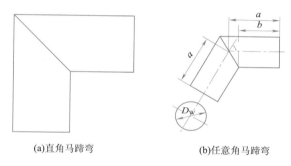

(a)直角马蹄弯　　　　　(b)任意角马蹄弯

图 7.1　弯头

a、b—管件放样尺寸;D_W—管件直径

(1)任意角度马蹄弯的展开方法与步骤

已知尺寸 a、b、D 和角度。

①按已知尺寸画出立面图,如图 7.2 所示。

②以 $D/2$ 为半径画圆,然后将断面图中的半圆 6 等分,等分点的顺序设为 1、2、3、4、5、6、7。

③由各等分点作侧管中心线的平行线,与投影接合线相交,得交点为 1′、2′、3′、4′、5′、6′、7′。

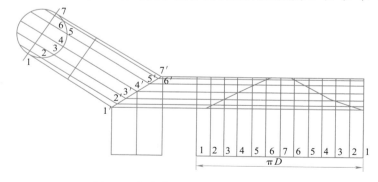

图 7.2　任意角度马蹄弯的展开放样图

④作一水平线段,长为 πD,并将其 12 等分,得各等分点 1、2、3、4、5、6、7、6、5、4、3、2、1。

⑤过各等分点,作水平线段的垂直引上线,使其与投影接合线上的各点 1′、2′、3′、4′、5′、6′、7′引来的水平线相交。

⑥用圆滑的曲线将相交所得点连接起来,即得任意角度马蹄弯展开图。

（2）直角马蹄弯的展开放样

已知直径 D。由于直角马蹄弯的侧管与立管垂直,因此,可以不画立面图和断面图,以 $D/2$ 为半径画圆,然后将半圆 6 等分,其余与任意角度马蹄弯的展开放样方法相似,如图 7.3 所示。

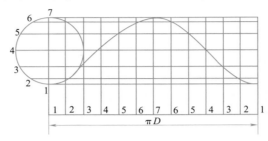

图 7.3　直角弯展开图

2. 虾壳弯的展开放样

虾壳弯由若干个带斜截面的直管段组成,由两个端节及若干个中节组成,端节为中节的一半,根据中节数的多少,虾壳弯分为单节、两节、三节等;节数越多,弯头的外观越圆滑,对介质的阻力越小,但制作越困难。

（1）90°单节虾壳弯展开方法与步骤

①作 $\angle AOB = 90°$,以 O 为圆心,以半径 R 为弯曲半径,画出虾壳弯的中心线。

②将 $\angle AOB$ 平分成两个 45°,即图中 $\angle AOC$、$\angle COB$,再将 $\angle AOC$、$\angle COB$ 各平分成两个 22.5° 的角,即 $\angle AOK$、$\angle KOC$、$\angle COD$ 与 $\angle DOE$。

③以弯管中心线与 OB 的交点 4 为圆心,以 $D/2$ 为半径画半圆,并将其 6 等分。

④通过半圆上的各等分点作 OB 的垂线,与 OB 相交于 1、2、3、4、5、6、7,与 OD 相交于 1′、2′、3′、4′、5′、6′、7′,直角梯形 11′77′ 就是需要展开的弯头端节。

⑤在 OB 的延长线的方向上,画线段 EF,使 $EF = \pi D$,并将 EF 12 等分,得各等分点 1、2、3、4、5、6、7、6、5、4、3、2、1,通过各等分点作垂线。

⑥以 EF 上的各等分点为基点,分别截取 11′、22′、33′、44′、55′、66′、77′ 线段长,画在 EF 相应的垂直线上,得到各交点 1′、2′、3′、4′、5′、6′、7′、6′、5′、4′、3′、2′、1′,将各交点用圆滑的曲线依次连接起来,所得几何图形即为端节展开图。用同样方法对称地截取 11′、22′、33′、44′、55′、66′、77′ 后,用圆滑的曲线连接起来,即得到中节展开图,如图 7.4 所示。

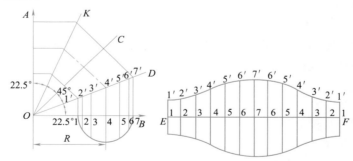

图 7.4　90°单节虾壳弯展开图

（2）90°两节虾壳弯展开图

其展开图如图 7.5 所示。展开画法与单节虾壳弯的展开法相似,只是将 $\angle AOB = 90°$ 等分成 6 等份,即 $\angle COB = 15°$,其余参考单节虾壳弯的展开画法。

3. 三通管的展开放样

（1）等径直角三通管展开图作图步骤

①如图 7.6 所示,按已知尺寸画出主视图和断面图,由于两管直径相等,其结合线为两管边线交点与轴线交点的连线,可直接画出。

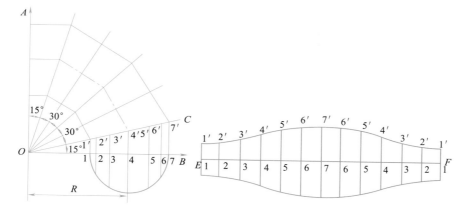

图 7.5　90°两节虾壳弯展开图

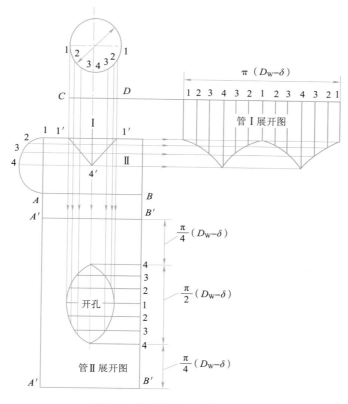

图 7.6　等径直角三通管展开图

②6 等分管Ⅰ断面半圆周,等分点为 1、2、3、4、3、2、1。由等分点引下垂线,得与结合线 $1' - 4' - 1'$ 的交点。

③画管Ⅰ展开图。在 CD 延长线上取 1 - 1 等于管Ⅰ断面圆周长度 $\pi(D_W - \delta)$,并 12 等分。由各等分点向下引垂线,与由结合线各点向右所引的水平线相交,将各对应交点连成曲线,即得所求管Ⅰ展开图。

④画管Ⅱ展开图。在主视图正下方画一矩形,使其长度等于管断面周长 $\pi(D_W - \delta)$,宽等于主视图 AB。在 $B'B''$ 线上取 4 - 4 等于断面 1/2 圆周。6 等分 4 - 4,等分点为 4、3、2、1、2、3、4,由各等分点向左引水平线,与由主视图结合线各点向下所引的垂线相交,将各对应交点连成曲线,即为管Ⅱ开孔实形。$A'B'B''A''$ 即为所求管Ⅱ展开图。

(2)异径直角三通管展开作图方法和步骤

①如图 7.7 所示,依据所给尺寸画出异径直角三通管的侧视图(主管可画成半圆),按支管的外径画半圆。

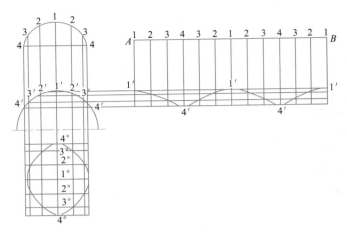

图 7.7 异径直交三通展开图

②将支管上半圆弧 6 等分,标注号为 4、3、2、1、2、3、4,然后从各等分点向上向下引垂直的平行线,与主管圆弧相交,得出相应的交点 4′、3′、2′、1′、2′、3′、4′。

③将支管图上直线 4-4 向右延长得 AB 直线,在 AB 上量取支管外径的周长(πD),并 12 等分之,自左向右等分点的顺序标号是 1、2、3、4、3、2、1、2、3、4、3、2、1。

④由直线 AB 上的各等分点引垂直线,然后由主管圆弧上各交点向右引水平线与之相交,将对应点连成光滑曲线,即得到支管展开图(俗称雄头样板)。

⑤延长支管圆中心的垂直线,在此直线上以点 1° 为中心,上下对称量取主管圆弧上的弧长,得交点 1°、2°、3°、4°、3°、2°、1°。

⑥通过这些交点作垂直于该线的平行线,同时,将支管半圆上的 6 根等分垂直线延长,并与这些平行直线相交,用光滑曲线连接各交点,此即为主管上开孔的展开图样,俗称雌头样板。

4. 大小头的展开放样

(1)同心大小头的展开

展开图如图 7.8 所示,展开步骤如下:

①运用正投影原理画出同心大小头的立面图。

②以 ac 为直径作大头的半圆并 6 等分,每一等分的弧长为 A。

③延长 ab、cd 交于 O 点。

④以 O 为圆心,分别以 Oa、Ob 为半径画弧 EF、GH,截取 EF = 12A,连接 OE、OF,所得几何图形 EFHG 即为要展开的大小头展开图。

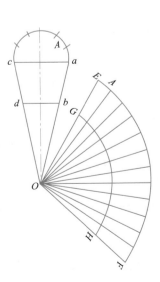

图 7.8 同心大小头展开图

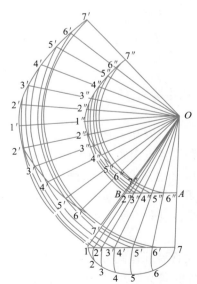

图 7.9 偏心大小头展开图

（2）偏心大小头的展开

展开图如图 7.9 所示,展开步骤如下:

①运用正投影原理画出偏心大小头的立面图。

②延长 7–A 及 1–B 交于 O 点。

③以 1–7 为直径画半圆并 6 等分,得等分点 1、2、3、4、5、6、7。

④以 7 为圆心,以 7 到半圆各等分点的距离为半径画同心圆弧,分别与直线 17 相交得交点为 2′、3′、4′、5′、6′。

⑤自 O 点连接 O6′、O5′、O4′、O3′、O2′的连接线交 AB 于 6″、5″、4″、3″、2″各点。

⑥以 O 为圆心,以 O7、O6、O5、O4、O3、O2、O1 为半径作同心圆弧。

⑦在 O7 为半径的圆弧上任取一点 7′,以 7′为起点,以大头半圆等分的弧长为线段长,顺次阶梯地截得各同心圆弧交于 6′、5′、4′、3′、2′、1′、2′、3′、4′、5′、6′、7′。

⑧以 O 为圆心,分别以 OA、O6″、O5″、O4″、O3″、O2″、OB 为半径,分别画圆弧顺次阶梯地与于 O7′、O6′、O5′、O4′、O3′、O2′、O1′各条半径线相交于 7″、6″、5″、4″、3″、2″、1″、2″、3″、4″、5″、6″、7″各点,用圆滑曲线连接所有交点,所得几何图形就是偏心大小头的展开图。

7.1.2　管件的下料

管件所用材料主要为管子、板材和棒材,根据材料特性和产品所用坯料的形状选择下料方法。坯料的形状、尺寸和其他要求根据不同产品的工艺规定进行。对于管子,常用的下料方法有带锯床或弓锯床切割、气割、等离子切割。对于板材,常用的下料方法有气割、等离子切割、冲床冲切。对于棒材,常用的下料方法有带锯床或弓锯床切割、冲剪切割。

7.1.3　管件的成形

对所有管件的制造工艺来说,成形是其不可缺少的工序。

1. 加热

对采用热成形方法制造管件而言,为满足成形工艺中对材料变形的要求,成形时需要对坯料进行加热。加热温度通常视材料和工艺需要确定。

2. 焊接

带焊缝的管件包括两种情况:一种是用焊管制造的管件,对管件制造厂来说,采用焊管的成形工艺与采用无缝管的成形工艺基本相同,管件成形过程不包括焊接工序;另一种是由管件制造厂完成管件成形所需要的焊接工序,如单片压制后再进行组装焊接成形的弯头、用钢板卷筒后焊接成管坯再进行压制的三通等。

管件的焊接方法常用的有手工电弧焊、气体保护焊以及自动焊等。

7.2　碳钢设备制作

碳钢容器按外形分为圆形、矩形、锥形等,以圆形和矩形最普遍;按密闭形式分为敞口和封闭两类;按容器内的压力分为有压和无压两类。有压容器按耐压高低,分为低压(0.5 MPa 以下)、中压和高压(0.5 MPa 以上)容器。

施工现场制作的碳钢容器一般为无压或低压容器。中、高压碳钢容器通常在容器制造厂生产。

矩形碳钢容器一般由上底、下底和壁板三部分组成,下料、焊接比较容易。圆形碳钢容器一般由罐身、封头和罐顶三部分组成。其制作方法为:先分别制作罐身、封头、罐底和接管法兰,然后将各部分焊接成形。制作用钢材应满足设计及有关规范要求。

7.2.1 下料成形

1. 管子和罐身的下料与成形

管子和罐身下料前,必须要在钢板上画线。画线是确定管子、罐身和零件在钢板上被切割或被加工的外形,内部切口的位置,罐身上开孔的位置,卷边的尺寸,弯曲的部位,机械切削或其他加工的界限。

画线时,要考虑切割与机械加工的余量。管节、罐身画线时还要留出焊接接头所需的焊接余量。

制作管子和罐身,有用一块钢板卷成整圆的管子和罐身;也有卷成弧片,再由若干弧片拼焊成圆。

卷成整圆的钢板宽度 B 的计算公式:

$$B = \pi(D + d) \tag{7.1}$$

式中:D——管子或罐身的内径(mm);

d——钢板厚度(mm)。

由若干弧片成圆,并采用 X 形焊缝的钢板厚度 B' 为:

$$B' = B/n \tag{7.2}$$

式中:B——卷成管子或罐身钢板宽度(mm);

n——卷成管子或罐身的弧片数。

画线可在工作平台或在平坦地面上进行。根据需要,也可在罐身或其他表面进行。一般是在钢板边缘画出基准线,然后从此线开始按设计尺寸逐渐画线。零件也应按平面展开图画线。

为提高画线速度,对于小批量、同规格的管子或罐身可以采取在油毡或厚纸板上画线,剪成样板,再用此样板在钢板上画线。

管子与罐身制作质量要求应符合设计或有关规范规定。

钢板毛料采用各种剪切机、切割机剪裁,但在施工现场,多采用氧–乙炔气切割。氧–乙炔气切割面不平整,还需用砂轮机或风铲修整。毛料在卷圆前,应根据壁厚进行焊缝坡口的加工。

毛料一般采用三辊对称式卷板机滚弯成圆,如图 7.10 所示。滚弯后的曲度取决于滚轴的相对位置、毛料的厚度和机械的性能。滚弯前,应调整滚轴之间的相对距离 H 和 B,如图 7.11 所示。但 H 值比 B 值容易调整,因此都以调整 H 来满足毛料滚弯的要求。滚轴直径、毛料厚度和卷圆直径之间,求出 H 值。但由于材料的回弹量难以精确确定,因此,在实际卷圆中,都采用经验方法,逐次试用调整 H 值,以达到所要求的卷圆半径。毛料也可在四辊卷板机上卷圆。在三辊卷板机上卷圆,首尾两处滚不到而产生直线段。因此,可采用弧形垫板消除直线段,如图 7.12 所示。四辊卷板机卷圆时,毛料首尾两段都能滚到,不存在直线段的问题。

毛料卷圆后,可用弧形样板检查椭圆度,如图 7.13 所示。

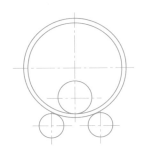

图 7.10 三轴卷板机示意

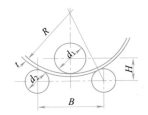

图 7.11 滚弯各项参数示意

图 7.12 垫板消除直线段

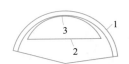

图 7.13 弧形样板检查图圆度
1—拼件;2—样板;3—焊枪

椭圆度校正方法是在卷板机上再滚弯若干次,也可在弧度误差处用氧－乙炔气割枪加热校正。

三辊机上辊和四辊机侧倾斜安装后还可卷制成大小头等锥形零件,但辊筒倾角均不大于10°～18°。

大直径管子或罐身卷圆后堆放及焊接时,为了防止变形,保证质量,可采取如图7.14所示的米字形活动支撑固定,还可校正弧度误差。

2. 封头制作

给水排水容器的封头,常见的有椭圆形和碟形,如图7.15所示,也有半圆形、锥形和平形。一般情况下,直径不大于500 mm时采用平封头。一般情况下,平封头可在现场采取氧－乙炔气切割得到;但非平封头则需委托容器制造厂加工。容器制造厂制造封头常采取热压成型。即采用胎具,平板毛料加热至700～1 200 ℃,在不小于1 000吨位的油压或水压压力机下压制成型。

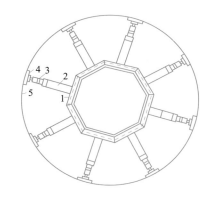

图7.14 米字形支撑
1—箱形梁;2—管套;3—螺旋千斤顶;
4—弧形衬板;5—钢管

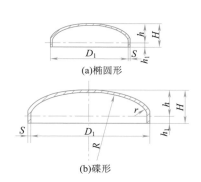

(a)椭圆形

(b)碟形

图7.15 封头

现场进行封头和罐身拼接时,两者直径误差不应超过±2 mm,如图7.16所示。罐脚采用钢管,三只罐脚成120°焊于罐底,如图7.17所示。

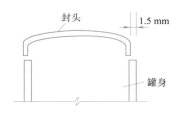

图7.16 封头与罐身拼装允许误差

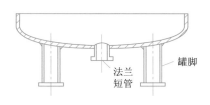

图7.17 罐底

容器的法兰接管口、窥视孔、罐底泄空口等,均可按有关规范制作。

7.2.2 碳钢容器的焊接

焊接的方法有手工电弧焊、手工氩弧焊、自动埋弧焊和接触焊等。施工现场常采用手工电弧焊和气焊。

1. 手工电弧焊

手工电弧焊的电焊机分交流和直流两种,施工现场多采用交流电焊机。

(1)焊接接头形式

根据焊件连接的位置不同,分为对接接头、搭接接头、T形接头和角式接头。钢管的焊接采取对接接头。焊缝强度不应低于母材的强度,需有足够的焊接面积,并在焊件的厚度方向上焊透。根据焊件的不同厚度,选用不同的坡口形式。对接接头焊缝有平口、V形坡口、X形坡口、单U形坡口和双U形坡口等,如图7.18所示。

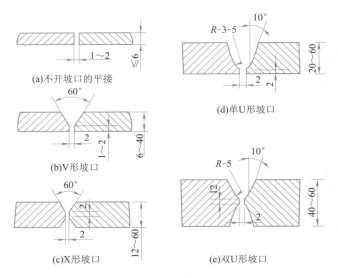

图 7.18 对接接头

焊接厚度小于等于 6 mm,采取不开坡口的平接。大于 6 mm,采用 V 形或 X 形坡口。当焊件厚度相等时,X 形坡口的焊着金属约为 V 形坡口的 1/2,焊件变形及产生的内应力也较小。单 U 形和双 U 形坡口的焊着金属较 V 形和 X 形坡口都小,但坡口加工困难。

坡口方法有下列几种:较厚的焊件,在现场用气割坡口,但须修整不平整处;手提砂轮机坡口;用风动或电动的扁铲坡口;成批定型坡口可在加工厂用专用机床加工。

(2)焊缝形式和焊接方法

焊缝形式有平焊缝、横焊缝、立焊缝、仰焊缝,如图 7.19 所示。平焊操作方便,焊接质量易保证。横焊、立焊、仰焊操作困难,焊接质量较难保证。因此,凡是有条件采用平焊的,都应采用平焊接法。

在给水排水工程中,焊缝严密性检查是主要的检查项目。检查方法主要为水压试验和气压试验。对于无压容器,可只作满水试验:即将容器满水至设计高度,焊缝无渗漏为合格。水压试验是按容器工作状态检查,因此是基本的检查内容。水压试验压力:当工作压力小于 0.5 MPa 时,为工作压力的 1.5 倍,但不得小于 0.2 MPa;当工作压力大于 0.5 MPa 时,为工作压力的 l.25 倍,但不得小于工作压力加 0.3 MPa 压力。容器在试验压力负荷下持续 5 min,然后将压力降至工作压力,并在保持工作压力的情况下,对焊缝进行检查。若焊缝无破裂、不渗水、没有残余变形,则认为水压试验合格。

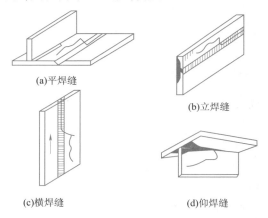

图 7.19 焊缝形式

2. 氧-乙炔气焊

氧-乙炔气焊简称气焊,是利用乙炔气和氧气混合燃烧后产生 3 100 ~ 3 300℃的高温,将两焊接接缝处的基本金属熔化,形成熔池进行焊接,或在形成熔池后,向熔池内充填熔化焊丝进行焊接。由于这种焊接方法散热快、热量不集中,焊接温度不高,远不及电焊使用普遍,一般仅用于 6 mm 以下薄钢板。火焰的调节十分重要,它直接影响到焊接质量和焊接效率。

7.3 塑料设备制作

在施工现场制作给水排水设备的塑料有硬聚氯乙烯、聚氯乙烯、聚苯乙烯、聚甲醛、聚三氟氯乙烯、聚氟乙烯等。这些塑料均属热塑性塑料,其主要成分为聚合类树脂。

7.3.1 硬聚氯乙烯塑性性能及其加工

硬聚氯乙烯塑料的工作温度一般为 -10 ~ 50 ℃,无荷载使用温度可达 80 ~ 90 ℃。在 80 ℃以下,呈弹性变形;超过 80 ℃,呈高弹性状态。至 180 ℃,呈黏性流动状。热塑加压成型温度为 80 ~ 165 ℃,板材压制温度为 165 ~ 175 ℃。在 220 ℃塑料汽化,而在 -30 ℃呈脆性。

硬聚氯乙烯塑料线膨胀系数(6 ~ 8)× 10^{-5} m/(m·℃),是碳钢的 5 ~ 6 倍,因此热胀冷缩现象非常显著。

硬聚氯乙烯塑料在日照、高温环境中极易老化。塑料的老化表现为变色、发软、变黏、变脆、龟裂、长霉,以及物理、化学、机械和介电性能明显下降。为防止塑料设备老化,在使用过程中应尽量避免能使其老化的条件存在,如将塑料设备设置在室内,从露天移至地下。此外,根据塑料的使用条件,选择加入适当的稳定剂和防老剂的塑料作为制造设备的材料,同样可延缓塑料设备的老化。

硬聚氯乙烯在热塑范围内,温度愈高,塑性愈好,但加热到板材压制温度时,塑料分层。因此,成型加热温度应控制在 120 ~ 130 ℃。

硬聚氯乙烯板、管的机械加工性能优良,可采用木工、钳工、机工工具和专用塑料割刀进行锯、割、刨、凿、钻等加工。但是加工速度应控制,以防因高速加工而急剧升温,使其软化、分解。机械加工应避免在板、管面产生裂痕。刻痕会产生应力集中,使强度破坏频率增高。已产生的刻痕应打磨光洁。不宜在低于 15 ℃环境中加工,避免因材料脆性提高而发生断裂。

7.3.2 硬聚氯乙烯设备成形

硬聚氯乙烯塑料板下料画线与碳钢设备相同,但应根据塑料性能预留冷收缩量和成形后再加工余量。

硬聚氯乙烯设备成形加热,应在电热烘箱或气热烘箱内进行。弯管、扩口等小件也可采用蒸汽、电热、甘油浴和明火加热,加热温度和加热时间根据试验确定。

板材加热后需在模内成形。由于木材热系数低,因此常采用木胎模。塑料木胎模成形如图 7.20 所示。如果罐身是用弧形板拼装接成的,各种弧形板用阴、阳模成形,如图 7.21 所示。

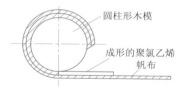

图 7.20 塑料木胎膜成形

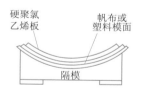

图 7.21 塑料弧形板成形

容器的封头,根据其尺寸和径深比,或用单板料成形,或分块组对拼接。单块板料成形模型如图 7.22 所示。板线画线下料所留加工余量不宜过大,以免产生压制叠皱。分块压制拼焊的大封头,如图 7.23 所示:拼割尺寸误差可用喷灯局部加热矫形修正。

图 7.22 单块板料封头成形模型

图 7.23 拼接封头分块成形

7.3.3 塑料容器的检查

塑料容器焊接成形后用检查质量,常用下列方法检查:

1. 焊缝外观检查

焊缝表面应清洁、平整,焊纹排列整齐而紧密,挤浆均匀,无焦灼现象。

2. 常压容器注水试验

对于常压容器,注满水,24 h 内不渗漏为合格。

3. 压力容器试压

对于压力容器,在 1. 5 倍工作压力的实验压力(水压试验)下,保持 5 min 不渗漏为合格。

4. 电火花检查

在焊缝两侧同时移动电火花控制线和地线,根据漏电情况确定质量优劣。

5. 气压试验

向容器内打入有压空气,在焊缝外侧涂满肥皂水,根据漏气与否确定施工质量。

一般焊缝外观检查是必须检查的内容。其他检查方法,可根据施工现场条件,任选一种进行。

计　划　单

学习领域	给排水工程施工		
学习情境	给排水机械设备安装与制作	学　　时	12
工作任务	非标设备安装施工	计划学时	0.5
计划方式	小组讨论,教师引导,团队协作,共同制订计划		
序　　号	实施步骤		具体工作内容描述
1			
2			
3			
4			
5			
6			
7			
8			
9			
制订计划说明	(写出制订计划中人员为完成任务的主要建议或可以借鉴的建议、需要解释的某一方面)		

	班　　级	组　　别	组长签字	教师签字	日　　期
计划评价					
	评语:				

决 策 单

学习领域	给排水工程施工			
学习情境	给排水机械设备安装与制作	学 时		12
工作任务	非标设备安装施工	计划学时		0.5

	序号	方案的可行性	方案的先进性	实施难度	综合评价
方案对比	1				
	2				
	3				
	4				
	5				
	6				

	班 级	组 别	组长签字	教师签字	日 期

	评语:
决策评价	

实 施 单

学习领域	给排水工程施工		
学习情境	给排水机械设备安装与制作	学　时	12
工作任务	非标设备安装施工	实施学时	2
实施方式	小组成员合作,共同研讨,确定动手实践的实施步骤,教师引导		
序　号	实施步骤	使用资源	
1			
2			
3			
4			
5			
6			
7			
8			
9			

实施说明:

班　级	组　别	组长签字	教师签字	日　期

作 业 单

学习领域	给排水工程施工		
学习情境	给排水机械设备安装与制作	学　时	12
工作任务	非标设备安装施工	作业方式	动手实践,学生独立完成
钢制焊接弯头模型的下料与制作			

根据实际工程资料,小组成员进行任务分工,分别进行动手实践,共同完成钢制焊接弯头模型的下料与制作

姓　名	学　号	班　级	组　别	教师签字	日　期

作业评价	评语:

检 查 单

学习领域	给排水工程施工			
学习情境	给排水机械设备安装与制作		学　时	12
工作任务	非标设备安装施工		检查学时	0.5
序号	检查项目	检查标准	组内互查	教师检查
1	钢制管件的展开放样	明确展开放样的方法,正确绘制展开放样图		
2	钢制管件的制作工艺	合理选择施工方法		
3	质量标准	是否满足		
4	成果展示	是否标准		
组　别	组长签字	班　级	教师签字	日　期

检查评价	评语:

评 价 单

学习领域	给排水工程施工					
学习情境	给排水机械设备安装与制作			学　时		12
工作任务	非标设备安装施工			评价学时		0.5
考核项目	考核内容及要求	分值	学生自评	小组评分	教师评分	实得分
计划编制 （25分）	工作程序的完整性	10	—	40%	60%	
	步骤内容描述	10	10%	20%	70%	
	计划的规范性	5	—	40%	60%	
工作过程 （50分）	合理确定管件下料程序	10分	—	40%	60%	
	正确绘制管件的展开放样图	10分	10%	20%	70%	
	合理选择加工工艺	10分	—	30%	70%	
	符合质量要求	10分	10%	20%	70%	
	成品制成达标	10分	10%	30%	60%	
学习态度 （5分）	上课认真听讲，积极参与讨论，认真完成任务	5分	—	40%	60%	
完成时间 （10分）	能在规定时间内完成任务	10分	—	40%	60%	
合作性 （10分）	积极参与组内各项任务，善于协调与沟通	10分	10%	30%	60%	
总分（∑）		100分	5	30	65	
班级	姓名	学号	组别	组长签字	教师签字	总评	日期

评价评语	评语：

教学反馈单

学习领域	给排水工程施工				
学习情境	给排水机械设备安装与制作		学　时		12
调查项目	序　号	调查内容	是	否	备注
	1	掌握钢制管件的展开图绘制的方法吗？			
	2	了解钢制管件制作的程序。			
	3	清楚钢制管件制作的技术要点吗？			
	4	喜欢这种动手操作的上课过程吗？			
	5	对自己的表现是否满意？			
	6	对小组成员之间的合作是否满意？			
	7	了解水泵机组安装的要求吗？			
	8	掌握水泵吸水及压水管路的安装有哪些要求吗？			
	9	清楚水泵减振措施有哪些吗？			
	10	对虚拟实训平台的使用还有哪些改进意见？			

你的意见对改进教学非常重要，请写出你的建议和意见：

		被调查人信息			
班　级	姓　名	学　号	组　别		调查时间

学习情境 四

给排水工程施工组织设计

学习指南

学习目标

学生在教师的讲解和引导下,明确工作任务的目的和实施中的关键要素,通过学习掌握流水施工的概念、流水施工的组织分类及表达形式、流水施工的参数以及流水施工的基本方式,能够借助工程资料找到完成任务所需的设施、材料、方法,能够最终完成编写编制施工进度计划横道图、编制施工进度计划网络图、编写单位工程施工方案三项任务。要求在学习过程中锻炼职业素质,做到"严谨认真、吃苦耐劳、诚实守信"。

工作任务

(1)编制施工进度计划横道图。
(2)编制施工进度计划网络图。
(3)编写单位工程施工方案。

学习情境描述

根据给排水工程施工组织设计的工作过程选取了"编制施工进度计划横道图""编制施工进度计划网络图""编写单位工程施工方案"3个任务作为载体,使学生通过训练掌握在行业企业中应该做好的与给排水工程施工组织设计有关的工作。学习的内容与组织如下:

(1)学习流水施工的组织分类及表达形式、流水施工的参数、基本方式以及网络计划技术的基本知识和优化方法等内容,通过实际操作掌握给排水工程施工组织设计的原理。

(2)能够借助工程资料找到完成任务所需的设施、材料、方法,完成进行给排水工程施工组织设计的任务,使学生对给排水工程施工组织设计有切身的体验。

任务8 编制施工进度计划横道图

任 务 单

学习领域	给排水工程施工		
学习情境	给排水工程施工组织设计	学　时	40
工作任务8	编制施工进度计划横道图	任务学时	12

<table>
<tr><td colspan="7" align="center">布 置 任 务</td></tr>
<tr><td>工作目标</td><td colspan="6">1. 熟练掌握施工进度计划横道图的编制方法
2. 能够在学习中锻炼职业能力、专业素养和社会能力等</td></tr>
<tr><td>任务描述</td><td colspan="6">横道图是体现施工进度计划最直观、易懂的方式。根据实际工程资料，其具体工作如下：
1. 明确流水施工的分类
2. 正确计算流水施工的主要参数
3. 灵活运用流水施工的基本方式</td></tr>
<tr><td rowspan="2">学时安排</td><td align="center">资讯</td><td align="center">计划</td><td align="center">决策</td><td align="center">实施</td><td align="center">检查</td><td align="center">评价</td></tr>
<tr><td align="center">4 学时</td><td align="center">1 学时</td><td align="center">1 学时</td><td align="center">4 学时</td><td align="center">1 学时</td><td align="center">1 学时</td></tr>
<tr><td>提供资料</td><td colspan="6">［1］市政给排水管道工程、建筑给排水管道工程施工资料．
［2］刘灿生．给排水工程施工手册．2 版．北京：中国建筑工业出版社，2010．
［3］全国一级建造师执业资格考试用书编写委员会．建设工程施工管理．4 版．北京：中国建筑工业出版社，2015．</td></tr>
<tr><td>对学生的要求</td><td colspan="6">1. 具有工程制图、建筑给排水工程、市政给排水管道工程、给水处理、污水处理等基本专业理论知识
2. 具有正确识读工程施工图的能力
3. 具有有合理选择施工方法，确定施工顺序的能力
4. 具有驾驭常规专业工程施工工艺和施工技术的能力
5. 具有一定的自学能力以及进行基本专业计算的能力
6. 具有良好的与人沟通及语言表达能力
7. 具有团队协作精神及良好的职业道德
8. 能够严格遵守课堂纪律，不迟到，不早退，不旷课
9. 本任务学习完成后，需编制施工进度计划横道图</td></tr>
</table>

资　讯　单

学习领域	给排水工程施工		
学习情境	给排水工程施工组织设计	学　时	40
工作任务	编制施工进度计划横道图	资讯学时	4
资讯方式	在教材、参考书、专业杂志、互联网及信息单上查询问题;咨询任课教师		
资讯问题	1. 常见的施工方式有哪些?		
	2. 何谓流水施工、依次施工、平行施工? 它们的特点是什么?		
	3. 流水施工的组织条件有哪些?		
	4. 流水施工的表达形式有哪些? 各有何特点?		
	5. 流水施工如何分类?		
	6. 流水施工参数包括哪些?		
	7. 流水工艺参数包括哪些? 如何确定?		
	8. 流水空间参数包括哪些? 如何确定?		
	9. 流水时间参数包括哪些? 如何确定?		
	10. 流水施工的基本方式有哪些?		
	11. 不同方式的流水施工,其工期如何计算?		
	12. 学生需要单独资讯的问题。		
资讯引导	请在以下材料中查找: [1] 信息单. [2] 刘灿生. 给排水工程施工手册. 2 版. 北京:中国建筑工业出版社,2010. [3] 全国二级建造师执业资格考试用书编写委员会. 建设工程施工管理. 4 版. 北京:中国建筑工业出版社,2013. [4] 全国一级建造师执业资格考试用书编写委员会编写. 建设工程施工管理. 4 版. 北京:中国建筑工业出版社,2015.		

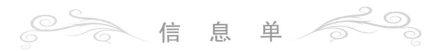

信 息 单

8.1 流水施工的概念

流水施工又叫流水作业，它与一般工业流水生产线作业方式的原理相似，是组织产品生产过程中科学理想的方法。流水施工方式将产品的生产过程合理分解、科学组织，能使施工连续、均衡地进行，节省工期，降低生产成本，提高经济效益。

除流水施工方式之外，常见的施工方式还有依次施工和平行施工。下面通过例子分别进行比较、说明。

现有三幢相同的建筑物的基础施工，施工过程为挖土、垫层、基础混凝土和回填土。每个施工过程在每段上的作业时间均为1天。每个施工过程所对应的施工人员分别为6、12、10、8，分别采用3种组织方式施工，并加以比较。

8.1.1 依次施工

依次施工也称顺序施工，是指各施工队依次开工、依次完成的一种施工组织方式，如图8.1、图8.2所示。

施工过程	班组人数	施工进度计划/天											
		1	2	3	4	5	6	7	8	9	10	11	12
挖土	6	①				②				③			
垫层	12		①				②				③		
基础	10			①				②				③	
回填	8				①				②				③

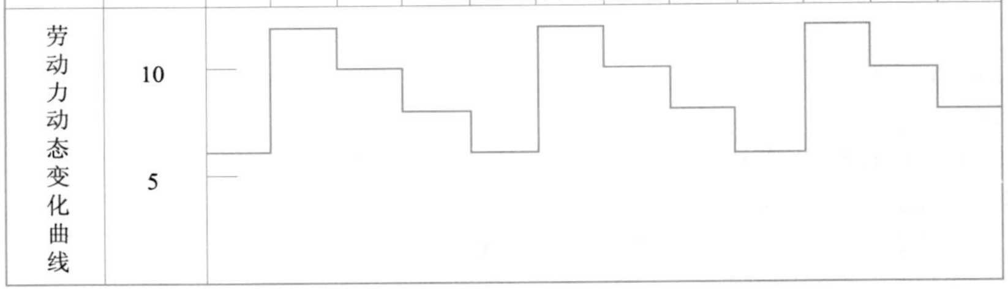

图8.1 按幢(或施工段)依次施工

施工过程	班组人数	施工进度计划/天											
		1	2	3	4	5	6	7	8	9	10	11	12
挖土	6	①	②	③									
垫层	12				①	②	③						
基础	10							①	②	③			
回填	8										①	②	③

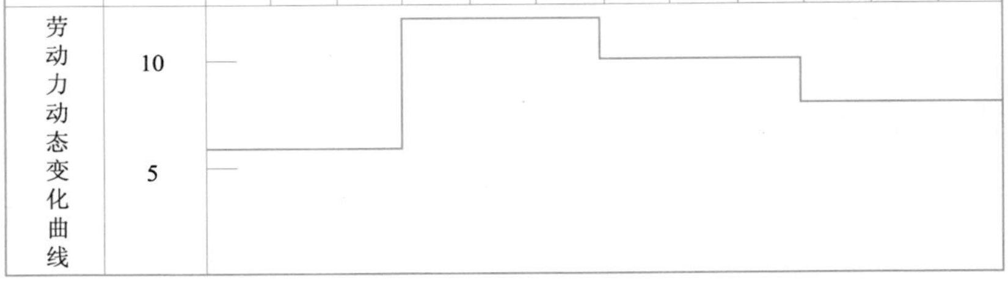

图8.2 按施工过程依次施工

由图可以看出,依次施工是按照单一的顺序组织施工,现场管理比较简单,单位时间内投入的劳动力等物资资源比较少,有利于资源供应的组织工作,适用于规模较小、工作面有限的工程。但是,同时可以看出各专业施工队的作业不连续或工作面有间歇,时空关系没有处理好,导致工期拉得很长。

8.1.2 平行施工

平行施工是指所有的三幢房屋(或同一施工过程)同时开工、同时完工的一种组织方式,如图8.3所示。由图可以看出,平行施工的总工期大大缩短,但是各专业施工队的数目成倍增加,单位时间内投入的劳动力等资源以及机械设备也大大增加,资源供应的组织工作难度剧增,现场组织管理相当困难。该方法通常只用于工期十分紧迫的施工项目,并且工作面须满足要求以及资源供应有保证。

8.1.3 流水施工

流水施工是将三幢房屋按照一定的时间依次搭接,各流水段上陆续开工、陆续完工的一种组织方式,如图8.4所示。由图可以看出,各专业施工队的作业是连续的,不同施工过程尽可能地平行搭接,充分利用了工作面,时空关系处理得比较恰当,工期较为合理。

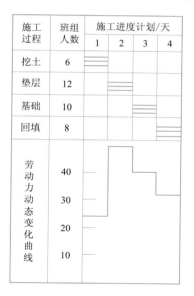

图8.3 平行施工

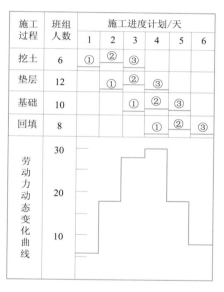

图8.4 流水施工

流水施工组织方式吸取了前面两种施工方式的优点,克服了它们的缺点,是一种比较科学的施工组织方式。

8.2 流水施工的组织条件及表达方式

8.2.1 流水施工的组织条件

(1)划分施工段(批量产品)。

(2)划分施工过程(多工序)。

(3)每个施工过程组织独立的施工班组。

(4)主要(导)施工过程施工要连续、均衡。

(5)相邻施工过程间尽可能地组织平行搭接。

8.2.2 流水施工的表达形式

1. 横道图

(1)定义:即甘特图,亦称水平图表。它是以图示的方式通过活动列表和时间刻度形象地表示出任何特定项目的活动顺序与持续时间。其形式如图8.1~图8.4所示。

(2)特点:是简单、直观、清晰明了。

2. 斜线图

(1)定义:亦称垂直图表,其形式如图8.5所示。

(2)特点:斜线图以斜率形象地反映各施工过程的施工节奏性(速度)。

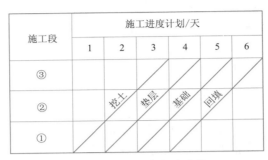

施工段	施工进度计划/天					
	1	2	3	4	5	6
③						
②		挖土	垫层	基础	回填	
①						

图8.5 斜线图表达的流水施工

3. 网络图

(1)形式:参见任务9中相关内容。

(2)特点:逻辑关系表达清晰,能够反映出计划任务的主要矛盾和关键所在,并可利用计算机进行参数计算、目标优化和控制调整等全面地管理。

8.3 流水施工的分类

按其组织范围分类,包括:

(1)分项工程流水(细部流水)。

(2)分部工程流水(专业流水)。

(3)单位工程流水(综合流水)。

(4)群体工程流水(大流水)。

8.4 流水施工参数

为了表达或描述流水施工在施工工艺、空间布置和时间安排上所处的状态,而引入的一些参数,称为流水施工参数,包括工艺参数、空间参数和时间参数。

8.4.1 工艺参数

1. 施工过程数(n)

施工过程是指用来表达流水施工在工艺上开展层次的相关过程。其数目的多少与施工计划的性质和作用、施工方案、劳动力组织与工程量的大小等因素有关。

2. 流水强度(V)

流水强度是指某施工过程在单位时间内所完成的工程数量,分为如下两种:

(1)机械施工过程的流水强度

$$V = \sum N_i P \tag{8.1}$$

式中:N——投入施工过程的某种机械台数;

P——投入施工过程的某种机械产量定额。

(2)人工操作施工过程的流水强度

$$V = \sum N_i P \tag{8.2}$$

式中：N——投入施工过程的专业工作队人数；

P——投入施工过程的工人的产量定额。

8.4.2 空间参数

1. 工作面(a)

(1)定义：指某专业工种进行施工作业所必需的活动空间。

(2)主要工种工作面的参考数据，如表8.1所示。

表8.1 主要工种工作面的参考数据

工作项目	工作面大小/(m²/人)	工作项目	工作面大小/(m²/人)
砌砖基础	7.6	预制钢筋混凝土柱、梁	3
砌砖墙	8.5	预制钢筋混凝土板	1.9
现浇混凝土柱	2.45	卷材屋面	18.6
现浇混凝土梁	3.2	门窗安装	11
现浇混凝土板	5.3	内墙抹灰	18.5
混凝土地面及面层	40	外墙抹灰	16

2. 施工段(m)

(1)定义：为了实现流水施工，通常将施工项目划分为若干个相等的部分，即施工段。

(2)施工段的划分：其数目的多少将直接影响流水施工的效果，合理地划分施工段应遵守以下原则：

①施土段的数目及分界要合理。

②各施工段上的劳动量应大致相等。

③满足各专业工种对工作面的要求。

④建筑(构筑)物为若干层时，施工段的划分要同时考虑平面方向和竖直方向。应特别指出，当存在层间关系时 m 需满足：$m \geqslant n$。

8.4.3 时间参数

1. 流水节拍(t_i)

(1)定义：各专业施工班组在某一施工段上的作业时间称为流水节拍，用 t_i 表示。

(2)确定方法：流水节拍的大小可以反映施工速度的快慢、节奏感的强弱和资源消耗的多少。流水节拍的确定，通常可以采用以下方法：

①定额计算法

$$t_i = Q_i/S_iR_iN_i = P_i/R_iN_i \tag{8.3}$$

式中：Q_i——施工过程 i 在某施工段上的工程量；

S_i——施工过程 i 的人工或机械产量定额；

R_i——施工过程 i 的专业施工队人数或机械台班；

N_i——施工过程 i 的专业施工队每天工作班次；

P_i——施工过程 i 在某施工段上的劳动量。

②经验估算法

$$t = (a + 4c + b)/6 \tag{8.4}$$

式中：a——最长估算时间；

b——最短估算时间；

c——正常估算时间。

③工期计算法

首先，根据工期倒排进度，确定某施工过程的工作持续时间 D_i；

其次,确定某施工过程在某施工段上流水节拍 t_i。

$$t_i = D_i/m \tag{8.5}$$

需要说明一下,在确定流水节拍时应考虑以下几点:①满足最小劳动组合和最小工作面的要求;②工作班制要适当;③机械的台班效率或台班产量的大小;④先确定主导工程的流水节拍;⑤计算结果取整数。

2. 流水步距(B)

(1)定义:流水步距是指相邻两个施工过程开始施工的时间间隔,用 $B_{i,i+1}$ 表示。

(2)确定方法:流水步距可反映出相邻专业施工过程之间的时间衔接关系。通常,当有 n 个施工过程时,则有 $(n-1)$ 个流水步距值。流水步距在确定时,需注意以下几点:

①要满足相邻施工过程之间的相互制约关系。

②保证各专业施工班组能够连续施工。

③以保证质量和安全为前提,对相邻施工过程在时间上进行最大限度地、合理地搭接。

3. 间歇时间(Z)

(1)定义:根据工艺、技术要求或组织安排,而留出的等待时间。

(2)分类:按其性质,分为技术间歇 t_j 和组织间歇 t_z。技术间歇时间按其部位,又可分为施工层内技术间歇时间 t_{j1}、施工层间技术间歇时间 t_{j2} 和施工层内技术组织时间 t_{z1}、施工层间组织间歇时间 t_{z2}。

4. 搭接时间(t_d)

前一个工作队未撤离,后一施工队即进入该施工段。两者在同一施工段上同时施工的时间称为平行搭接时间,以 t_d 表示。

5. 流水工期(T_L)

自参与流水的第一个队组投入工作开始,至最后一个队组撤出工作面为止的整个持续时间。

$$T_L = \sum B + T_n \tag{8.6}$$

式中:B——流水步距;

T_n——最后一个施工过程作业时间。

8.5 流水施工的基本方式

根据流水节拍的特征,可将流水施工方式划分如下:

8.5.1 全等节拍流水

全等节拍流水是指所有施工过程在任意施工段上的流水节拍均相等,也称固定节拍流水。根据其有无间歇时间,而将全等节拍流水分为无间歇全等节拍流水和有间歇全等节拍流水。

1. 无间歇全等节拍流水

(1)无间歇全等节拍流水施工方式的特点

①$t_i = t$(常数)。

②$B_{i,i+1} = t_i = t$(常数)。

③专业工作队数目等于施工过程数,即 $N = n$。

④各专业工作队均能连续施工,工作面没有停歇。

(2)无间歇全等节拍流水的工期计算

①不分层施工:

$$\begin{aligned} T_L &= \sum B + T_n \\ &= (n-1)t + mt \\ &= (m+n-1)t \end{aligned} \tag{8.7}$$

式中:T_L——流水施工工期;

　　　　m——施工段数；

　　　　n——施工过程数；

　　　　t——流水节拍。

　　②分层施工(见图8.6)

$$T_L = (m \times r + n - 1)t \tag{8.8}$$

式中：r——施工层数；

　　其他符号含义同前。

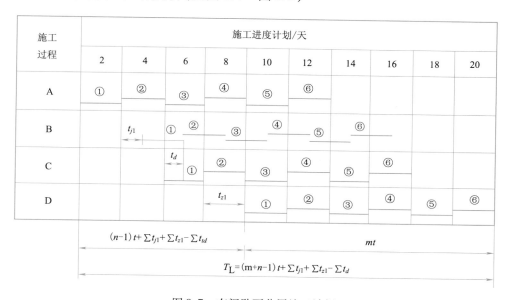

图8.6　分层施工

（注：表中Ⅰ、Ⅱ分别表示两相邻施工层编号）

2. 有间歇全等节拍流水

（1）特点

①$t_i = t$（常数）。

②$B_{i,i+1}$ 与 t_i 未必相等。

③专业工作队数目等于施工过程数，即 $N = n$。

④有间歇或同时有搭接时间。

（2）有间歇全等节拍流水的工期计算（见图8.7～图8.9）

图8.7　有间歇不分层施工计划

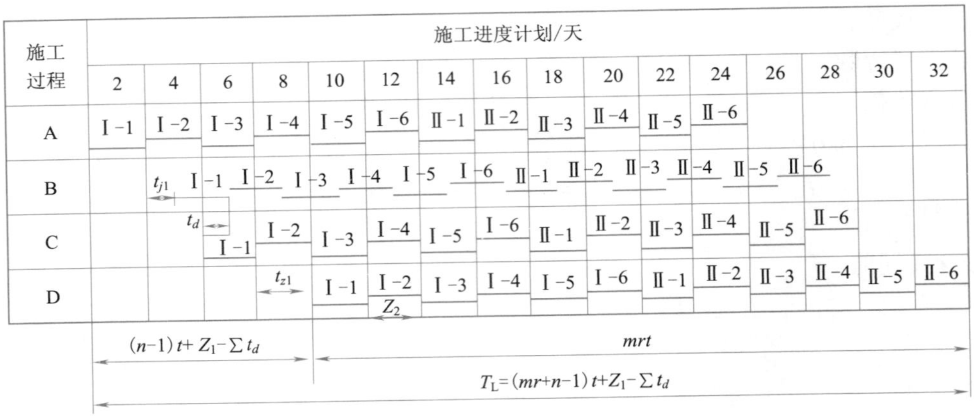

施工过程	施工进度计划/天															
	2	4	6	8	10	12	14	16	18	20	22	24	26	28	30	32
A	I-1	I-2	I-3	I-4	I-5	I-6	II-1	II-2	II-3	II-4	II-5	II-6				
B	t_{j1}	I-1	I-2	I-3	I-4	I-5	I-6	II-1	II-2	II-3	II-4	II-5	II-6			
C		t_d	I-1	I-2	I-3	I-4	I-5	I-6	II-1	II-2	II-3	II-4	II-5	II-6		
D			t_{z1}	I-1	I-2	I-3	I-4	I-5	I-6	II-1	II-2	II-3	II-4	II-5	II-6	

$(n-1)t + Z_1 - \sum t_d$ ← | → mrt

$$T_L = (mr+n-1)t + Z_1 - \sum t_d$$

图 8.8 有间歇分层施工计划(水平排列)

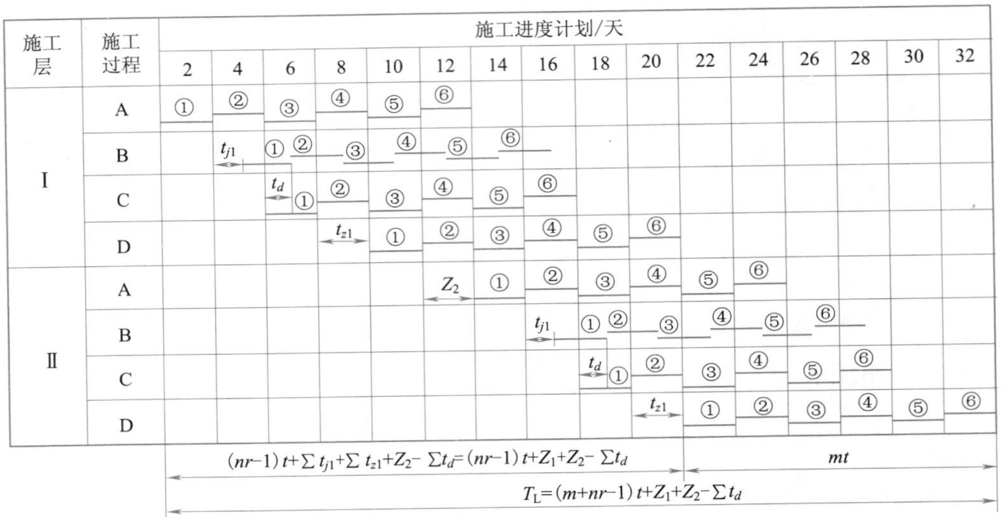

施工层	施工过程	施工进度计划/天														
		2	4	6	8	10	12	14	16	18	20	22	24	26	28	30	32
I	A	①	②	③	④	⑤	⑥										
	B	t_{j1}	① ②	③	④	⑤	⑥										
	C		t_d ①	②	③	④	⑤	⑥									
	D			t_{z1} ①	②	③	④	⑤	⑥								
II	A						Z_2 ①	②	③	④	⑤	⑥					
	B							t_{j1} ① ②	③	④	⑤	⑥					
	C								t_d ①	②	③	④	⑤	⑥			
	D									t_{z1} ①	②	③	④	⑤	⑥		

$(nr-1)t + \sum t_{j1} + \sum t_{z1} + Z_2 - \sum t_d = (nr-1)t + Z_1 + Z_2 - \sum t_d$ ← | → mt

$$T_L = (m+nr-1)t + Z_1 + Z_2 - \sum t_d$$

图 8.9 有间歇分层施工计划(竖向排列)

①不分层施工:

$$\begin{aligned}
T_L &= \sum B + T_n \\
&= (n-1)t + Z_1 - \sum t_d + mt \\
&= (m+n-1)t + Z_1 - \sum t_d
\end{aligned} \tag{8.9}$$

式中:Z_1——层内间歇时间之和($Z_1 = \sum t_{j1} + \sum t_{z1}$);

$\sum t_d$——搭接时间之和;

$\sum t_{j1}$、$\sum t_{z1}$——分别为层内技术间歇时间之和和层内组织间歇时间之和;

其他符号意义同前。

②分层施工:

$$\begin{aligned}
T_L &= \sum B + T_n - (n-1)t + Z_1 - \sum t_d + mrt \\
&= (mr+n-1)t + Z_1 - \sum t_d
\end{aligned}$$

或 $$\begin{aligned}
T_L &= (nr-1)t + Z_1 + Z_2 - \sum t_d + mt \\
&= (m+nr-1)t + Z_1 + Z_2 - \sum t_d
\end{aligned} \tag{8.10}$$

式中:Z_1——层内间歇时间之和($Z_1 = \sum t_{j1} + \sum t_{z1}$);

Z_2——层间间歇时间之和($Z_2 = \sum t_{j2} + \sum t_{z2}$);

t_{z1}——层内组织间歇时间;

t_{j2}——层间技术间歇时间;

t_{z2}——层间组织间歇时间；

其他意义同前。

（3）分层施工时 m 与 n 之间的关系讨论

由图8.8、图8.9可以看出，当 $r=2$ 时，有：

$$T_L = (mr+n-1)t + Z_1 - \sum t_d = (2m+n-1)t + t_{j1} + t_{z1} - t_d$$
$$= (m+nr-1)t + Z_1 + Z_2 - \sum t_d$$
$$= (m+2n-1) + 2t_{j1} + 2t_{z1} + Z_2 - 2t_d$$

可得等式

$$(2m+n-1)t + t_{j1} + t_{z1} - t_d = (m+2n-1) + 2t_{j1} + 2t_{z1} + Z_2 - 2t_d$$

即

$$(m-n)t = t_{j1} + t_{z1} + Z_2 - t_d = Z_1 + Z_2 - t_d$$

将 $B=t$ 代入上式，得到

$$(m-n)B = Z_1 + Z_2 - t_d$$

进一步可得

$$(m-n) = (Z_1 + Z_2 - t_d)/B$$

最终可得

$$m = n + (Z_1 + Z_2 - t_d)/B \tag{8.11}$$

此为专业工作队连续施工时需满足的关系式，即 m 的最小值 $m_{min} = n + (Z_1 + Z_2 - t_d)/B$。若施工有间歇，则 $m > n$（见有间歇不分层施工图示）；若没有任何间歇和搭接，则 $m = n$（见分层施工图）。

3. 全等节拍流水适用范围

全等节拍流水方式比较适用于施工过程数较少的分部工程流水，主要见于施工对象结构简单、规模较小房屋工程或线性工程。因其对于流水节拍要求比较严格，组织起来比较困难，所以实际施工中应用不是很广泛。

8.5.2 成倍节拍流水

成倍节拍流水是指同一个施工过程的节拍全都相等；不同施工过程之间的节拍不全相等，但为某一常数的倍数。

1. 案例

某分部工程施工，流水段 $m=3$，流水节拍为：$t_A=6$ 天；$t_B=2$ 天；$t_C=4$ 天，试组织流水作业。

解：组织方式如下。

（1）考虑充分利用工作面，如图8.10所示。

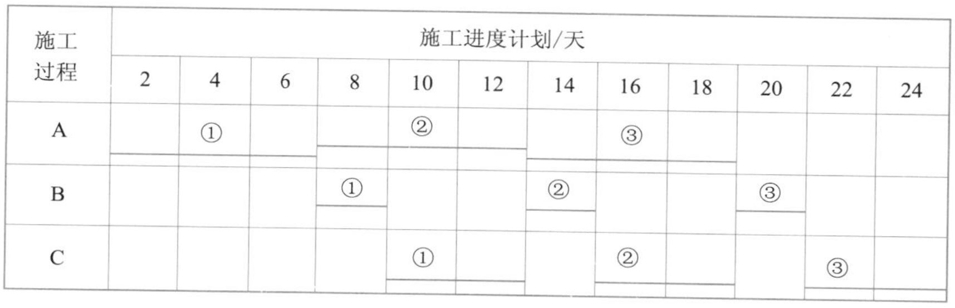

施工过程	施工进度计划/天											
	2	4	6	8	10	12	14	16	18	20	22	24
A		①			②			③				
B				①				②		③		
C					①				②		③	

图8.10 工作面不停歇充分利用（工期短）

（2）考虑施工队施工连续，如图8.11所示。

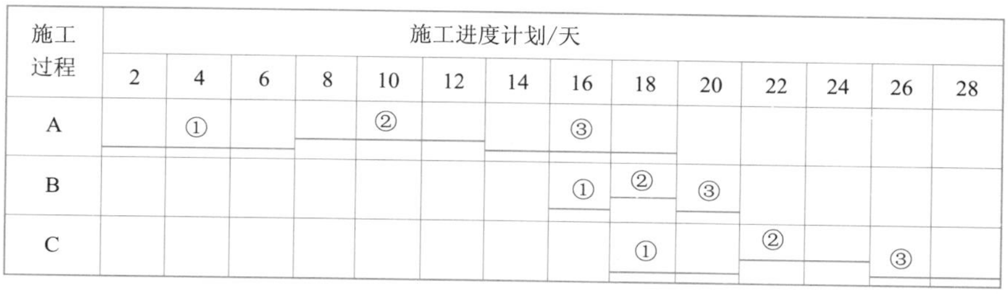

施工过程	施工进度计划/天												
	2	4	6	8	10	12	14	16	18	20	22	24	26	28
A		①			②			③					
B								①	②	③			
C									①		②		③	

图8.11 施工队不停歇施工连续（工期长）

（3）考虑工作面及施工均连续（即成倍节拍流水），如图 8.12 所示。

施工过程		施工进度计划/天							
		2	4	6	8	10	12	14	16
A	A₁	①	②	③					
	A₂		①	②	③				
	A₃			①	②	③			
B					①	②	③		
C	C₁					①	②	③	
	C₂						①	②	③

图 8.12　成倍节拍流水（不分层）

2. 成倍节拍流水施工方式的特点

（1）同一个施工过程的流水节拍全都相等。

（2）各施工过程之间的流水节拍不全等，但为某一常数的倍数。

（3）若无间歇和搭接时间流水步距 B 彼此相等，且等于各施工过程流水节拍的最大公约数 K_b（即最小流水节拍 t_{min}）。

（4）需配备的专业工作队数目 $N = \sum t_i / t_{min}$ 大于施工过程数 n。

（5）各专业施工队能够连续施工，施工段没有间歇。

3. 成倍节拍流水施工的计算

（1）不分层施工（见图 8.12）

流水工期

$$T_L = (m + N - 1)t_{min} + Z - \sum t_d \tag{8.12}$$

（2）分层施工（见图 8.13）

$$T_L = (mr + N - 1)t_{min} + Z_1 - \sum t_d \tag{8.13}$$

式中：Z——间歇时间；

Z_1——层内间歇时间；

Z_2——层间间歇时间；

t_d——搭接时间。

施工过程		施工进度计划/天										
		2	4	6	8	10	12	14	16	18	20	22
A	A₁	I-1	I-2	I-3	II-1	II-2	II-3					
	A₂		I-1	I-2	I-3	II-1	II-2	II-3				
	A₃			I-1	I-2	I-3	II-1	II-2	II-3			
B					I-1	I-2	I-3	II-1	II-2	II-3		
C	C₁					I-1	I-2	I-3	II-1	II-2	II-3	
	C₂						I-1	I-2	I-3	II-1	II-2	II-3

$(N-1)t_{min}$　　　　　mrt_{min}

$T_L = (mr+N-1)t_{min}+Z_1-\sum t_d$

图 8.13　成倍节拍流水（分层）

4. 解决案例中的问题

解：根据题意可组织成倍节拍流水

（1）计算流水步距

$$B = K_b = t_{\min} = 2 \text{ 天}$$

（2）计算专业工作队数

$$N_i = t_i / t_{\min}$$
$$N_A = t_A / t_{\min} = 6/2 = 3 \text{ 个};\ N_B = 1 \text{ 个};\ N_C = 2 \text{ 个}。$$

所以

$$N = \sum t_i / t_{\min} = (3 + 2 + 1) = 6 \text{ 个}$$

（3）计算工期

$$T = (m + N - 1)t_{\min} + Z - \sum t_d$$
$$= (3 + 6 - 1) \times 2 = 16 \text{ 天}$$

（4）绘制施工进度计划表（见图 8.12）。

5. 成倍节拍流水施工方式的适用范围

从理论上讲，很多工程均具备组织成倍节拍流水施工的条件，但实际工程若不能划分成足够的流水段或配备足够的资源，则不能采用该施工方式。

成倍节拍流水施工方式比较适用于线性工程（如道路、管道等）的施工。

8.5.3　异节拍流水

1. 案例

某分部工程有 A、B、C、D 四个施工过程，分三段施工，每个施工过程的节拍值分别为 3 天、2 天、3 天、2 天，试组织流水施工。

解：由流水节拍的特征可以看出，既不能组织全等节拍流水施工也不能组织成倍节拍流水施工。

（1）考虑施工队施工连续，施工计划如图 8.14 所示。

（2）考虑充分利用工作面，施工计划如图 8.15 所示。

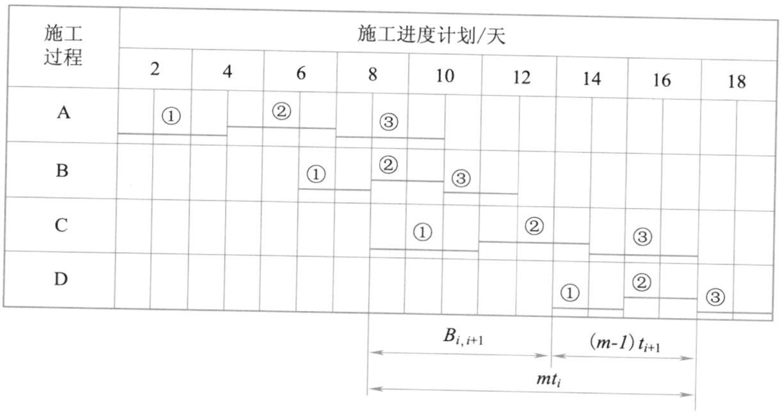

图 8.14　异节拍流水施工（连续式）

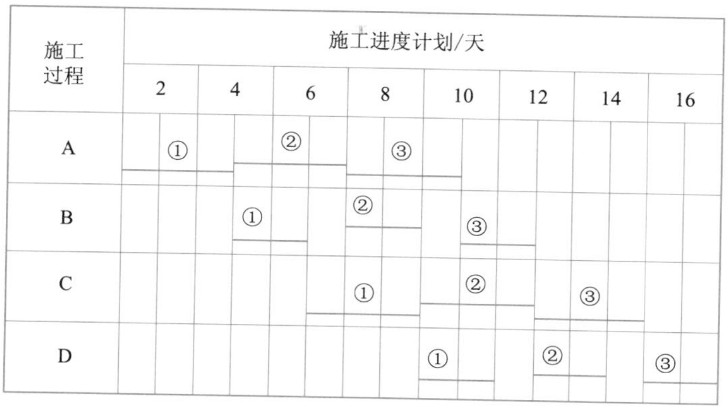

图 8.15　异节拍流水施工（间断式）

2. 异节拍流水施工方式的特点

（1）同一施工过程流水节拍值相等。

（2）不同施工过程之间流水节拍值不完全相等，且相互间不完全成倍比关系（即不同于成倍节拍）。

（3）专业工程队数与施工过程数相等（即 $N = n$）。

3. 流水步距的确定

如图 8.15 所示，对于间断式异节拍流水施工方式，流水步距的确定比较简单。而对于如图 8.14 所示的连续式异节拍流水施工方式，其流水步距的确定则有些复杂，可分两种情形进行：

（1）当 $t_i \leqslant t_{i+1}$ 时，$B_{i,i+1} = t_i$。

（2）当 $t_i > t_{i+1}$ 时，$B_{i,i+1} = mt_i - (m-1)t_{i+1}$。

说明：这里所说的是不含间歇时间和搭接时间的情形，若有则需将它们考虑进去（加上间歇时间，减去搭接时间），此处不再赘述。

4. 流水工期的确定（连续式）

$$T = \sum B_{i,i+1} + mt_n + Z - \sum t_d \tag{8.14}$$

5. 解决案例问题

解：根据题意知该施工方式为异节拍流水施工。

（1）确定流水步距（此处为连续式流水）：

$$B_{A,B} = mt_A - (m-1)t_B = 3 \times 3 - 2 \times 2 = 5 \text{ 天}$$
$$B_{B,C} = t_B = 2 \text{ 天}; B_{C,D} = 3 \times 3 - 2 \times 2 = 5 \text{ 天}$$

（2）确定流水工期

$$T = (5 + 2 + 5) + 3 \times 2 = 18 \text{ 天}$$

（3）绘制施工计划（见图 8.14 连续式异节拍流水施工）。

6. 异节拍流水施工方式的适用范围

异节拍流水施工方式对于不同施工过程的流水，节拍限制条件较少，因此在计划进度的组织安排上比全等节拍和成倍节拍流水施工灵活得多，实际应用更加广泛。

8.5.4 无节奏流水

1. 案例

某 A、B、C 三个施工过程，分三段施工，流水节拍值如表 8.2 所示，试组织流水施工。

表 8.2 流水节拍值

施工段 施工过程	①	②	③
A	1	4	3
B	3	1	3
C	5	1	3

解：由流水节拍的特征可以看出，不能组织有节奏流水施工。施工计划如图 8.16 所示。

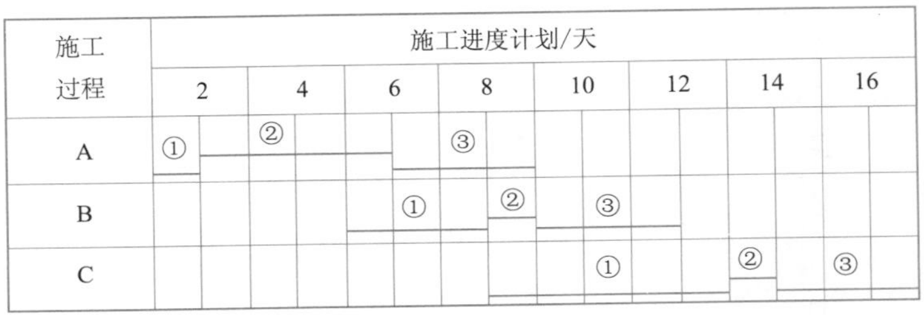

图 8.16 无节奏流水施工

2. 无节奏流水施工方式的特点

（1）同一施工过程流水节拍值未必全等。

（2）不同施工过程之间流水节拍值不完全相等。

（3）专业工程队数与施工过程数相等（即 $N=n$）。

（4）各专业施工队能够连续施工，但施工段可能有闲置。

3. 流水步距的确定

用潘特考夫斯基法求流水步距，即"累加—斜减—取大差"法，针对本节案例进行求解。

（1）累加（流水节拍值逐段累加）（结果见表 8.3）

表 8.3　累　加　结　果

施工过程＼施工段	①	②	③
A	1	5	8
B	3	4	7
C	5	6	9

（2）斜减（错位相减）

A–B
```
    1      5      8
  −        3      4      7
    1      2      4     −7
```

B–C
```
    3      4      7
  −        5      6      9
    3     −1      1     −9
```

（3）取大差

$$B_{A,B} = \max\{1,2,4,-7\} = 4$$
$$B_{B,C} = \max\{3,-1,1,-9\} = 3$$

4. 流水工期的确定

仍对本节案例进行求解。

$$T_L = \sum B_{i,i+1} + T_n = (4+3) + 9 = 16 \text{ 天}$$

于是，可以绘出施工计划，见图 8.16 无节奏流水施工。

5. 无节奏流水施工方式的使用范围

无节奏流水施工方式的流水节拍没有时间约束，在施工计划安排上比较自由灵活，因此能够适应各种结构各异、规模不等、复杂程度不同的工程，具有广泛的应用性。在实际中，该施工方式比较常见。

计 划 单

学习领域	给排水工程施工		
学习情境	给排水工程施工组织设计	学　时	40
工作任务	编制施工进度计划横道图	计划学时	1
计划方式	小组讨论,教师引导,团队协作,共同制订计划		
序　号	实施步骤		具体工作内容描述
1			
2			
3			
4			
5			
6			
7			
8			
9			
制订计划说明	(写出制订计划中人员为完成任务的主要建议或可以借鉴的建议、需要解释的某一方面)		

	班　级	组　别	组长签字	教师签字	日　期

计划评价	评语:

决 策 单

学习领域	给排水工程施工				
学习情境	给排水工程施工组织设计		学　时		40
工作任务	编制施工进度计划横道图		决策学时		1
方案对比	序号	方案的可行性	方案的先进性	实施难度	综合评价
	1				
	2				
	3				
	4				
	5				
	6				
决策评价	班　级	组　别	组长签字	教师签字	日　期
	评语:				

实 施 单

学习领域	给排水工程施工		
学习情境	给排水工程施工组织设计	学　时	40
工作任务	编制施工进度计划横道图	实施学时	4
实施方式	小组成员合作,共同研讨,确定动手实践的实施步骤,教师引导		
序　号	实施步骤	使用资源	
1			
2			
3			
4			
5			
6			
7			
8			
9			
10			
11			
12			
13			
14			
15			
16			

实施说明:

班　级	组　别	组长签字	教师签字	日　期

作 业 单

学习领域	给排水工程施工		
学习情境	给排水工程施工组织设计	学　时	40
工作任务	编制施工进度计划横道图	作业方式	动手实践,学生独立完成
绘制某给排水工程施工进展计划横道图			

根据实际工程资料,小组成员进行任务分工,分别进行动手实践,共同完成某给排水工程施工进度计划横道图

姓　名	学　号	班　级	组　别	教师签字	日　期

作业评价	评语:

检 查 单

学习领域	给排水工程施工			
学习情境	给排水工程施工组织设计		学　时	40
工作任务	编制施工进度计划横道图		检查学时	1
序号	检查项目	检查标准	组内互查	教师检查
1	组织施工方式	合理选择施工组织方式		
2	流水参数确定	合理确定各项流水参数		
3	施工顺序、工序搭接	是否合理		
4	质量、安全要求	是否满足		
5	图面情况	施工进度安排合理,图面整洁美观		
组　别	组长签字	班　级	教师签字	日　期
检查评价	评语:			

评 价 单

学习领域	给排水工程施工				
学习情境	给排水工程施工组织设计		学　　时		40
工作任务	编制施工进度计划横道图		评价学时		1
考核项目	考核内容及要求	分值	学生自评	小组评分	教师评分	实得分
计划编制 (25分)	工作程序的完整性	10	—	40%	60%	
	步骤内容描述	10	10%	20%	70%	
	计划的规范性	5	—	40%	60%	
工作过程 (50分)	组织施工方式	10分	—	40%	60%	
	流水参数确定	10分	10%	20%	70%	
	施工顺序、工序搭接	10分	—	30%	70%	
	质量、安全要求	10分	10%	20%	70%	
	图面情况	10分	10%	30%	60%	
学习态度 (5分)	上课认真听讲,积极参与讨论,认真完成任务	5分	—	40%	60%	
完成时间 (10分)	能在规定时间内完成任务	10分	—	40%	60%	
合作性 (10分)	积极参与组内各项任务,善于协调与沟通	10分	10%	30%	60%	
总分(Σ)		100分	5	30	65	

班　级	姓　名	学　号	组　别	组长签字	教师签字	总　评	日　期

评价评语	评语:

任务9 编制施工进度计划网络图

任 务 单

学习领域	给排水工程施工		
学习情境	给排水工程施工组织设计	学 时	40
工作任务	编制施工进度计划网络图	任务学时	16

布 置 任 务					

工作目标	1. 掌握双代号网络图施工进度计划的编制方法 2. 能够在学习中锻炼职业能力、专业素养和社会能力等				
任务描述	网络图是施工进度计划表中最科学的一种方式。根据实际工程资料,其具体工作如下: 1. 绘制双代号网络图 2. 计算双代号网络计划时间参数 3. 优化网络计划工期				

学时安排	资讯	计划	决策	实施	检查	评价
	5 学时	1 学时	2 学时	6 学时	1 学时	1 学时

提供资料	[1] 市政给排水管道工程、建筑给排水管道工程施工资料. [2] 刘灿生. 给排水工程施工手册. 2 版. 北京:中国建筑工业出版社,2010. [3] 全国一级建造师执业资格考试用书编写委员会. 建设工程施工管理. 4 版. 北京:中国建筑工业出版社,2015.					

对学生的要求	1. 具有工程制图、建筑给排水工程、市政给排水管道工程、给水处理、污水处理等基本专业理论知识 2. 具有正确识读工程施工图的能力 3. 掌握工程施工工艺和施工技术,具有合理选择施工方法,确定施工顺序的能力 4. 具有一定的自学能力以及进行基本专业计算的能力 5. 具有良好的与人沟通及语言表达能力 6. 具有团队协作精神及良好的职业道德 7. 能够严格遵守课堂纪律,不迟到,不早退,不旷课 8. 本任务学习完成后,需进行网络图的绘制					

资 讯 单

学习领域	给排水工程施工		
学习情境	给排水工程施工组织设计	学　时	40
工作任务	编制施工进度计划网络图	资讯学时	6
资讯方式	在教材、参考书、专业杂志、互联网及信息单上查询问题；咨询任课教师		
资讯问题	1. 什么是网络图？什么是网络计划？ 2. 网络图有几种？如何表示？ 3. 网络图中的逻辑关系分几种？具体怎样表现？ 4. 网络计划技术的基本原理是什么？ 5. 网络图与横道图的优缺点是什么？ 6. 简述双代号网络图的组成，如何表示？ 7. 双代号网络图的绘制规则是什么？ 8. 双代号网络图的绘制方法是什么？ 9. 什么是虚箭线？虚箭线有什么作用？ 10. 如何进行虚箭线的判定？ 11. 双代号网络计划时间参数有哪些？ 12. 双代号网络计划时间参数如何确定？ 13. 单代号网络图由什么组成？ 14. 单代号网络图的绘制规则有哪些？ 15. 何谓网络计划优化？优化的内容是什么？ 16. 学生需要单独资讯的问题。		
资讯引导	请在以下材料中查找： ［1］信息单． ［2］刘灿生．给排水工程施工手册．2版．北京：中国建筑工业出版社，2010. ［3］全国二级建造师执业资格考试用书编写委员会．建设工程施工管理．4版．北京：中国建筑工业出版社，2013. ［4］全国一级建造师执业资格考试用书编写委员会．建设工程施工管理．4版．北京：中国建筑工业出版社，2015.		

信 息 单

9.1 网络计划技术概述

网络计划技术是指用于工程项目的计划与控制的一项管理技术,是一种比较盛行的现代生产管理的科学方法,被许多西方发达国家建筑业公认为当前最先进的计划管理方法。这种计划借助于网络表示各项工作与所需要的时间,以及各项工作的相互关系。通过网络分析研究工程费用与工期的相互关系,并找出在编制计划及计划执行过程中的关键路线。该方法主要用于进行项目规划、计划和实施控制,在缩短项目建设周期、提高工效、降低成本和提高生产管理水平等方面取得了显著成效。

9.1.1 基本概念

1. 网络图和网络计划

网络图是指网络计划技术的图解模型,反映整个工程任务的分解和合成。分解,是指对工程任务的划分;合成,是指解决各项工作的协作与配合。分解和合成是解决各项工作之间,按逻辑关系的有机组成。

绘制网络图是网络计划技术的基础工作,它是由箭线和结点组成的,用来表示工作流程的有向、有序网状图形。网络图有两种,即单代号、双代号网络图,如图9.1、图9.2所示。其中,以一个结点及其编号(即一个代号)表示工作的网络图称为单代号网络图,以两个代号表示工作的称为双代号网络图。

网络计划是用网络图表达任务构成、工作顺序并加注工作时间参数的进度计划。用网络计划对任务的工作进度进行安排和控制,以保证实现预定目标的科学的计划管理技术称为网络计划技术。

2. 工作和逻辑关系

网络图中的工作可大可小,通常,完成一项工作需要消耗时间或同时消耗资源。

网络图中的逻辑关系分为工艺关系和组织关系两种。工艺关系是由生产工艺决定的、客观上存在的先后顺序关系;组织关系是主观上、人为地组织安排的先后顺序关系。

工作之间的逻辑关系具体表现为:紧前工作、紧后工作和平行工作及先行工作、后续工作。

图9.3所示为某混凝土工程双代号网络图。相对于某一项工作(称其为本工作)来讲,紧挨在其前边的工作称为紧前工作(如支模2、扎筋1是扎筋2的紧前工作);紧挨在其后边的工作称为紧后工作(如扎筋2是支模2、扎筋1的紧后工作);与本工作同时进行的工作称为平行工作(如扎筋1和支模2互为平行工作)从网络图起点结点开始到达本工作之前为止的所有工作,称为本工作的先行工作;从紧后工作到达网络图终点结点的所有工作,称为本工作的后续工作。

图9.1 单代号网络图　　　9.2 双代号网络图　　　图9.3 某混凝土工程双代号网络图

9.1.2 网络计划技术的基本原理

(1)应用网络图表示出某项工程中各施工过程的开展顺序和相互制约、相互依赖的关系。

(2)通过对网络图中各时间参数进行计算,找出关键工作和关键线路。

（3）利用最优化原理,改进初始方案,寻求最优网络计划方案。

（4）在网络计划执行过程中,进行有效监督、控制与调整,以最少的消耗,获得最佳的经济效果。

9.2　双代号网络计划

9.2.1　双代号网络图的组成

双代号网络图由结点、箭线和线路3个要素组成。

1. 结点

结点用圆圈或其他形状的封闭图形画出,表示工作之间的逻辑关系。起联结、开始或结束的作用,不消耗时间与资源。有起点结点、终点结点和中间结点及开始、结束结点之分。

2. 箭线

箭线与其两端结点表示一项工作,有实箭线和虚箭线之分。实箭线表示的工作有时间的消耗或同时有资源的消耗,被称为实工作,如图9.4所示;虚箭线表示的是虚工作,如图9.5所示,它没有时间和资源的消耗,仅用以表达逻辑关系。

图9.4　实工作　　　　　图9.5　虚工作

3. 线路

网络图中从起点结点开始,沿箭头方向顺序通过一系列箭线与结点,最后到达终点结点的通路称为线路。其中,线路上总的工作持续时间最长的线路称为关键线路,用粗箭线或双箭线画出。关键线路的线路时间,代表整个网络计划的总工期。关键线路上的工作称为关键工作。

9.2.2 双代号网络图的绘制

1. 要正确表达逻辑关系

各工作之间逻辑关系的表示方法如表9.1所示。

表9.1　各工作之间逻辑关系的表示方法

序　号	各工作之间的逻辑关系	双代号网络图
1	A 完成后进行 B,B 完成后进行 C	①—A→②—B→③—C→④
2	A 完成后进行 B 和 C	
3	A 和 B 完成后进行 C	
4	A、B 完成后进行 C 和 D	
5	A 完成后,进行 C;A、B 完成后进行 D	
6	A、B 完成后,进行 D;A、B、C 完成后,进行 E;D、E 完成后,进行 F	

续上表

序　号	各工作之间的逻辑关系	双代号网络图
7	A、B 活动分成三段流水	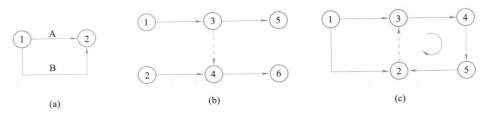
8	A 完成后,进行 B;B、C 完成后,进行 D	

2. 要遵守绘制规则

双代号网络图绘制规则如下:

(1)网络图必须具有能够表明基本信息的明确标识,用数字或字母均可。

(2)工作或结点的字母代号或数字编号,在同一项任务的网络图中,不允许重复使用,如图 9.6(a)所示。

(3)在同一网络图中,只允许有一个起点结点和一个终点结点,如图 9.6(b)所示。

(4)不允许出现封闭循环回路,如图 9.6(c)所示。

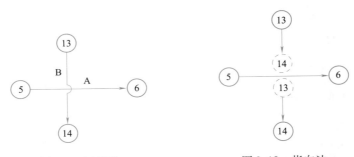

图9.6　不正确画法之一

(5)网络图的主方向是从起点结点到终点结点的方向,绘制时应尽量横平竖直。

(6)严禁出现无箭头和双向箭头的连线,如图 9.7 所示。

(7)代表工作的箭线,其首尾必须有结点,如图 9.8 所示。

9.7　不正确画法之二　　　　图9.8　不正确画法之三

(8)绘制网络图时,应尽量避免箭线交叉。避免箭线交叉时可采用过桥法或指向法,如图 9.9、图 9.10 所示。

图9.9　过桥法　　　　图9.10　指向法

（9）当某一内向结点或外向结点有多个内向工作、外向工作时应采用母线法绘制,如图 9.11 所示。另外,网络图中不应出现不必要的虚工作,如图 9.12 所示。

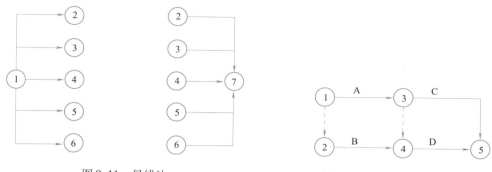

图 9.11　母线法　　　　　　　　　　　　图 9.12　有多余虚箭线(错误)

3. 合理排列网络图

网络图要重点突出,层次清晰,布局合理。

4. 双代号网络图绘制方法与步骤

（1）按网络图的类型,合理确定排列方式与布局。

（2）从起始工作开始,自左至右依次绘制,直到全部工作绘制完为止。

（3）检查工作和逻辑关系有无错漏并进行修正。

（4）按网络图绘图规则的要求完善网络图。

（5）按网络图的编号要求对结点进行编号。

5. 虚箭线的判定

（1）若 A、B 两工作的紧后工作中既有相同的又有不同的,那么 A、B 工作之间须用虚箭线连接。虚箭线的个数为:①当只有一方有区别于对方的紧后工作时,用 1 个虚箭线;②当双方互有区别于对方的紧后工作时,用 2 个虚箭线,如图 9.13 所示。

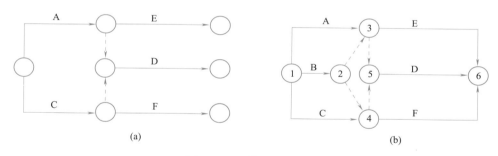

图 9.13　双代号网络图 1

（2）若有 n 个工作同时开始、同时结束(即为并行工作),那么这 n 个工作之间须用 $n-1$ 个虚箭线连接,如图 9.14、图 9.15 所示。

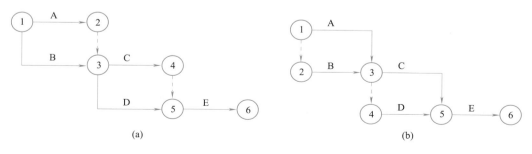

图 9.14　双代号网络图 2

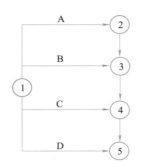

图 9.15　例 3 之双代号网络图

9.2.3　双代号网络图绘制示例

【案例 1】工作间逻辑关系如表 9.2 所示,绘制双代号网络图。

表 9.2　工作间逻辑关系

本工作	A	B	C	D	E	F
紧前工作	—	—	—	A、B、C	A、B	B、C
紧后工作	E、D	D、E、F	D、F	—	—	—

解:根据工作 A、C 的紧后工作,由虚箭线的判定(1)中②可知,工作 A、C 间需用 2 个虚箭线连接,见图 9.13(a)。再由表 9.2 可以看出工作 A、B,以及工作 B、C 之间亦有虚箭线存在,从而可以得出网络图 9.13(b),绘制完毕。

【案例 2】工作间逻辑关系如表 9.3 所示,试绘制出双代号网络图。

表 9.3　工作间逻辑关系

本工作	A	B	C	D	E
紧前工作	—	—	A、B	A、B	C、D
紧后工作	C、D	C、D	E	E	—

解:由虚箭线的判定(2)可以得出工作 A 与 B、C 与 D 之间分别有一个虚箭线存在。于是,可以画出网络图如图 9.14 所示。

【案例 3】工作间逻辑关系如表 9.4 所示,试绘制出双代号网络图。

表 9.4　工作间逻辑关系

本工作	A	B	C	D
紧前工作	—	—	—	—
紧后工作	—	—	—	—

解:由虚箭线的判定(2)可以画出网络图,如图 9.15 所示。

【案例 4】工作间逻辑关系如表 9.5 所示,试绘制出双代号网络图。

表 9.5　工作间逻辑关系

本工作	支模 1	扎筋 1	浇混凝土 1	支模 2	扎筋 2	浇混凝土 2
紧后工作	扎筋 1 支模 2	扎筋 2 浇混凝土 1	浇混凝土 2	扎筋 2	浇混凝土 2	—
持续时间	2	1	1	2	1	1

解:由虚箭线的判定(1)中1),可以知道工作扎筋 1 与支模 2 之间有 1 个虚箭线,进一步可以画出网络图如图 9.16 所示。

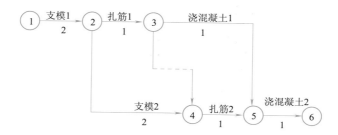

图 9.16　例 4 之双代号网络图

9.2.4　双代号网络计划时间参数

1. 工作持续时间和工期

（1）工作持续时间 $D_{i\text{-}j}$。

（2）工期。

①计算工期（T_c），指通过计算求得的网络计划的工期。

②计划工期（T_p），指完成网络计划的计划（打算）工期。

③要求工期（T_r），指合同规定或业主要求、企业上级要求的工期。

通常，$T_p \leqslant T_r$ 或 $T_p = T_c$。

2. 工作的 6 个时间参数

（1）工作的最早开始时间（$\text{ES}_{i\text{-}j}$）。

（2）工作的最早完成时间（$\text{EF}_{i\text{-}j}$）。

（3）工作的最迟开始时间（$\text{LS}_{i\text{-}j}$）。

（4）工作的最迟完成时间（$\text{LF}_{i\text{-}j}$）。

（5）工作的自由时差（$\text{FF}_{i\text{-}j}$）。

（6）工作的总时差（$\text{TF}_{i\text{-}j}$）。

3. 结点的两个时间参数

（1）结点的最早时间（ET_i）。

（2）结点的最迟时间（LT_i）。

9.2.5　双代号网络计划时间参数计算

双代号网络计划的时间参数既可以按工作计算法进行计算，也可以按结点计算法进行计算，下面分别举例说明。

1. 工作计算法

工作计算法是指以网络计划中的工作为对象直接计算工作的 6 个时间参数，并将计算结果标注在箭线上方，如图 9.17 所示。

下面以图 9.18 所示双代号网络计划为例介绍一下按工作计算法计算时间参数的过程。

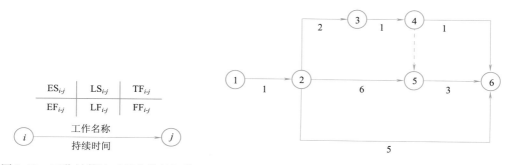

图 9.17　工作计算法时间参数的标注　　　　图 9.18　双代号网络计划

（1）计算工作的最早时间（顺线累加，逢岔取大）

工作的最早时间即最早开始时间和最早完成时间。计算时应从网络计划的起点结点开始，顺箭线方向逐个进行计算。具体计算步骤如下：

①最早开始时间：以起点结点为开始结点的工作，其最早开始时间若未规定则为零。在本例中，工作1-2的最早开始时间均为零，即 $\text{ES}_{1\text{-}2}=0$。其他工作的最早开始时间，应等于其紧前工作最早完成时间的最大值

$$\text{ES}_{i\text{-}j}=\max\{\text{EF}_{h\text{-}i}\}=\max\{\text{ES}_{h\text{-}i}+D_{h\text{-}i}\} \tag{9.1}$$

式中：$\text{EF}_{h\text{-}i}$——工作 $i\text{-}j$ 的紧前工作的最早完成时间；

$\text{ES}_{h\text{-}i}$——工作 $i\text{-}j$ 的紧前工作的最早开始时间。

本例中其他工作（不含虚工作）的最早开始时间为：

$$\text{ES}_{2\text{-}3}=\text{ES}_{2\text{-}5}=\text{ES}_{2\text{-}6}=\text{EF}_{1\text{-}2}=\text{ES}_{1\text{-}2}+D_{1\text{-}2}=0+1=1$$
$$\text{ES}_{3\text{-}4}=\text{EF}_{2\text{-}3}=\text{ES}_{2\text{-}3}+D_{2\text{-}3}=1+2=3$$
$$\text{ES}_{4\text{-}6}=\text{ES}_{3\text{-}4}+D_{3\text{-}4}=4$$
$$\text{ES}_{5\text{-}6}=\max\{\text{EF}_{h\text{-}i}\}=\max\{\text{ES}_{2\text{-}5}+D_{2\text{-}5},\text{ES}_{3\text{-}4}+D_{3\text{-}4}\}=7$$

②最早完成时间

$$\text{EF}_{i\text{-}j}=\text{ES}_{i\text{-}j}+D_{i\text{-}j} \tag{9.2}$$

本例中各工作的最早完成时间为

$$\text{EF}_{1\text{-}2}=\text{ES}_{1\text{-}2}+D_{1\text{-}2}=0+1=1$$
$$\text{EF}_{2\text{-}3}=1+2=3;\text{EF}_{2\text{-}5}=1+6=7;\text{EF}_{2\text{-}6}=1+5=6$$
$$\text{EF}_{3\text{-}4}=3+1=4;\text{EF}_{4\text{-}6}=7+1=8;\text{EF}_{5\text{-}6}=7+3=10$$

应指出：$T_c=\max\{\text{EF}_{i\text{-}n}\}=10$，通常 $T_p=T_c$

（2）计算工作的最迟时间（逆线递减，逢岔取小）

①以终点结点为结束结点的工作的最迟完成时间

$$\text{LF}_{i\text{-}n}=T_p \tag{9.3}$$

本例中，$\text{LF}_{4\text{-}6}=\text{LF}_{5\text{-}6}=\text{LF}_{2\text{-}6}=10$。

②其他工作的最迟完成时间

$$\text{LF}_{i\text{-}j}=\min\{\text{LF}_{j\text{-}k}-D_{j\text{-}k}\}=\min\{\text{LS}_{j\text{-}k}\}$$
$$\text{LF}_{i\text{-}j}=\text{LF}_{j\text{-}k}-D_{j\text{-}k}=\text{LS}_{j\text{-}k} \tag{9.4}$$

本例中各工作的最迟完成时间为

$$\text{LF}_{2\text{-}5}=\text{LF}_{5\text{-}6}-D_{5\text{-}6}=10-3=7$$
$$\text{LF}_{3\text{-}4}=\min\{7-0,10-1\}=7;\text{LF}_{2\text{-}3}=7-1=6$$
$$\text{LF}_{1\text{-}2}=\min\{6-2,7-6,10-5\}=1$$

③计算工作的最迟开始时间

$$\text{LS}_{j\text{-}k}=\text{LF}_{j\text{-}k}-D_{j\text{-}k}（此处不再计算） \tag{9.5}$$

（3）计算工作的自由时差（不影响紧后工作最早开始）

①对于有紧后工作的（紧后工作不含虚工作）

$$\text{FF}_{i\text{-}j}=\min\{\text{ES}_{j\text{-}k}-\text{EF}_{i\text{-}j}\}=\min\{\text{ES}_{j\text{-}k}-\text{ES}_{i\text{-}j}-D_{i\text{-}j}\} \tag{9.6}$$

②对于无紧后工作的

$$\text{FF}_{i\text{-}n}=T_p-\text{EF}_{i\text{-}n}=T_p-\text{ES}_{i\text{-}n}-D_{i\text{-}n} \tag{9.7}$$

本例中各工作的自由时差如表9.6所示。

表9.6　各工作的自由时差

工　作	1-2	2-3	2-5	2-6	3-4	4-6	5-6
自由时差	0	0	0	4	0	5	0

（4）计算工作的总时差（不影响工期）

$$TF_{i\text{-}j} = LF_{i\text{-}j} - EF_{i\text{-}j} = LS_{i\text{-}j} - ES_{i\text{-}j} \qquad (9.8)$$

本例中各工作的总时差如表9.7所示。

表9.7　各工作的总时差

工　作	1-2	2-3	2-5	2-6	3-4	4-6	5-6
总时差	0	3	0	4	3	5	0

（5）确定关键工作和关键线路

总时差为0的工作为关键工作，如工作①→②、②→⑤、⑤→⑥。由关键工作形成的线路即为关键线路，见图9.19所示。线路①→②→⑤→⑥为关键线路。

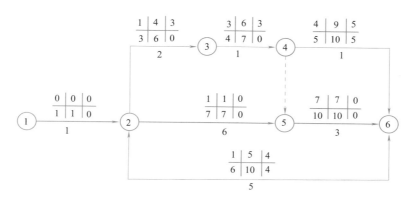

图9.19　双代号网络计划

2. 按结点计算法

（1）计算结点的最早时间和最迟时间

①结点最早时间：指该结点所有紧后工作的最早可能开始时刻。

起点结点，令 $ET_1 = 0$，其他结点：

$$ET_j = \max\{ET_i + D_{i\text{-}j}\}（顺线累加，逢岔取大） \qquad (9.9)$$

式中：ET_j——工作 $i\text{-}j$ 的完成结点 j 的最早时间；

　　　ET_i——工作 $i\text{-}j$ 的开始结点 i 的最早时间；

　　　$D_{i\text{-}j}$——工作 $i\text{-}j$ 的持续时间。

其他结点最早时间为：

$$ET_2 = ET_1 + D_{1\text{-}2} = 0 + 1 = 1$$
$$ET_3 = ET_2 + D_{2\text{-}3} = 1 + 2 = 3$$
$$ET_4 = ET_3 + D_{3\text{-}4} = 3 + 1 = 4$$
$$ET_4 = \max\{ET_2 + D_{2\text{-}5}, ET_4 + D_{4\text{-}5}\}$$
$$\qquad = \max\{1 + 6, 7 + 0\} = 7$$
$$ET_5 = \max\{ET_4 + D_{4\text{-}6}, ET_5 + D_{5\text{-}6}, ET_2 + D_{2\text{-}6}\}$$
$$\qquad = \max\{4 + 1, 7 + 3, 1 + 5\} = 10$$

②结点最迟时间：指该结点所有紧前工作最迟必须结束的时刻。它应是以该结点为完成结点的所有工作最迟必须结束的时刻。若迟于这个时刻，紧后工作就要推迟开始，整个网络计划的工期就要延迟。

由于终点结点代表整个网络计划的结束，因此要保证计划总工期，终点结点的最迟时间应等于此工期。

若总工期有规定，可令终点结点的最迟时间 LT_n 等于规定总工期 T。即 $LT_n = T$。

若总工期未规定，则可令终点结点的最迟时间 LT_n 等于按终点结点最早时间计算出的计划总工期，即

$$LT_n = ET_n \qquad (9.10)$$

本例中，终点结点⑥的最迟时间为 $LT_6 = T = 10$。

其他结点的最迟时间

$$LT_i = \min\{LT_j - D_{i\text{-}j}\} \quad (\text{逆线递减,逢岔取小}) \tag{9.11}$$

式中：LT_i——工作 i-j 的开始结点 i 的最迟时间；

LT_j——工作 i-j 的完成结点 j 的最迟时间；

$D_{i\text{-}j}$——工作 i-j 的持续时间。

本例中,其他各结点的最迟时间为：

$$LT_5 = LT_6 - D_{5\text{-}6} = 10 - 3 = 7$$
$$LT_4 = \min\{LT_6 - D_{4\text{-}6}, LT_5 - D_{4\text{-}5}\}$$
$$= \min\{10 - 1, 7 - 0\} = 7$$
$$LT_3 = LT_4 - D_{3\text{-}4} = 7 - 1 = 6$$
$$LT_2 = \min\{LT_3 - D_{2\text{-}3}, LT_5 - D_{2\text{-}5}, LT_6 - D_{2\text{-}6}\}$$
$$= \min\{6 - 2, 7 - 6, 10 - 5\} = 1$$
$$LT_1 = LT_2 - D_{1\text{-}2} = 1 - 1 = 0$$

结点时间参数计算结果如图 9.20 所示。

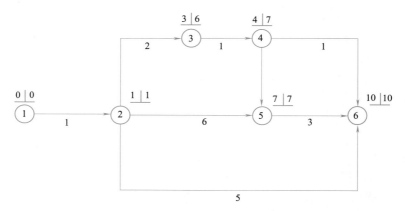

图 9.20　结点时间参数

（2）采用结点的时间参数计算工作的时间参数

①利用结点计算工作的最早开始、完成时间

$$ES_{i\text{-}j} = ET_i$$
$$EF_{i\text{-}j} = ES_{i\text{-}j} + D_{i\text{-}j} = ET_i + D_{i\text{-}j} \tag{9.12}$$

②利用结点计算工作的最迟完成、开始时间

$$LF_{i\text{-}j} = LT_j$$
$$LS_{i\text{-}j} = LF_{i\text{-}j} - D_{i\text{-}j} = LT_j - D_{i\text{-}j} \tag{9.13}$$

③利用结点计算工作的自由时差和总时差

$$FF_{i\text{-}j} = \min\{ES_{j\text{-}k} - EF_{i\text{-}j}\} = \min\{ES_{j\text{-}k} - ES_{i\text{-}j} - D_{i\text{-}j}\}$$
$$\min\{ES_{j\text{-}k}\} - ES_{i\text{-}j} - D_{i\text{-}j} = \min\{ET_j\} - ES_{i\text{-}j} - D_{i\text{-}j}$$
$$TF_{i\text{-}j} = LF_{i\text{-}j} - EF_{i\text{-}j} = LT_j - (ES_{i\text{-}j} + D_{i\text{-}j})$$
$$= LT_j - ET_i - D_{i\text{-}j} \tag{9.14}$$

9.3　单代号网络计划

9.3.1　单代号网络图的组成

与双代号网络图一样,单代号网络图也是由结点、箭线和线路 3 个要素组成。

1. 结点

单代号网络图中的结点表示一项工作(或工序),有时间或资源的消耗。另外,当网络图中出现多项没有紧前工作的工作结点或多项没有紧后工作的工作结点时,应在网络图的两端分别设置虚拟的起点结点(St)或虚拟的终点结点(Fin)。

2. 箭线

单代号网络图中箭线仅用于表达逻辑关系,且无虚箭线。由于单代号网络图中没有虚箭线,可以推断单代号网络图绘制比较简单,事实上即是如此。

3. 线路

与双代号网络图一样,单代号网络图自起点结点向终点结点也形成若干条通路。同样,持续时间最长的即是关键线路。

9.3.2　单代号网络图的绘制

1. 绘制规则

单代号网络图的绘制规则与双代号网络图基本相同。主要的不同之处是单代号网络图可能要增加虚拟的起点结点(St)或终点结点(Fin)。

2. 绘图方法

(1)正确表达逻辑关系(根据双代号网络图中各工作之间逻辑关系示意表绘图,结果见表9.8)。

(2)箭线不宜交叉,否则采用过桥法。

(3)其他同双代号网络图绘图方法。

表9.8　逻辑关系的表达

序号	工作间的逻辑关系	单代号网络图
1	A 完成后进行 B,B 完成后进行 C	
2	A 完成后进行 B 和 C	
3	A 和 B 完成后进行 C	
4	A、B 完成后进行 C 和 D	
5	A 完成后,进行 C;A、B 完成后进行 D	
6	A、B 完成后,进行 D;A、B、C 完成后,进行 E;D、E 完成后,进行 F	
7	A、B 活动分成三段流水	
8	A 完成后,进行 B;B、C 完成后,进行 D	

【案例5】逻辑关系明细表如表9.9所示,试绘制单代号网络图。

表9.9 逻辑关系明细表

工作	A	B	C	D	E	F	G
紧后工作	B、C、D	E	G	—	F、G	—	—

绘制结果如图9.21所示。

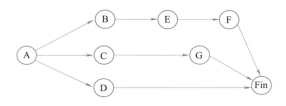

图9.21 单代号网络图

9.3.3 单代号网络计划时间参数计算

1. 时间参数符号

$LAG_{i,j}$——工作i和工作j的时间间隔;

ES_i——工作i的最早开始时间;

EF_i——工作i的最早完成时间;

LS_i——工作i的最迟开始时间;

LF_i——工作i的最迟完成时间;

FF_i——工作i的自由时差;

TF_i——工作i的总时差。

2. 时间参数计算

(1)计算工作的最早开始时间和最早完成时间

①最先开始的工作的最早开始时间为零,其最早完成时间等于其工作的持续时间。

②其他工作的最早开始、最早完成时间为

$$ES_j = \max\{EF_i\}; \quad EF_i = ES_i + D_i \tag{9.15}$$

③终点结点的最早完成时间等于计算工期

$$EF_n = T_c = T_p \tag{9.16}$$

式中:n——网络计划的终点结点。

(2)计算相邻两工作之间的时间间隔

相邻两工作之间的时间间隔$LAG_{i,j}$是指其紧后工作的最早开始时间与本工作的最早完成时间的差值:

$$LAG_{i,n} = T_P - EF_i$$

$$LAG_{i,j} = ES_j - EF_i \tag{9.17}$$

(3)计算工作的自由时差

①以终点结点所代表的工作的自由时差

$$FF_n = T_P - EF_n \tag{9.18}$$

②其他工作的自由时差

$$FF_i = \min\{LAG_{i,j}\} \tag{9.19}$$

(4)计算工作的总时差

$$TF_n = T_p - T_c$$

$$TF_i = \min\{LAG_{i,j} + TF_j\} \tag{9.20}$$

(5)计算工作的最迟时间

$$
\begin{aligned}
&LF_n = T_p \\
&LF_i = EF_i + TF_i \text{ 或 } LF_i = \min\{LS_j\} \\
&LS_i = ES_i + TF_i \text{ 或 } LS_i = LF_i - D_i
\end{aligned}
\tag{9.21}
$$

9.4　单代号搭接网络计划

9.4.1　基本概念

在实际工程中,经常采用平行搭接的施工方式。单代号搭接网络计划有5种基本的工作搭接关系:

(1)开始到开始的关系($STS_{i\text{-}j}$)

(2)结束到结束的关系($FTF_{i\text{-}j}$)

(3)开始到结束的关系($STF_{i\text{-}j}$)

(4)结束到开始的关系($FTS_{i\text{-}j}$)

(5)混合搭接关系。

当两项工作之间同时存在上述5种基本关系中的两种关系时,称为“混合搭接关系”。

9.4.2　解决案例

【案例6】有甲、乙、丙3个施工过程,分三段施工,流水节拍值分别为3天、1天和2天,试分别用横道图和网络图表达搭接施工。

解:(1)用横道图表达如图9.22所示。

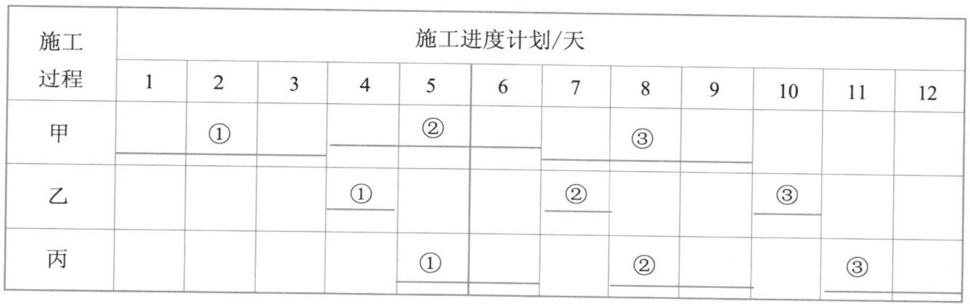

施工过程
施工进度计划/天
1 2 3 4 5 6 7 8 9 10 11 12
甲
①
②
③
乙
①
②
③
丙
①
②
③

图9.22　横道图

(2)用双代号网络图表达如图9.23所示。

1
甲1
3
2
甲2
3
3
甲3
3
乙1
1
4
5
乙2
1
6
8
乙3
1
丙1
2
7
丙2
2
9
丙3
2
10

图9.23　双代号网络图

(3)用单代号网络图表达如图9.24所示。

1
甲
9
STS=3
FTF=1
2
乙
3
STS=1
FTF=2
3
丙
6

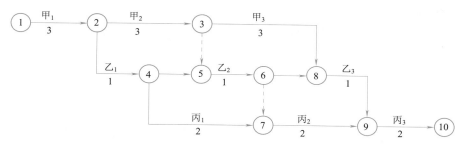

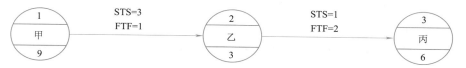

图9.24　单代号网络图

可以看出,用双代号表达搭接施工比较麻烦,甚至不能够表达,而用单代号表达搭接施工则比较容易,这也是单代号的一大优点。

9.5 网络计划的优化

网络计划的优化是指在一定约束条件下,按既定目标对网络计划进行不断调整,直到寻找出满意的结果。网络计划优化的目标一般包括工期目标、资源目标和费用目标。根据既定目标,网络计划优化的内容分为工期优化、费用优化和资源优化三个方面。

9.5.1 工期优化

1. 基本概念

工期优化就是通过压缩计算工期,以达到既定工期目标,或在一定约束条件下,使工期最短的过程。工期优化一般是通过压缩关键线路的持续时间来满足工期要求的。在优化过程中要保证能够控制住工期。当出现多条关键线路时,必须将各条关键线路的持续时间同步压缩某一数值。

2. 工期优化的方法与步骤

(1)找出关键线路,求出计算工期。

(2)按要求工期计算应缩短的时间。

(3)根据下列诸因素选择应优先缩短持续时间的关键工作。

①缩短持续时间对工程质量和施工安全影响不大的工作。

②资源储备充足的工作。

③缩短持续时间所需增加的费用最少的工作。

④将应优先缩短的工作缩短至最短持续时间,并找出关键线路,计算工期。

⑤重复上述过程直至满足工期要求或工期无法再缩短为止。

9.5.2 资源优化

计划执行过程中,所需的人力、材料、机械设备和资金等统称为资源。资源优化的目标是通过调整计划中某些工作的开始时间,使资源分布满足要求。

1. 资源有限-工期最短的优化

在满足有限资源的条件下,通过调整某些工作的投入作业的开始时间,使工期不延误或最少延误。

2. 工期固定-资源均衡的优化

在工期不变的条件下,尽量使资源需用量保持均衡。这样既有利于工程施工组织与管理,又有利于降低工程施工费用。

9.5.3 费用优化

1. 基本概念

一项工程的总费用包括直接费用和间接费用。在一定范围内,直接费用随工期的延长而减少,而间接费用则随工期的延长而增加,总费用最低点所对应的工期就是费用优化所要追求的最优工期。

2. 费用优化的步骤和方法

(1)计算正常作业条件下工程网络计划的工期、关键线路和总直接费、总间接费及总费用。

(2)计算各项工作的直接费率。

(3)在关键线路上,选择直接费率(或组合直接费率)最小并且不超过工程间接费率的工作作为被压缩对象。

(4)将被压缩对象压缩至最短,当被压缩对象为一组工作时,将该组工作压缩同一数值,并找出关键线路,如果被压缩对象变成了非关键工作,则需适当延长其持续时间,使其刚好恢复为关键工作为止。

（5）重新计算和确定网络计划的工期、关键线路和总直接费、总间接费、总费用。

（6）重复上述第（3）～（5）步,直至找不到直接费率或组合直接费率不超过工程间接费率的压缩对象为止。此时,即求出总费用最低的最优工期。

（7）绘制出优化后的网络计划。在每项工作上注明优化的持续时间和相应的直接费用。

计 划 单

学习领域	给排水工程施工		
学习情境	给排水工程施工组织设计	学　时	40
工作任务	编制施工进度计划网络图	计划学时	1
计划方式	小组讨论,教师引导,团队协作,共同制订计划		
序　号	实施步骤		具体工作内容描述
1			
2			
3			
4			
5			
6			
7			
8			
9			
制订计划说明	(写出制订计划中人员为完成任务的主要建议或可以借鉴的建议、需要解释的某一方面)		

	班　级	组　别	组长签字	教师签字	日　期
计划评价					
	评语:				

决　策　单

学习领域	给排水工程施工		
学习情境	给排水工程施工组织设计	学　时	40
工作任务	编制施工进度计划网络图	决策学时	1

方案对比	序号	方案的可行性	方案的先进性	实施难度	综合评价
	1				
	2				
	3				
	4				
	5				
	6				

	班　级	组　别	组长签字	教师签字	日　期
决策评价					

评语：

实 施 单

学习领域	给排水工程施工		
学习情境	给排水工程施工组织设计	学　时	40
工作任务	编制施工进度计划网络图	实施学时	6
实施方式	小组成员合作,共同研讨,确定动手实践的实施步骤,教师引导		
序　号	实施步骤	使用资源	
1			
2			
3			
4			
5			
6			
7			
8			
9			
10			
11			
12			
13			
14			
15			
16			

实施说明:

班　级	组　别	组长签字	教师签字	日　期

作 业 单

学习领域	给排水工程施工		
学习情境	给排水工程施工组织设计	学　时	40
工作任务	编制施工进度计划网络图	作业方式	动手实践,学生独立完成
绘制某给排水工程施工进度计划网络图			

根据实际工程资料,小组成员进行任务分工,分别进行动手实践,共同完成某给排水工程施工进度计划网络图

姓　名	学　号	班　级	组　别	教师签字	日　期

作业评价	评语:

检 查 单

学习领域	给排水工程施工		
学习情境	给排水工程施工组织设计	学　时	40
工作任务	编制施工进度计划网络图	检查学时	1
序号	检查项目	检查标准	组内互查	教师检查
1	组织施工方式	合理选择施工组织方式		
2	流水参数确定	合理确定各项流水参数		
3	工作间网络逻辑关系施工顺序	工作间网络逻辑关系符合施工工艺、质量、安全等要求		
4	网络时间参数计算	网络时间参数计算正确		
5	图面情况	关键线路标注清楚,图面整洁美观		
组　别	组长签字	班　级	教师签字	日　期

检查评价	评语:

评 价 单

学习领域	给排水工程施工				
学习情境	给排水工程施工组织设计			学　时	40
工作任务	编制施工进度计划网络图			评价学时	1
考核项目	考核内容及要求	分值	学生自评（100%）	小组评分（20%）	教师评分（70%）	实得分
计划编制（25分）	工作程序的完整性	10	—	40%	60%	
	步骤内容描述	10	10%	20%	70%	
	计划的规范性	5	—	40%	60%	
工作过程（50分）	组织施工方式	10分	—	40%	60%	
	流水参数确定	10分	10%	20%	70%	
	工作间网络逻辑关系施工顺序	10分	—	30%	70%	
	网络时间参数计算	10分	10%	20%	70%	
	图面情况	10分	10%	30%	60%	
学习态度（5分）	上课认真听讲，积极参与讨论，认真完成任务	5分	—	40%	60%	
完成时间（10分）	能在规定时间内完成任务	10分	—	40%	60%	
合作性（10分）	积极参与组内各项任务，善于协调与沟通	10分	10%	30%	60%	
总分（∑）		100分	5	30	65	

班　级	姓　名	学　号	组　别	组长签字	教师签字	总　评	日　期

评价评语	评语：

任务 10 编写单位工程施工方案

任 务 单

学习领域	给排水工程施工		
学习情境	给排水工程施工组织设计	学　时	40
工作任务	编写单位工程施工方案	任务学时	12
布　置　任　务			
工作目标	1. 掌握单位工程施工组织设计的内容 2. 掌握单位工程施工组织设计的编制方法 3. 能够在学习中锻炼职业能力、专业素养和社会能力等		
任务描述	正确编写单位工程施工方案是从事施工的基本技能。根据实际工程资料,其具体工作如下: 1. 工程概况编制 2. 施工准备工作计划编制 3. 施工方案选择 4. 制定各项技术组织措施 5. 单位工程施工进度计划编制		

学时安排	资讯	计划	决策	实施	检查	评价
	4 学时	1 学时	1 学时	4 学时	1 学时	1 学时

提供资料	［1］市政给排水管道工程、建筑给排水管道工程施工资料. ［2］刘灿生. 给排水工程施工手册. 2 版. 北京:中国建筑工业出版社,2010. ［3］全国一级建造师执业资格考试用书编写委员会. 建设工程施工管理. 4 版. 北京:中国建筑工业出版社,2015.
对学生的要求	1. 具有工程制图、工程测量、建筑给排水工程、市政给排水管道工程、给水处理、污水处理等基本专业理论知识 2. 具有正确识读给排水工程施工图的能力 3. 具有正确选择施工方法,运用施工技术,合理确定施工顺序的能力 4. 具有一定的自学能力以及进行基本专业计算的能力 5. 具有良好的与人沟通及语言表达能力 6. 具有团队协作精神及良好的职业道德 7. 能够严格遵守课堂纪律,不迟到,不早退,不旷课 8. 本任务学习完成后,需提交土石方工程施工方案

资 讯 单

学习领域	给排水工程施工		
学习情境	给排水工程施工组织设计	学　时	40
工作任务	编写单位工程施工方案	资讯学时	4
资讯方式	在教材、参考书、专业杂志、互联网及信息单上查询问题;咨询任课教师		
资讯问题	1. 施工准备工作的重要性是什么?		
	2. 施工准备工作有哪些要求?		
	3. 如何编制施工准备工作作业计划?		
	4. 施工准备工作作业计划如何实施?		
	5. 何谓施工组织设计?		
	6. 施工组织设计的作用是什么?		
	7. 施工组织设计如何分类?		
	8. 施工组织设计的编制原则、依据及程序有哪些?		
	9. 施工组织设计的编制内容包括哪些?		
	10. 单位工程施工组织设计的编制内容有哪些?		
	11. 单位工程概况从哪几方面描述?		
	12. 单位工程施工方案如何编写?		
	13. 单位工程施工进度计划如何编制?		
	14. 单位工程施工平面图的设计内容包括哪些?		
	15. 学生需要单独资讯的问题。		
资讯引导	请在以下材料中查找: [1] 信息单. [2] 刘灿生. 给排水工程施工手册. 2 版. 北京:中国建筑工业出版社,2010. [3] 全国二级建造师执业资格考试用书编写委员会. 建设工程施工管理. 4 版. 北京:中国建筑工业出版社,2013. [4] 全国一级建造师执业资格考试用书编写委员会. 建设工程施工管理. 4 版. 北京:中国建筑工业出版社,2015.		

10.1 施工准备工作

10.1.1 施工准备工作的重要性、内容与要求

施工准备工作包括：组织准备和开工准备。组织准备的主要工作是组建项目经理部、授权项目经理，此处重点介绍开工准备部分的内容。

开工准备是为了使工程具备开工和连续施工的基本条件而进行的准备。需要强调的是：开工准备不仅指工程破土动工前要做，而且当工程顺利开工之后，随着工程施工逐步开展，要连续不断地进行施工，仍要根据各施工阶段的特点及工期安排等不同要求，提前做好各种必要的准备工作。也就是说，开工准备工作不仅存在于开工之前，而且贯穿于整个施工过程之中。开工准备工作的重要性不容忽视。

1. 开工准备工作的重要性

施工项目开工准备工作是为了保证工程的顺利开工和施工活动的正常进行所必须事先做好的各项准备工作，它是生产经营管理的重要组成部分，是施工程序中重要的一环。做好施工项目开工准备工作的重要性如下：

（1）做好施工准备工作是全面完成施工任务的必要条件。工程施工不仅需要消耗大量人力、物力、财力，而且还会遇到各式各样的复杂技术问题、协作配合问题等。对于这样一项复杂而庞大的系统工程，如果事先缺乏充分的统筹安排，必然会使施工过程陷于被动，导致施工无法正常进行。由此可见，做好施工准备工作，既可为整个工程的顺利施工奠定基础，又可为各个分部分项工程的施工创造先决条件。

（2）做好施工准备工作是降低工程成本，提高企业经济效益的有力保证。认真细致地做好施工准备工作，能充分发挥各方面的积极因素、合理组织各种资源，能有效加快施工进度、提高工程质量、降低工程成本、实现文明施工、保证施工安全，从而增加必要的经济效益，赢得企业的社会信誉。

（3）做好施工准备工作是取得施工主动权，降低施工风险的有力保障。工程施工生产投入的生产要素多且易变，影响因素多而预见性差，可能遇到的风险也大。只有充分做好施工准备工作，采取预防措施，增强应变能力，才能有效地降低风险损失。

（4）做好施工准备工作是遵循施工项目建设程序的重要体现。建设项目的施工活动，有其科学的技术规律和市场经济规律，基本建设项目的总程序是按照规划、设计和施工等几个阶段进行，施工阶段又分为施工准备、土建施工、设备安装和交工验收阶段。由此可见，施工准备阶段是施工项目基本建设程序的重要阶段之一。施工准备工作的好坏，将直接影响建筑产品生产的全过程。无数工程实践证明，凡是重视施工准备工作，积极为拟建工程创造一切良好施工条件，其工程的施工就会顺利地进行；凡是不重视施工准备工作，将会处处被动，给工程的施工带来一系列的麻烦和重大损失。

2. 施工准备工作的分类

（1）按施工准备工作的对象分类

①施工总准备。以整个建设项目为对象统一部署的各项施工准备，其特点是为整个建设项目的顺利施工创造有利条件，它既需要为全场性的施工做好准备，同时也需要兼顾单位工程施工条件进行准备。

②单位工程施工准备。以单位工程为对象而进行的施工条件的准备，其特点是它的宗旨是为单位工程施工服务的。它不仅要为单位工程在开工前做好一切准备，而且要为分部分项工程做好施工准备工作。

③分部分项工程作业条件的准备。以某分部分项工程为对象而进行的作业条件的准备。

（2）按拟建工程所处施工阶段分类

①开工前的施工准备。它是拟建工程正式开工之前所进行的一切施工准备工作。其目的是为工程正式开工创造必要的施工条件，它带有全局性和总体性。

②工程作业条件的准备。它是在拟建工程开工以后,在每一个分部分项工程施工之前所进行的一切施工准备工作。其目的是为各分部分项工程的顺利施工创造必要的施工条件,它带有局部性和经常性。

综上所述,施工准备工作必须要有计划、有步骤,分期和分阶段地进行,要贯穿于拟建工程的整个建设过程。

3. 施工准备工作的内容

施工准备工作涉及的范围广、内容多,其内容应视工程本身特点及其具备的条件的不同而不同,一般可归纳为以下几方面:原始资料的收集、技术准备、生产资料准备、施工队伍的准备、施工现场准备以及季节性施工准备等。

4. 施工准备工作的要求

(1)编好施工准备工作计划

为了有步骤、有安排、有组织、全面地搞好施工准备,在进行施工准备之前,应编制好施工准备工作计划。其形式如表 10.1 所示。

表 10.1 施工准备工作计划表

序号	项目	施工准备工作内容	要求	负责单位	负责人	配合单位	起止时间		备注
							月 日	月 日	

施工准备工作计划是施工组织设计的重要组成部分,应依据施工方案、施工进度计划、资源需要量等进行编制。由于各准备工作之间有相互依存的关系,除了采用上述表格和形象计划外,还可采用网络计划进行编制,以明确各项准备工作之间的关系,找出关键工作,并可在网络计划上进行施工准备期的调整,尽量缩短准备工作的时间。

(2)建立严格的施工准备工作责任制

施工准备工作必须有严格的责任制,按施工准备工作计划将责任落实到有关部门和具体人员,项目经理全权负责整个项目的施工准备工作,对准备工作进行统一布置和安排,协调各方面关系,以便按计划要求及时全面地完成准备工作。

(3)建立施工准备工作检查制度

施工准备工作不仅要有明确的分工和责任,要有布置、有交底,在实施过程中还要定期检查。其目的在于督促和控制,通过检查发现问题和薄弱环节,并进行分析、找出原因,及时解决,不断协调和调整,把工作落到实处。

(4)严格遵守建设程序,执行开工报告制度

必须遵循基本建设程序,坚持没有做好施工准备不准开工的原则,当施工准备工作的各项内容已完成,满足开工条件,已办理施工许可证,项目经理部应申请开工报告,报上级批准后才能开工。实行监理的工程,还应将开工报告送监理工程师审批,由监理工程师签发开工通知书。

(5)处理好各方面的关系

施工准备工作的顺利实施,必须将多工种、多专业的准备工作统筹安排、协调配合,施工单位要取得建设单位、设计单位、监理单位及有关单位的大力支持与协作,使准备工作深入有效地实施。为此要处理好几方面的关系:

①建设单位准备与施工单位准备相结合。为保证施工准备工作全面完成,不出现漏洞,或职责推诿的情况,应明确划分建设单位和施工单位准备工作的范围、职责及完成时间,并在实施过程中,相互沟通、相互配合,保证施工准备工作的顺利完成。

②前期准备与后期准备相结合。施工准备工作有一些是开工前必须做的,有一些是在开工之后交叉进行的,因而既要立足于前期准备工作,又要着眼于后期的准备工作,两者均不能偏废。

③室内准备与室外准备相结合。室内准备工作是指工程建设的各种技术经济资料的编制和汇集,室外

准备工作是指对施工现场和施工活动所必需的技术、经济、物质条件的建立。室外准备与室内准备应同时并举,互相创造条件;室内准备工作对室外准备工作起着指导作用,而室外准备工作则对室内准备工作起促进作用。

④现场准备与加工预制准备相结合。在现场准备的同时,对大批预制加工构件应提出供应进度要求,并委托生产。对一些大型构件应进行技术经济分析,及时确定是现场预制还是加工厂预制,构件加工还应考虑现场的存放能力及使用要求。

⑤土建工程与安装工程相结合。土建施工单位在拟定出施工准备工作规划后,要及时与其他专业工程以及供应部门相结合,研究总包与分包之间综合施工、协作配合的关系,然后各自进行施工准备工作,相互提供施工条件,有问题及早提出,以便采取有效措施,促进各方面准备工作的进行。

⑥班组准备与工地总体准备相结合。在各班组进行施工准备工作时,必须与工地总体准备相结合,要结合图样交底及施工组织设计的要求,熟悉有关的技术规范、规程,协调各工种之间衔接配合,力争连续、均衡的施工。

班组作业的准备工作包括:①进行计划和技术交底,下达工程任务书;②施工机具进行保养和就位;③将施工所需的材料、构配件,经质量检查合格后,供应到施工地点;④具体布置操作场地,创造操作环境;⑤检查前一工序的质量,搞好标高与轴线的控制。

10.1.2 原始资料的收集

调查研究和收集有关施工资料,是施工准备工作的重要内容之一。尤其是当施工单位进入一个新的城市和地区,此项工作显得更加重要,它关系到施工单位全局的部署与安排。通过原始资料的收集分析,为编制出合理的、符合客观实际的施工组织设计文件,提供全面、系统、科学的依据;为图样会审、编制施工图预算和施工预算提供依据;为施工企业管理人员进行经营管理决策提供可靠的依据。

1. 收集给排水、供电等资料

水、电和蒸汽是施工不可缺少的内容,收集的内容如表10.2所示。资料来源主要是当地城市建设、电业、电讯等管理部门和建设单位。主要用作选用施工用水、用电和供热、供汽方式的依据。

表 10.2 水、电、汽条件调查表

序号	项目	调查内容	调查目的
1	供水排水	1. 工地用水与当地现有水源连接的可能性,可供水量、接管地点、管径、材料、埋深、水压、水质、水费;至工地距离,沿途地形地物状况 2. 自选临时江河水源的水质,水量、取水方式,至工地距离,沿途地形地物状况;自选临时水井的位置、深度、管径、出水量和水质 3. 利用永久性排水设施的可能性,施工排水的去向、距离和坡度;有无洪水影响,防洪设施状况	1. 确定生活、生产供水方案 2. 确定工地排水方案和防洪方案 3. 拟定供排水设施的施工进度计划
2	供电电讯	1. 当地电源位置,引入的可能性,可供电的容量、电压、导线断面和电费;引入方向,接线地点及其至工地距离,沿途地形地物状况 2. 建设单位和施工单位自有的发、变电设备的型号、台数和容量 3. 利用邻近电讯设施的可能性,电话、电报局等至工地的距离,可能增设电信设备、线路的情况	1. 确定供电方案 2. 确定通讯方案 3. 拟定供电、通信设施的施工进度计划
3	供汽供热	1. 蒸汽来源,可供蒸汽量,接管地点、管径、埋深,至工地距离,沿途地形地物状况;蒸汽价格 2. 建设、施工单位自有锅炉的型号、台数和能力,所需燃料及水质标准 3. 当地或建设单位可能提供的压缩空气、氧气的能力,至工地距离	1. 确定生产、生活用汽的方案 2. 确定压缩空气、氧气的供应计划

2. 收集交通运输资料

建筑施工中,常用铁路、公路和航运等3种主要交通运输方式,收集的内容如表10.3所示。资料来源主要是当地铁路、公路、水运和航运管理部门。主要用作决定选用材料和设备的运输方式,组织运输业务的依据。

表 10.3 交通运输条件调查表

序号	项目	调查内容	调查目的
1	铁路	1. 邻近铁路专用线、车站至工地的距离及沿途运输条件 2. 站场卸货线长度、起重能力和储存能力 3. 装卸单个货物的最大尺寸、重量的限制	选择运输方式; 拟定运输计划
2	公路	1. 主要材料产地至工地的公路等级、路面构造、路宽及完好情况,允许最大载重量;途经桥涵等级、允许最大尺寸、最大载重量 2. 当地专业运输机构及附近村镇能提供的装卸、运输能力(吨千米)、运输工具的数量及运输效率;运费、装卸费 3. 当地有无汽车修配厂、修配能力和至工地距离	
3	航运	1. 货源、工地至邻近河流、码头渡口的距离,道路情况 2. 洪水、平水、枯水期时,通航的最大船只及吨位,取得船只的可能性 3. 码头装卸能力、最大起重量,增设码头的可能性 4. 渡口的渡船能力;同时可载汽车数,每日次数,能为施工提供能力; 5. 运费、渡口费、装卸费	

3. 收集建筑材料资料

建筑工程要消耗大量的材料,主要有钢材、木材、水泥、地方材料(砖、砂、灰、石)、装饰材料、构件制作、商品混凝土、建筑机械等,其内容如表 10.4、表 10.5 所示。资料来源主要是当地主管部门和建设单位及各建材生产厂家、供货商,主要用作选择建筑材料和施工机械的依据。

表 10.4 地方资源调查表

序号	材料名称	产地	储藏量	质量	开采量	出厂价	供应能力	运距	单位运价
1									
2									
…									

表 10.5 三材、特殊材料和主要设备调查表

序号	项目	调查内容	调查目的
1	三材	1. 钢材订货的规格、型号、数量和到货时间 2. 木材订货的规格、等级、数量和到货时间 3. 水泥订货的品种、标号、数量和到货时间	1. 确定临时设施和堆放场地 2. 确定木材加工计划 3. 确定水泥储存方式
2	特殊材料	1. 需要的品种、规格、数量 2. 试制、加工和供应情况	1. 制订供应计划 2. 确定储存方式
3	主要设备	1. 主要工艺设备名称、规格、数量和供货单位 2. 供应时间:分批和全部到货时间	1. 确定临时设施和堆放场地 2. 拟定防雨措施

4. 社会劳动力和生活条件调查

建筑施土是劳动密集型的生产活动。社会劳动力是建筑施工劳动力的主要来源,其内容如表 10.6 所示。资料来源是当地劳动、商业、卫生和教育主管部门,主要作用是为劳动力安排计划、布置临时设施和确定施工力量提供依据。

表 10.6　社会劳动力和生活设施调查表

序号	项目	调查内容	调查目的
1	社会劳动力	1. 少数民族地区的风俗习惯 2. 当地能支援的劳动力数量、技术水平、来源、工资价格及生活安排	1. 拟定劳动力计划 2. 安排临时设施
2	房屋设施	1. 必须在工地居住的单身人数和户数 2. 能作为施工用的现有的房屋栋数、每栋面积、结构特征、总面积、位置、水、暖、电、卫生设备状况 3. 上述建筑物的适宜用途;用作宿舍、食堂、办公室的可能性	1. 确定原有房屋为施工服务的可能性 2. 安排临时设施
3	生活服务	1. 主副食品供应、日用品供应、文化教育、消防治安等机构能为施工提供的支援能力 2. 邻近医疗单位至工地的距离,可能就医的情况 3. 周围是否存在有害气体污染情况;有无地方病	安排职工生活基地

5. 原始资料的调查

原始资料调查的主要内容:建设地点的气象、地形、地貌、工程地质、水文地质、场地周围环境及障碍物,如表 10.7 所示。资料来源主要是气象部门及设计单位,主要用作确定施工方法和技术措施,编制施工进度计划和施工平面图布置设计的依据。

表 10.7　自然条件调查表

序号	项目	调查内容	调查目的
一	—	气　象	—
1	气温	1. 年平均、最高、最低、最冷、最热月份的逐月平均温度 2. 冬、夏季室外计算温度	1. 确定防暑降温的措施 2. 确定冬季施工措施 3. 估计混凝土、砂浆强度
2	雨(雪)	1. 雨季起止时间 2. 月平均降雨(雪)量、最大降雨(雪)量、一昼夜最大降雨(雪)量 3. 全年雷暴日数	1. 确定雨季施工措施 2. 确定工地排水、防洪方案 3. 确定防雷设施
3	风	1. 主导风向及频率(风玫瑰图) 2. ≥8 级风的全年天数、时间	1. 确定临时设施的布置方案 2. 确定高空作业及吊装的技术安全措施
二	—	工程地形、地质	—
1	地形	1. 区域地形图:1/10 000 ～ 1/25 000 2. 工程位置地形图:1/1 000 ～ 1/2 000 3. 该地区城市规划图 4. 经纬坐标桩、水准基桩的位置	1. 选择施工用地 2. 布置施工总平面布置图 3. 场地平整及土方量计算 4. 了解障碍物及其数量
2	工程地质	1. 钻孔布置图 2. 地质剖面图:土层类别、厚度 3. 物理力学指标:天然含水率、孔隙比、塑性指数、渗透系数、压缩试验及地基土强度 4. 地层的稳定性:断层滑块、流沙 5. 最大冻结深度 6. 地基土破坏情况:枯井、古墓、防空洞及地下构筑物等	1. 土方施工方法的选择 2. 地基土的处理方法 3. 基础施工方法 4. 复核地基基础设计 5. 拟定障碍物拆除计划

续上表

序号	项目	调查内容	调查目的
3	地震	地震等级、烈度大小	确定对基础影响、注意事项
三	—	工程水文地质	—
1	地下水	1. 最高、最低水位及时间 2. 水的流向、流速及流量 3. 水质分析、水的化学成分 4. 抽水试验	1. 基础施工、降水方案选择 2. 取水工程施工 3. 侵蚀性介质及施工注意事项
2	地面水	1. 临近江河湖泊距工地的距离 2. 洪水、平水、枯水期的水位、流量及航道深度 3. 水质分析 4. 最大、最小冻结深度及结冻时间	1. 确定临时给水方案 2. 确定运输方式 3. 确定水工工程施工方案 4. 确定防洪方案

10.1.3 技术准备

技术准备是施工准备工作的核心,是现场施工准备工作的基础。由于任何技术的差错或隐患都可能引起人身安全和质量事故,造成生命、财产和经济的巨大损失,因此必须认真地做好技术准备工作。

工程开工前,根据设计单位提供的图样资料、沿线地下构筑物和管线资料,地质勘察资料、进行的设计交底和测量交桩,做好现场的技术准备。其主要内容包括:熟悉及审查设计图样及有关资料;编制施工组织设计;编制施工图预算和施工预算等。通常,施工单位的做法是:①在接到施工图样后,认真组织技术人员熟悉审查设计图样,编制详细的施工组织设计,组织对各工种施工人员进行技术交底。②配备齐全有效的施工规范、规程、验收标准,划分分部分项工程,编制有见证试验计划,制定技术资料管理目标,建立健全资料管理体系。

1. 审查设计图样

审查设计图样的程序通常分为自审阶段、会审阶段和现场签证 3 个阶段。自审是施工企业组织技术人员熟悉和自审图样,自审记录包括对设计图样的疑问和有关建议。会审是由建设单位主持,设计单位和施工单位参加,先由设计单位进行图样技术交底,各方面提出意见,经充分协商后,统一认识形成图样会审纪要,由建设单位正式行文,参加单位共同会签、盖章,作为设计图样的修改文件。通过图样会审正确理解设计意图,对图样中的不明确和矛盾的地方,或者施工困难的问题,均要在由业主组织的图样会审过程中会同设计和业主解决。现场签证是在工程施工过程中,发现施工条件与设计图样的条件不符,或图样仍有错误,或因材料的规格、质量不能满足设计要求等原因,需要对设计图样进行及时修改,应遵循设计变更的签证制度,进行图样的施工现场签证。一般问题,经设计单位同意,即可办理手续进行修改。重大问题,须经建设单位、设计单位和施工单位共同协商,由设计单位修改,向施工单位签发设计变更单,方可有效。

图样审查的内容包括:

(1)是否是无证设计或越级设计,图样是否经设计单位正式签署。

(2)地质勘探资料是否齐全。

(3)设计图样与说明是否齐全。

(4)设计中地震烈度设防是否符合当地要求。

(5)几个单位共同设计的,相互之间有无矛盾,专业之间,平、立、剖面图和工艺图之间是否有矛盾,标高是否有遗漏。

(6)总平面与施工图的几何尺寸、平面位置、标高等是否一致。

(7)防火要求是否满足。

(8)各专业图样是否有差错及矛盾,表示方法是否清楚,是否符合制图标准,预埋件是否表示清楚,是否有钢筋明细表,钢筋锚固长度与抗震要求等。

（9）施工图中所列各种标准图册,施工单位是否具备,如不具备,如何取得。

（10）建筑材料来源是否有保证。

（11）地基处理方法是否合理,是否存在不能施工、不便于施工、容易导致质量、安全或经费等方面的问题。

（12）工艺管道、电气线路、运输道路与建筑物之间有无矛盾,管线之间的关系是否合理。

（13）施工安全是否有保证。

2. 编制施工组织设计

施工组织设计是对施工活动实行科学管理的重要手段,它具有战略部署和战术安排的双重作用。它体现了实现基本建设计划和设计的要求,提供了各阶段的施工准备工作内容,协调施工过程中各施工单位、各施工工种、各项资源之间的相互关系,包括施工技术和施工质量的要求。它既是施工准备工作的重要组成部分,又是做好其他施工准备工作的依据。

由于建设产品的特点及工程施工的特点,决定了工程项目种类繁多、施工方法多变,目前尚没有一个通用的、一成不变的施工方法,每个工程项目都需要分别确定施工组织方法,作为组织和指导施工的重要依据。因此,施工组织设计的编制内容也不是一成不变的。

3. 编制施工图预算和施工预算

施工图预算是技术准备工作的主要组成部分之一,它是按照施工图确定的工程量,施工组织设计所拟定的施工方法,工程预算定额及其取费标准,由施工单位主持,在拟建工程开工前的施工准备工作期所编制的,确定工程造价的经济文件。施工图预算是施工企业签订工程承包合同、工程结算、银行贷款,进行企业经济核算的依据。

施工预算是根据施工图预算、施工图样、施工组织设计或施工方案、施工定额等文件综合企业和工程实际情况所编制,在工程确定承包关系以后进行;它是企业内部经济核算和班组承包的依据,因而是企业内部使用的一种预算。

施工图预算与施工预算存在很大区别:施工图预算是甲乙双方确定预算造价、发生经济联系的技术经济文件;施工预算是施工企业内部经济核算的依据。"两算"对比,是促进施工企业降低物资消耗,增加积累的重要手段。

10.1.4 生产资料准备

生产资料准备是指工程施工中必需的劳动手段(施工机械、机具等)和劳动对象(材料、构件、配件等)的准备。该项工作应根据施工组织设计的各种资源需要量计划,分别落实货源、组织运输和安排储备,这是工程连续施工的基本保证。

1. 建筑材料的准备

建筑材料的准备包括:三材(钢材、木材、水泥)、地方材料(砖、瓦、石灰、砂、石等)、装饰材料(面砖、地砖等),特殊材料(防腐、防射线、防爆材料等)的准备。为保证工程顺利施工,材料准备要求如下:

（1）编制材料需要量计划,签订供货合同。根据预算的工料分析,按施工进度计划的使用要求,材料储备定额和消耗定额,分别按材料名称、规格、使用时间进行汇总,编制材料需用量计划,同时根据不同材料的供应情况,随时注意市场行情,及时组织货源,签订订货合同,保证采购供应计划的准确可靠。

（2）材料的运输和储备。材料的储备和运输要按工程进度分期分批进场。现场储备过多会增加保管费用、占用流动资金,过少难以保证施工的连续进行,对于使用量少的材料,尽可能一次进场。

（3）材料的堆放和保管。现场材料的堆放应按施工平面布置图的位置,按材料的性质、种类,选取不同的堆放方式,合理堆放,避免材料的混淆及二次搬运;进场后的材料要依据材料的性质妥善保管,避免材料的变质及损坏,以保持材料的原有数量和原有的使用价值。

2. 施工机具和周转材料的准备

施工机具包括施工中所确定选用的各种土方机械、木工机械、钢筋加工机械、混凝土机械、砂浆机械、垂直与水平运输机械、吊装机械等,应根据采用的施工方案和施工进度计划,确定施工机械的数量和进场时间;确定施工机具的供应方法和进场后的存放地点和方式,并提出施工机具需要量计划,以便企业内平衡或外签约租借机械。

周转材料的准备主要指模板和脚手架,此类材料施工现场使用量大、堆放场地面积大、规格多、对堆放场地的要求高,应按施工组织设计的要求分规格、型号整齐码放,以便使用和维修。

3. 预制构件和配件的加工准备

工程施工中需要大量的钢筋混凝土构件、木构件、金属构件、水泥制品、塑料制品、卫生洁具等,应在图样会审后提出预制加工单,确定加工方案、供应渠道及进场后的储备地点和方式。现场预制的大型构件,应依施工组织设计作好规划提前加工预制。

此外,对采用商品混凝土的现浇工程,要依施工进度计划要求确定需用量计划,主要内容有商品混凝土的品种、规格、数量、需要时间、送货方式、交货地点,并提前与生产单位签订供货合同,以保证施工顺利进行。

10.1.5　施工队伍的准备

一项工程完成的好坏,很大程度上取决于承担该项工程的施工队伍的素质。现场施工队伍包括施工的组织指挥者和具体操作者。这些人员的选择和组织是否合理、高效,将直接关系和影响到工程质量、施工进度及工程成本。因此,施工队伍准备是开工前施工准备的一项重要内容。

1. 现场施工组织机构的建立

对于大型建设工程,一般都要建立生产指挥部,通盘解决施工、生产中的组织、技术、人事、生产、调度、保卫等问题。对于小型建设工程,由施工单位在现场组织人员管理安排施工,并与建设单位密切联系,共同解决一些大的问题。

现场的管理人员是生产任务的直接组织者与指挥者,其人员配备应视工程对象的规模大小和难易程度而定,坚持合理分工与密切协作相结合的原则;执行因事设职、因职选人的原则,将富有经验、创新精神、工作效率高的人员入选项目管理领导机构。对工地的主要负责人或工程经济承包的责任者,应综合考核其技术水平、管理能力、组织能力、协调能力及施工经验等几个方面。目前,一般由公司直接指定工程负责人,也可公开招聘,择优录用。

2. 基本施工队伍的确定

工人是工程的具体操作者,是施工队伍的主体。开工前,应根据工程特点,按照施工组织设计提出的劳动力需用表,选择各有关工种的工人进行合理组织。应考虑工程工种的特点,选择与之适应的施工队伍,优化劳动组合,建立精干高效的劳动组织,技工、普工合理搭配,使各工序之间的衔接比较紧凑,劳动效率比较高。

3. 专业施工队伍的组织

对于大中型工业项目或公用工程,即使是一个单位工程,其内部的机电安装工作任务也很繁重,而且一般标准都较高,应由专业施工队伍来承担。例如,消防系统、空调系统、通信系统、变配电系统等,由于其中包括相应的设备,如泵、冷冻机、变压器、配电柜、电梯等,因此应由专业队伍施工。同时,有些设备往往要由生产厂家来进行安装与调试。在施工准备中,应以签订承包合同的形式予以明确,并落实施工队伍。对有些需要机械化施工公司来承担的分项工程,如土方工程、吊装工程等,应在制订施工方案时予以明确。

4. 联合施工队伍的组织

随着建筑市场的开放,用工制度的改变,施工单位仅仅依靠自身的基本队伍来完成施工任务已不能满足需要,因而往往要联合其他建筑队伍共同完成施工任务。联合力量的组织形式有3种:联合力量独立承担单位工程的施工;联合施工力量承担某个分部(分项)工程的施工;联合施工力量与本企业施工队伍混编使用。

在确定施工队伍时,不论是土建工程还是安装工程,一定要遵循劳动力相对稳定的原则,以保证工程质量和劳动效率的提高。施工队伍的数量、进场时间和退场时间,都应根据劳动力需用计划来确定,并随着施工进展及时予以调整,防止脱节和窝工。对于某些采用新结构、新工艺、新材料、新技术的工程,应该先将有关的管理人员和操作工人组织起来进行培训,使之达到标准后再上岗操作。这也是施工队伍准备工作的内容之一。

10.1.6　施工现场准备

施工现场的准备(又称室外准备),它主要为工程施工创造有利的施工条件,施工现场的准备按施工组织设计的要求和安排进行,其主要内容为"五通一平"、测量放线、临时设施的搭设等。

1. 现场"五通一平"

"五通一平"是甲方取得"建设工程规划许可证"后,工程项目部进行场地接管,组织临建搭设,为工程正式开工做好现场准备。工程开工之前,甲方负责监督施工单位进行现场的"五通一平"(水通、电通、路通、通信通、排污通、场地平整),在甲方支持下办理场地临时排水及施工路口手续的工作。随着社会的进步,这个"通"前面的数量也将随之逐年增加,但最基本的还是"三通"(水通、电通、路通)。

(1)平整场地

施工场地的平整工作,首先通过测量,按总平面图中确定的标高,计算出挖土及填土的数量,设计土方调配方案,组织人力或机械进行平整工作;若拟建场内有旧建筑物,则须拆迁房屋,同时要清理地面上的各种障碍物,对地下管道、电缆等要采取可靠的措施。

(2)路通

施工现场的道路,是组织大量物资进场的运输动脉,为了保证各种建筑材料、施工机械、生产设备和构件按计划到场,必须按施工总平面布置图要求修通道路。为了节省工程费用,应尽可能利用已有道路或结合正式工程的永久性道路。为使施工时不损坏路面,可先做路基,施工完毕后再做路面。

(3)水通

施工现场的通水包括给水与排水。施工现场用水包括生产、生活和消防用水,其布置应按施工总平面布置图的规划进行安排。施工用水设施尽量利用永久性给水线路。临时管线的铺设,既要满足用水点的需要和使用方便,又要尽量缩短管线。施工现场要做好有组织的排水系统,否则会影响施工的顺利进行。

(4)电通

施工现场用电包括生产用电和生活用电。根据生产、生活用电的电量,选择配电变压器,与供电部门或建设单位联系,按施工组织要求布设线路和通电设备。当供电系统供电不足时,应考虑在现场建立发电系统,以保证施工的顺利进行。

2. 测量放线

在土方开挖前,按设计单位提供的总平面图及给定的永久性经纬坐标控制网和水准控制基桩,进行场区施工测量,设置场区永久性坐标、水准基桩,建立场区工程测量控制网。在进行测量放线前,应做好以下几项准备工作:

(1)了解设计意图,熟悉并校核施工图样。

(2)对测量仪器进行检验和校正。

(3)校核红线桩与水准点。

(4)制订测量放线方案,主要包括平面控制、标高控制、沉降观测和竣工测量等项目,其方案制订依设计图样要求和施工方案来确定。

定位放线是确定整个工程平面位置的关键环节,施测中必须保证精度,杜绝错误,否则其后果将难以处理。一般通过设计图中平面控制轴线来确定施工对象的轮廓、位置,经自检合格后,提交有关部门和甲方(监理人员)验线,以保证定位的准确性。对于顶管施工,还应做好:地下控制测量;地面控制点及高程点的导入;顶进过程中管道的中心和高程的测量。

3. 临时设施的搭设

现场所需临时设施,应报请规划、市政、消防、交通、环保等有关部门审查批准,按施工组织设计和审查情况来实施。

对于指定的施工用地周界,应用围墙(栏)围挡起来,围挡的形式和材料应符合市容管理的有关规定和要求,并在主要出入口设置标牌,标明工程名称、施工单位、工地负责人、监理单位等。

各种生产(仓库、混凝土搅拌站、预制构件厂、机修站、生产作业棚等)、生活(办公室、宿舍、食堂等)用的

临时设施,应严格按批准的施工组织设计规定的数量、标准、面积、位置等来组织实施,不得乱搭乱建,并尽可能做到以下几点:

(1)利用原有建筑物,减少临时设施的数量,以节省投资。

(2)适用、经济、就地取材,尽量采用移动式、装配式临时建筑。

(3)节约用地、少占农田。

10.1.7 季节性施工准备

1. 冬季施工准备工作

(1)合理安排冬季施工项目

工程项目的施工周期长,且多为露天作业,冬季施工条件差、技术要求高,因此在施工组织设计中就应合理安排冬季施工项目,尽可能保证工程连续施工,一般情况下尽量安排费用增加少、易保证质量、对施工条件要求低的项目在冬季施工,如吊装、打桩等,而如土方、基础等则不宜在冬季施工。

(2)落实各种热源的供应工作

提前落实供热渠道,准备热源设备,储备和供应冬季施工用的保温材料,做好司炉培训工作。

(3)做好保温防冻工作

①临时设施的保温防冻:给水管道保温,防止管道冻裂;防止道路积水、积雪成冰,保证运输顺利。

②工程已完成部分的保温保护:如基础完成后及时回填至基础顶面同一高度等。

③冬季要施工部分的保温防冻:如凝结硬化尚未达到强度要求的砂浆、混凝土要及时测温,加强保温,防止遭受冻结等。

④加强安全教育。要有冬季施工的防火、安全措施,加强安全教育,做好职工培训工作,避免火灾、安全事故的发生。

2. 雨季施工准备工作

(1)合理安排雨季施工项目

在施工组织设计中要充分考虑雨季对施工的影响,一般情况下,雨季到来之前,多安排土方、基础、室外作业等不易在雨季施工的项目,多留一些室内工作在雨季进行,以避免雨季窝工。

(2)做好现场的排水工作

施工现场雨季来临前,做好排水沟,准备好抽水设备,防止场地积水,最大限度地减少泡水造成的损失。

(3)做好运输道路的维护和物资储备

雨季前检查道路边坡排水,适当提高路面,防止路面凹陷,保证运输道路的畅通,并多储备一些物资,减少雨季运输量,节约施工费用。

(4)做好机具设备等的保护

对现场各种机具、电器、工棚都要加强检查,采取防倒塌、防雷击、防漏电等一系列技术措施。

(5)加强施工管理

认真编制雨季施工的安全措施,加强对职工教育,防止各种事故的发生。

10.2 施工组织设计的编制

施工组织设计是我国长期工程建设实践中形成的一项管理制度,人们已经比较习惯于将它用于工程项目管理。

10.2.1 施工组织设计的概念、作用和分类

1. 施工组织设计的概念

施工组织设计是用来规划和指导施工项目从工程投标、签订承包合同、施工准备到竣工验收全过程各项活动的技术、经济和组织的综合性文件,是对拟建工程在人力和物力、时间和空间、技术和组织等方面所

做的全面合理的安排,是施工技术与施工项目管理有机结合的产物,它是工程开工后施工活动能有序、高效、科学合理地进行的保证,是沟通工程设计和施工之间的桥梁。

施工组织既要体现拟建工程的设计和使用要求,又要符合工程施工的客观规律。它应尽量适应施工过程的复杂性和具体施工项目的特殊性,通过科学、经济、合理的规划安排,使工程项目能够连续、均衡、协调地进行施工,以满足工程项目对工期、质量、投资等方面的各项要求。

2. 施工组织设计的作用

施工组织设计是用于指导施工组织与管理、施工准备与实施、施工控制与协调、资源的配置与使用等全面性的技术经济文件,是对施工活动的全过程进行科学管理的重要手段。其作用具体表现在以下方面:

(1)施工组织设计是施工准备工作的重要组成部分,同时又是做好施工准备工作的依据和保证。

(2)施工组织设计是根据工程各种具体条件拟定的施工方案、施工顺序、劳动组织和技术组织措施等,是指导开展紧凑、有序施工活动的技术依据。

(3)施工组织设计所提出的各项资源需要量计划,直接为组织材料、机具、设备、劳动力需要量的供应和使用提供数据。

(4)通过编制施工组织设计,可以合理安排和利用为施工服务的各项临时设施,可以合理地部署施工现场,确保文明施工、安全施工。

(5)通过编制施工组织设计,可以将工程的设计与施工、技术与经济、施工全局性规律和局部性规律、土建施工与设备安装、各部门之间、各专业之间有机结合,统一协调。

(6)通过编制施工组织设计,可分析施工中的风险和矛盾,及时研究解决问题的对策和措施,从而提高施工的预见性,减少盲目性。

(7)施工组织设计是统筹安排施工企业生产的投入与产出过程的关键和依据。工程产品的生产和其他工业产品的生产一样,都是按要求投入生产要素,通过一定的生产过程后生产出成品,而中间转换的过程离不开管理。施工企业也是如此,从承接工程任务开始到竣工验收交付使用为止的全部施工过程的计划、组织和控制的基础就是科学的施工组织设计。

(8)施工组织设计可以指导投标与签订工程承包合同,并作为投标书的内容和合同文件的一部分。

3. 施工组织设计分类

施工组织设计是一个总的概念,根据工程项目的类别、工程规模、编制阶段、编制对象和范围的不同,在编制的深度和广度上也有所不同。

(1)按施工组织设计编制目的不同分类

根据施工组织设计所处阶段和作用的不同,工程施工组织设计可以划分为两类:

①投标性施工组织设计:在投标前,由企业有关部门负责牵头编制,在投标阶段以招标文件为依据,为满足投标书和签订施工合同的需要编制。

②实施性施工组织设计:在中标后施工前,签订工程承包合同后编制的施工组织设计。由项目经理负责牵头编制,在实施阶段以施工合同和中标施工组织设计为依据,为满足施工准备和施工需要编制。

(2)按施工组织设计的工程对象分类

按施工组织设计的工程对象范围分类,可分为施工组织总设计、单位工程施工组织设计及分部(分项)工程施工组织设计。

①施工组织总设计:它是以整个建设项目或群体工程为对象(如一个工厂、一个机场、一个道路工程或桥梁、一个居住小区等)编制的,用以指导整个建设工程项目施工全过程的各项施工活动的全局性、控制性文件。它是对整个建设项目的全面规划,涉及范围较广,内容比较概括。一般是在初步设计或扩大初步设计被批准之后,由总承包单位的总工程师负责,会同建设、设计和分包单位的工程师共同编制。

施工组织总设计用于确定建设总工期、各单位工程开展的顺序及工期、主要工程的施工方案、各种物资的供需计划、全工地性暂设工程及准备工作、施工现场的布置等工作,同时它也是施工单位编制年度施工计划和单位工程施工组织设计的依据。

②单位工程施工组织设计:它是以单位工程(如一栋楼房、一个烟囱、一段道路、一座桥等)为编制对象,

在施工组织总设计指导下,由直接组织施工的单位根据施工图设计进行编制,用以指导其施工全过程的各项施工活动的技术、经济的局部性、指导性文件。它是施工单位年度施工计划和施工组织总设计的具体化,是施工单位编制分部(分项)工程施工组织设计(作业计划)和制订季、月、旬施工计划的依据,具体地安排人力、物力和实施工程。

单位工程施工组织设计一般在施工图设计完成后,在拟建工程开工之前,由工程项目的技术负责人负责编制。单位工程施工组织设计,根据工程规模、技术复杂程度不同,其编制内容的深度和广度亦有所不同。对于简单单位工程,施工组织设计一般只编制施工方案,并附以施工进度和施工平面图,即"一案、一图、一表"。

③分部(分项)工程施工组织设计:也称为分部(分项)工程作业计划,或称分部(分项)工程施工设计,是以分部(分项)工程为编制对象,用以具体实施其分部(分项)工程施工全过程的各项施工活动的技术、经济和组织的实施性文件。一般对于工程规模大、特别重要的、技术复杂、施工难度大的建筑物或构筑物,或采用新工艺、新技术施工的施工部分等,例如深基础、大量土石方工程、冬雨期施工、地下防水工程等。在编制单位工程施工组织设计之后,常需对某些重要的又缺乏经验的分部(分项)工程再深入编制专业工程的具体施工设计。它一般在单位工程施工组织设计确定了施工方案后,由施工队(组)技术人员负责编制,其内容具体、详细、可操作性强,是专门的、更为详细的专业工程设计文件,是直接指导分部(分项)工程施工的依据。

施工组织总设计、单位工程施工组织设计和分部(分项)工程施工组织设计,是同一工程项目,不同广度、深度和作用的 3 个层次。施工组织总设计是对整个建设项目管理的总体构想(全局性战略部署),其内容和范围比较概括;单位工程施工组织设计是在施工组织总设计的控制下,以施工组织总设计为依据且针对具体的单位工程编制的,是施工组织总设计的深化与具体化;分部(分项)工程施工组织设计是以施工组织总设计、单位工程施工组织设计为依据且针对具体的分部分项工程编制的,它是单位工程施工组织设计的深化与具体化,是专业工程具体的组织管理施工的设计。

10.2.2　施工组织设计的编制方法和内容

1. 施工组织设计的编制原则

(1)重视施工组织对施工的作用。

(2)提高施工的工业化程度。

(3)重视管理创新和技术创新。

(4)重视工程施工的目标控制。

(5)积极采用国内外先进的施工技术。

(6)充分利用时间和空间,合理安排施工顺序,提高施工的连续性和均衡性。

(7)合理部署施工现场,实现文明施工。

2. 施工组织设计的编制依据

(1)施工组织总设计的编制依据

主要包括:

①计划文件。

②设计文件。

③合同文件。

④建设地区基础资料。

⑤有关的标准、规范和法律。

⑥类似建设工程项目的资料和经验。

(2)单位工程施工组织设计的编制依据

主要包括:

①建设单位的意图和要求,如工期、质量、预算要求等。

②工程的施工图样及标准图。

③施工组织总设计对本单位工程的工期、质量和成本的控制要求。

④资源配置情况。

⑤建筑环境、场地条件及地质、气象资料,如工程地质勘测报告、地形图和测量控制等。

⑥有关的标准、规范和法律。

⑦有关技术新成果和类似建设工程项目的资料和经验。

3. 施工组织设计的编制程序

(1)施工组织总设计的编制程序

①收集和熟悉编制施工组织总设计所需的有关资料和图样,进行项目特点和施工条件的调查研究。

②计算主要工种工程的工程量。

③确定施工的总体部署。

④拟订施工方案。

⑤编制施工总进度计划。

⑥编制资源需求量计划。

⑦编制施工准备工作计划。

⑧施工总平面图设计。

⑨计算主要技术经济指标。

应该指出,以上顺序中有些顺序必须这样,不可逆转,例如:

● 拟订施工方案后才可编制施工总进度计划(因为进度的安排取决于施工的方案)。

● 编制施工总进度计划后才可编制资源需求量计划(因为资源需求量计划要反映各种资源在时间上的需求)。

但是,在以上顺序中也有些顺序应该根据具体项目而定,如确定施工的总体部署和拟订施工方案,两者有紧密的联系,往往可以交叉进行。

(2)单位工程施工组织设计的编制程序

单位工程施工组织设计的编制程序与施工组织总设计的编制程序非常类似,不再赘述。

4. 施工组织设计的内容

施工组织设计的内容要结合工程对象的实际特点、施工条件和技术水平进行综合考虑,一般包括以下基本内容:

(1)工程概况

①本项目的性质、规模、建设地点、结构特点、建设期限、分批交付使用的条件、合同条件。

②本地区地形、地质、水文和气象情况。

③施工力量、劳动力、机具、材料、构件等资源供应情况。

④施工环境及施工条件等。

(2)施工部署及施工方案

①根据工程情况,结合人力、材料、机械设备、资金、施工方法等条件,全面部署施工任务,合理安排施工顺序,确定主要工程的施工方案。

②对拟建工程可能采用的几个施工方案进行定性、定量的分析,通过技术经济评价,选择最佳方案。

(3)施工进度计划

①施工进度计划反映了最佳施工方案在时间上的安排,采用计划的形式,使工期、成本、资源等方面,通过计算和调整达到优化配置,符合项目目标的要求。

②使工序有序地进行,使工期、成本、资源等通过优化调整达到既定目标,在此基础上编制相应的人力和时间安排计划、资源需求计划和施工准备计划。

(4)施工平面图

施工平面图是施工方案及施工进度计划在空间上的全面安排。它把投入的各种资源、材料、构件、机械、道路、水电供应网络、生产、生活活动场地及各种临时工程设施合理地布置在施工现场,使整个现场能有组织地进行文明施工。

（5）主要技术经济指标

技术经济指标用以衡量组织施工的水平,它是对施工组织设计文件的技术经济效益进行全面评价。

施工组织设计的附加内容如下:

①新技术、新工艺、新材料和新设备应用。

②成本控制措施。

③施工风险防范。

④总承包管理与协调。

⑤工程创优计划及保证措施。

10.2.3　单位工程施工组织设计的编制

给排水工程的单位工程指泵房、滤池、清水池、曝气池、消化池、给水管道、排水管道等单个构筑物或管道工程。

1. 编制依据

（1）工程承包合同及附件,建设单位和上级领导机关对该单位工程的要求和意图等。

（2）施工图样及有关技术文件和要求。包括:单位工程的全部施工图样、会审记录和相关标准图等有关设计资料。较复杂的工程还应了解设备图样和设备安装对土建施工的要求,设计单位对新结构、新技术、新材料和新工艺的要求。

（3）预算文件、预算成本和工程量等。

（4）企业的年度施工计划。对该工程开竣工时间的规定、工期要求及规定的各项施工指标以及与其他项目交叉施工的安排等。

（5）施工组织总设计对本工程的工期、质量和成本控制的目标要求。

（6）施工现场条件和具体情况。如施工现场的地形、地貌,地上与地下障碍物,水文地质,交通运输道路及测量控制网,施工现场可占用的场地面积等。

（7）工程所在地的气象资料。例如,施工期间的最低、最高气温及延续时间,雨季、雨量、台风等。

（8）主要施工机械、材料、设备构件、加工品等供应条件。主要包括工程所在地的主要建筑材料、构配件、半成品的供货来源,供应方式及运距和运输条件等。

（9）劳动力配备情况。主要有两个方面的资料:一方面是企业能提供的劳动力总量和各专业工种的劳动人数;另一方面是工程所在地的劳动力市场情况。

（10）国家和地区的有关规范、规程、规定及定额等技术资料。包括标准图集、地区定额手册、国家操作规程及相关的施工与验收规范、施工手册等。同时也包括企业类似建设工程项目的经验资料、企业定额等。

（11）建设单位提供可为施工服务或利用的有关条件。例如,现场"五通一平"情况,临时设施以及合同中约定的建设单位供应的材料、设备等。

2. 工程概况

（1）工程特点

包括:占地面积,体积,结构特征,抗渗、抗冻、抗震的要求,管线铺设和设备安装的难易程度,工作量,主要工程实物量及交付使用期限等。

（2）施工现场特征

包括:位置、地形及地貌、工程与水文地质条件、不同深度的土壤分析、地下水水位、气象、冬雨季和汛期时间、主导风向、风力、地震烈度等。

（3）施工条件

包括:"五通一平"情况、物资来源及供应情况、施工机械、劳动力以及施工技术和管理水平等。

通过上述分析,应指出该工程的施工特点和施工中的关键问题。

3. 施工方案

(1)确定总的施工程序及施工流向

施工程序是组织单位工程施工的分部工程、专业工程,或施工阶段间的相互连接、相互制约的关系。诸如:

①组织单位工程施工,必须坚持先做好施工准备工作方准开工;工程开工应遵守"先场外后场内""先地下、后地上""先主体、后附属""先土建、后设备安装"的原则。

②对于工业项目,不仅要合理安排土建工程施工进度,还应为工艺设备及管道等的安装提供施工工作面。而且须根据设备性质、安装方法、工程用途等因素,安排土建与设备安装工程之间的合理施工程序,力求缩短工期,使工程早日竣工投产。

③对于分成几个系列的净、配水厂、污水处理厂等,施工程序可先建一个处理系统,确保其先行投产,并有计划地向其他系列铺开。

施工流向的确定是解决单个建筑物或构筑物在空间上的合理施工顺序问题,即确定单位工程在平面或竖向施工开始的部位。确定施工流向一般应考虑建设单位对生产和使用先后的需要、生产工艺过程、适应施工组织的分区分段、单位工程各部分施工的复杂程度等因素。例如:

①对于单层构筑物要定出分段施工在平面上的施工流向,对于高大的水塔、冷却塔、沉井等构筑物,除了要定出平面流向外,还须定出分层施工的流向。

②组织管道工程施工时,为了保证其分期使用,排水管道应按"先下游后上游"的顺序施工,而给水管道应按"先上游后下游"的顺序进行施工,并应符合"先干管后支管,先深后浅"的原则。

通常,可先按构筑物结构部位的不同施工特点,分为土方与基础、主体结构工程、设备电气工艺管道安装、调试交验等多个阶段,再确定各阶段各部分项工程的施工顺序。

(2)主要分部分项工程施工方法选择

就单位工程施工组织设计而言,在选择施工方法时应着重考虑对整个工程施工影响重大的主要分部(项)工程,通常称为主导工程。对于一般的分项工程,只需提出应注意的一些特殊问题,无须详细拟定。但对下列项目,应详细而具体,必要时应编制单独的分部(项)工程作业设计。例如:

①工程量大的在单位工程中占重要地位的分部(项)工程。

②施工技术复杂或采用新技术、新工艺及对工程质量起关键作用的分部(项)工程。

③不熟悉的特殊结构工程或由专业施工单位施工的特殊专业工程等。

在施工方法的拟定中,选择施工机械是中心环节。合理地选择施工机械,应注意的问题如下:

①首先应选择主导工程的施工机械,并根据工程特点决定其最适宜的类型。

②为了充分发挥主导机械的效率,必须使与之配套的各种辅助机械或运输工具在生产能力上相互协调一致,且能保证充分利用主导机械的生产率。

③应力求减少同一施工现场不同类型和型号的机械。当工程量不大且较分散时,尽量采用能适应不同分部(项)工程的多用途机械。在拟定施工方法时,不仅要确定进行这一项目的工艺操作过程和方法,而且需提出质量要求以及达到这些质量要求的技术措施。同时提出必要的安全措施及节约材料措施等,并要预见实施中可能发生的问题和提出预防措施。

(3)施工方案的技术经济比较

施工方案的选择,通常会由多种可行的施工方法、施工机械和施工组织方案来完成。这些方案在技术经济上各有其优缺点,因而必须进行方案的比选。

施工方案的经济比较有定性分析和定量分析两种方法。定性分析,是结合实际的施工经验对方案的一般优缺点、施工条件和费用进行比较。比较时主要考虑:施工操作的难易程度和安全、质量的可靠性;对冬雨季或汛期施工带来困难的多少;施工机械和设备的使用情况;施工协作、材料、技术资源等供应条件;工期长短;为后续工程提供有利条件的可能性;施工组织管理水平等。定量分析,需要经过实地调查取得确切资料,计算各方案的工期、劳动力、材料消耗、机械类型及台班需用量、成本费用等加以比选确定。对重要施工方案,一般须以定性、定量分析方法相结合进行比选以确定最适宜的施工方案。

4. 施工进度、施工准备和各项资源需用量计划

(1)施工进度计划

编制进度计划所需的基本项目如表 10.8 所示。

表 10.8 施工进度计划基本项目一览表

序号	分部分项工程名称	工程量		定额	劳动量		需要的机械		每天工作班	每天工人数	紧前工作	进度安排	
		单位	数量		工种	数量(工日)	机械名称	台班数				月	月

施工进度计划的编制,可以采用横道图、网络图(时标或无时标)等形式。其中,网络图应用较为普遍。不少单位已推广应用电子计算机,编制了多功能适宜的系统软件,用于网络计划的编制、优化、动态控制与管理。多年来的实践证明,应用网络计划技术是取得最佳效果的有效方法。

编制施工进度计划的一般步骤包括:

①确定施工项目及划分流水施工段。确定施工项目(工序)须根据单位工程结构特点、拟定的施工方法、施工程序与顺序、劳动组织与施工机械以及施工条件等因素确定。施工项目划分的粗细,应按照进度计划的需要及便于组织管理而定。对于主要的分部分项工程和需要穿插配合施工又较复杂的项目要细分,不能漏项;次要的项目划分可粗些,或合并列项;零星项目可合并为"其他工程"一项。此外,施工项目的划分,尽量与预算项目对口,以便于劳动量和机械台班数的计算,也方便成本控制与核算。

对采用流水作业法组织现浇钢筋混凝土工程或管道工程施工时,应根据结构特点和部位合理划分流水作业施工段。

②计算工程量。一般可采用施工图预算的数据,或按施工图样和有关工程量计算规则进行计算。必须按照采用的施工方法取用实际数据(如土方开挖的放坡、支撑、回填等的要求)。为了便于组织施工,还需按施工流水段的划分计算分段、分层的工程量。

③确定劳动量和机械台班数。劳动量和机械台班数的确定,要根据分项(工序)的工程量、施工方法和应用现行的相应定额手册,按下式求得:

$$P = \frac{Q}{S} \quad 或 \quad P = QH \tag{10.1}$$

$$P_1 = \frac{Q}{S_1} \quad 或 \quad P_1 = QH_1 \tag{10.2}$$

式中:P——某分项(工序)工程所需劳动量(工日);

P_1——某分项(工序)工程所需机械台班(台班);

Q——某分项(工序)工程量(m^3、m^2、t);

S——产量定额(m^3、m^2、t/工日);

S_1——机械产量定额(m^3、m^2、t/台班);

H——时间定额(工日/m^3、m^2、t);

H_1——机械时间定额(台班/m^3、m^2、t)。

当定额中的项目过细时,可用同一性质不同类型的分项工程的产量定额和相应的工程量,计算其扩大合并后的平均产量定额,以适应编制施工进度计划的要求;对于采用新工艺、新技术和特殊施工方法的项目,其定额尚未列入定额手册时,可参考类似项目的定额与实验资料确定;对于零星工作合并列项的"其他工程",可根据其内容和数量,结合工地实际情况,以总劳动量的一定百分比计算,一般约占总劳动量的10%～20%。

④确定各分部(项)工程的作业时间。在确定了各分部(项)工程的劳动量和机械台班量后,根据拟定的

施工方法、劳动组织、机械数量,并考虑施工工作面的大小以及施工单位计划配备在各分部(项)工程上每天出勤人数和机械数量,确定各分部(项)工程的作业时间。其计算式为:

$$T = \frac{P}{n \cdot b} \qquad (10.3)$$

式中:T——完成某分部(项)工程的作业时间;

P——某分部(项)工程所需劳动量(工日),或机械台班数量(台班);

n——每班安排在某分部(项)工程上施工机械台数或劳动人数;

b——每天工作班数。

对于采用新工艺、新技术或特殊施工方法的分部(项)工程,当难于确定其作业时间时,可采用计划评审技术(PERT)的3时估计法确定,计算式为:

$$T = \frac{a + 4c + b}{6} \qquad (10.4)$$

式中:a——最少时间;

c——最大可能的时间;

b——最长时间。

⑤安排进度计划,绘制施工网络图表。按照各项基本资料和数据,根据拟定的各分部(项)工程总的施工程序、流向及施工顺序,组织各分部(项)工程间的先后、平行、流水和搭接作业关系,绘制施工网络图表。

⑥施工进度计划的检查与调整。施工进度计划在初步安排后,应依下列内容进行全面检查:安排的总工期是否满足规定的工期;在合理的施工顺序下,劳动力、材料、机械需用量是否存在较大的不均衡消耗;施工机械是否充分利用;平行搭接和技术间歇是否合理等。

经过检查,对存在的问题,须采取有效的技术措施和组织措施进行调整和修改。

(2)施工准备工作计划

编制施工准备工作计划,应根据施工具体需要和进度计划的要求进行。施工准备工作计划的编制内容,参见施工准备工作的内容。单位工程施工准备工作计划常采用如表10.9所示形式。

表10.9 单位工程施工准备工作计划

序号	准备工作名称	准备工作内容	主办单位	协办单位	完成时间	负责人

(3)各项资源需要量计划

各项资源需要量计划如下:

①劳动量需要量计划。

②材料需要量计划。

③构件和加工半成品需要量计划。

④施工机具需要量计划。

各计划的具体内容如表10.10～表10.13所示。

表10.10 ×工程劳动量需要量计划

序号	工种名称	需用总工日数	需用人数及时间									备注
			×月			×月			…			
			上	中	下	上	中	下	上	中	下	

表 10.11　×工程材料需要量计划

序号	材料名称	规格	需要量	需用计划									备注
				×月			×月			…			
				上	中	下	上	中	下	上	中	下	

表 10.12　×工程×构件和加工半成品需要量计划

序号	构件和加工半成品名称	图号及型号	规格尺寸/mm	单位	数量	要求供应起止日期	备注

表 10.13　×工程施工机具需要量计划

序号	机具名称	规格	单位	需要数量	使用起止日期	备注

5. 施工平面图设计

施工平面布置图是在拟建项目施工场地范围内,按照施工布置和施工总进度计划的要求,将拟建项目和各种临时设施进行合理部署的总体布置图,是施工组织设计的重要内容,也是现场文明施工、节约施工用地、减少各种临时设施数量、降低工程费用的先决条件。绘制单位工程施工平面图的比例一般为 1:200~1:500。

(1)单位工程施工平面图的设计内容

①总平面图上的已建和拟建地上、地下建筑物、构筑物和管线的位置、尺寸。

②测量放线标桩、地形等高线及土方取弃场地。

③垂直运输井架位置,塔式起重机、泵车、混凝土搅拌运输车等行走机械开行路线,必要时应绘出预制构件布置位置。

④施工用临时设施布置。

⑤一切安全及防火设施的布置等。

(2)单位工程施工平面图的设计依据

①设计资料:包括总平面图、竖向设计图、地貌地形图、区域规划图、建设项目范围内已有和拟建的各种地上、地下设施与位置图和交通道路。

②建设地区调查资料:包括当地的自然条件和技术经济条件,当地的资源供应状况和运输条件等。

③施工资料:指建设项目的施工方案,施工总进度计划,暂设工程及劳动力、物资需用量计划,测量基准点,钻井和探坑,施工用地范围及施工取土、弃土位置等,以便合理规划施工场地,布置各项暂设工程。

④各构件加工厂、仓库、临时性建筑的位置和尺寸。

(3)单位工程施工平面图的设计原则

①平面紧凑合理,少占农田、减少施工用地,充分调配各方面的布置位置,使其合理有序。

②方便施工流程。施工区域的划分应尽量减少各工种之间的相互干扰,充分调配人力、物力和场地,保持施工均衡、连续、有序。

③运输方便畅通。合理组织运输,减少运输费用,保证水平运输和垂直运输畅通无阻,保证不间断施工。

④降低临建费用。充分利用现有建筑作为办公、生活福利等用房,尽量少建临时性设施。

⑤便于生产生活。尽量为生产工人提供方便的生产生活条件。

⑥保护生态环境。施工现场及周围环境需要注意保护,如能保留的树木应尽量保留,对文物及有价值的物品应采取保护措施,对周围的水源不应造成污染,垃圾、废土、废料、废水不随便乱堆、乱放、乱泄等,做到文明施工。

⑦保证安全可靠。安全防火、安全施工,尤其不能出现影响人身安全的事故。

(4)单位工程施工平面图的设计步骤

①确定起重机械、垂直运输机具的数量和位置。

②确定搅拌站、仓库、材料、构件、堆场及加工厂(站)的位置。

按照施工进度计划和临时设施确定的各项内容、规模、面积和形式,它们的布置应尽量靠近使用地点或在起重机工作范围内。仓库堆场应能适应各个施工阶段的需要,能按使用先后供多种材料堆放。

③布置运输道路。运输道路应沿仓库、堆场、加工厂(站)布置,且宜采用环行线路,并结合地形沿道路两侧设置排水沟。现场主要道路应尽量利用永久性道路,或先修筑路基,待工程施工后再铺路面。

④布置门卫、收发、办公等行政管理及生活福利临时用房。

⑤布置水电管网。临时供水、供电线路尽量利用现有的水、电源接到使用地点,力求线路最短。其具体计算和布置,应按暂设工程设计确定。

⑥为确保施工现场安全,应有统一的消防设施;火车通过的道口应设防护落杆;悬崖陡坡应设标志,现场井、坑、孔洞等设围栏;工地变压站四周应围护;钢制井架、脚手架、桅杆在雨季应有避雷装置;沿江河修建构筑物工程时,应考虑汛期防洪防汛设施等。

⑦在多专业、多单位施工的情况下,还应综合考虑各专业工程在各施工阶段中的要求将现场平面合理划分,使各专业工程各得其所。

设计施工平面图,常可有多个方案,必须进行方案比较,再作决断。

6. 主要技术组织措施

在编制单位工程施工组织设计中,必须根据工程特点、结构特征和施工条件,具体制定以下措施:保证工程质量措施;保证施工安全措施;保证施工进度措施;降低工程成本措施;提高劳动生产率措施;节约三大材料措施;冬雨季施工措施等。

(1)质量保证措施

保证工程质量的关键是对施工组织设计的工程对象经常发生的质量通病制订防治措施,可以按照各主要分部分项工程提出的质量要求,也可以按照各工种工程提出的质量要求。保证工程质量的措施可以从以下各方面考虑:

①确保拟建工程定位、放线、轴线尺寸、标高测量等准确无误的措施。

②为了确保地基土承载能力符合设计规定的要求而应采取的有关技术组织措施。

③各种基础、地下结构、防水施工的质量措施。

④确保主体承重结构各主要施工过程的质量要求;各种预制承重构件检查验收的措施;各种材料、半成品、砂浆、混凝土等检验及使用要求。

⑤对新结构、新工艺、新材料、新技术的施工操作提出质量措施或要求。

⑥冬、雨期施工的质量措施。

⑦抹灰及装饰操作中,确保施工质量的技术措施。

⑧解决质量通病措施。

⑨执行施工质量的检查、验收制度。

⑩提出各分部工程的质量评定的目标计划等。

(2)安全保证措施

①安全生产管理组织机构。

②保证安全生产的技术管理措施。在单位工程施工组织设计,应结合项目的具体特点,提出相应的安全施工与保证措施,对施工中可能发生的安全问题进行预测,其主要内容有:

• 建立安全保证体系,落实安全责任。

• 制订完善的安全保证保护措施。

• 预防自然灾害措施:包括防台风、防雷击、防洪水、防地震等。

• 防火、防爆措施:包括大风天气严禁施工现场明火作业,明火作业要有安全保护,氧气瓶防震、防晒和乙炔罐严禁回火等措施。

● 劳动保护措施:包括安全用电、高空作业、交叉施工、防暑降温、防冻防寒和防滑防坠落,以及防有害气体等措施。

● 特殊工程安全措施:如采用新结构、新材料或新工艺的单项工程,要编制详细的安全施工措施。

● 建立安全的奖罚制度。

● 制订安全事故应急救援措施。

(3)工期保证措施

①进行项目法管理,组织精干的、管理方法科学的承包班子,明确项目经理的责、权、利,充分调动项目施工人员的生产积极性,合理组合交叉施工,以确保工期按时完成。

②配备先进的机械设备,降低工人的劳动强度,不仅可加快工程的进度,而且可提高工程质量。

③采用"四新"技术,以先进的施工技术提高工程质量,加快施工速度。

(4)降低成本措施

降低成本措施的制订应以施工预算为尺度,以企业(或基层施工单位)年度、季度降低成本计划和技术组织措施计划为依据进行编制。降低成本措施应包括节约劳动力、材料费、机械设备费用、工具费、间接费及临时设施费等措施。一定要正确处理降低成本、提高质量和缩短工期三者的关系,对措施要计算经济效益。要针对工程施工中降低成本潜力大的(工程量大、有采取措施的可能性及有条件的)项目,充分开动脑筋,把措施提出来,并计算出经济效益和指标,加以评价、决策。这些措施必须是不影响质量且能保证安全的,它应考虑以下几方面:

①生产力水平是先进的。

②有精心施工的领导班子来合理组织施工生产活动。

③有合理的劳动组织,以保证劳动生产率的提高,减少总的用工数。

④物资管理的计划性,从采购、运输、现场管理及竣工材料回收等方面,最大限度地降低原材料、成品和半成品的成本。

⑤采用"四新"技术,以提高工效,降低材料耗用量,节约施工总费用。

⑥保证工程质量,减少返工损失。

⑦保证安全生产,减少事故频率,避免意外工伤事故带来的损失。

⑧提高机械利用率,减少机械费用的开支。

⑨增收节支,减少施工管理费的支出。

⑩工程建设提前完工,以节省各项费用开支。

(5)冬期施工措施

①合理安排好季节性施工项目。

②冬期施工前,明确各分部、分项工程技术负责人员和岗位职责。

③根据实际情况编制冬期施工方案,对其施工程序、防冻、测温及质量安全等方面作周密部署,同时做好冬期施工技术交底。

④冬期施工期间,对外加剂添加、原材料加热、混凝土养护和测温、试块制作养护、加热设备管理等各项冬施措施都要设专人负责,切实保证工程质量。

⑤指定专人做好各项冬期施工记录。

⑥冬期施工期间,应指定专人收听收看天气预报信息,做好记录并及时传达有关人员。

⑦现场要做好保温材料等冬季施工物资的准备工作,做好现场排水工作。

(6)雨期施工措施

①工程施工前,在基坑边设集水井和排水沟,及时排除雨水和地下水,把地下水的水位降至施工作业面以下。

②做好施工现场排水工作,将地面水及时排出场外,确保主要运输道路畅通,必要时路面要加铺防滑材料。

③现场的机电设备应做好防雨、防漏电措施。

④混凝土连续浇筑，若遇雨天，用棚布将已浇筑但尚未初凝的混凝土和继续浇筑的混凝土部位加以覆盖，以保证混凝土的质量。

7. 文明施工与环境保护

文明施工与环境保护是施工现场管理的重要内容，文明施工与环境保护是现代化施工的一个重要标志，是施工企业一项基础性的管理工作。坚持文明施工与环境保护具有重要的意义。安全生产与文明施工、环境保护是相辅相成的，安全施工不但要保证职工的生命财产安全，同时要加强现场文明施工与环境保护管理，保证施工井然有序，改变过去现场脏、乱、差的面貌，对提高效益保证工程质量都有重要的意义，因而在单位工程施工组织设计中应制定具体的文明施工与环境保护的措施。

其主要内容有：

（1）现场场地应平整无障碍物，有良好的排水系统，保证现场整洁。

（2）现场应进行封闭管理，防止"扰民"和"民扰"问题，同时要保护环境，美化市容，对工地围挡（墙）、大门等的设置应符合当地市政环卫部门的要求。

（3）要求现场各种材料或周转材料用具等应分类整齐堆放。

（4）防止施工环境污染，提出防止废水、废气、生产、生活垃圾及防止施工噪声，施工照明污染的措施。

（5）宣传措施，如围墙上的宣传标语应体现企业的质量安全理念，"五牌一图与两栏一报"一应俱全。

（6）对工人应进行文明施工与环境保护的教育，要求他们不能乱扔、乱吐、乱说、乱骂等，应言行文明，衣冠整齐。同时应制定相应的处罚措施。

（7）对施工现场的树木和绿地采取有效的保护措施等。

8. 技术经济指标及结束语

评价单位工程施工组织设计或施工方案的技术经济指标很多，其主要指标如表 10.14 所示，使用时要结合本单位当前各项指标的执行情况而定，不要全部生搬硬套。

最后，应简明扼要地说明本设计贯彻实施及修改执行的负责单位和负责人等。另外，尚应概括说明本设计仍存在的问题及有关建议。

表 10.14　主要技术经济指标

序号	指标名称	定义或表达式
1	施工工期	从工程正式开工到竣工所需要的时间
2	劳动生产率	1. 产值指标： $$工人劳动生产率 = \frac{自行完成施工产值}{建筑安装工人（包括徒工、民工）平均人数}（元/人）$$ 2. 实物量指标： $$工人劳动生产率 = \frac{完成某工种工程量}{某工种平均人数}（工程量单位/人）$$ $$单位工程量用工 = \frac{完成劳动工日数}{完成工程量}（工日/单位工程量）$$
3	劳动力不平衡系数 K	$$K = \frac{施工期高峰人数}{施工期平均人数}$$
4	降低成本额和降低成本率	$$降低成本额 = 预算成本 - 计划成本$$ $$降低成本率 = \frac{降低成本额}{预算成本} \times 100\%$$
5	工程质量与安全指标	1. $$机械利用率 = \frac{某种机械平均每台班实际产量}{某种机械台班定额产量} \times 100\%$$
6	其他指标	2. $$临时工程投资比 = \frac{全部临时工程投资}{建筑安装工程总值} \times 100\%$$ 3. $$机械化施工程度 = \frac{机械化施工完成工作量（实物量）}{总工作量（实物量）} \times 100\%$$

计 划 单

学习领域	给排水工程施工		
学习情境	给排水工程施工组织设计	学 时	40
工作任务	编写单位工程施工方案	计划学时	1
计划方式	小组讨论,教师引导,团队协作,共同制订计划		
序 号	实施步骤		具体工作内容描述
1			
2			
3			
4			
5			
6			
7			
8			
9			
制订计划说明	(写出制订计划中人员为完成任务的主要建议或可以借鉴的建议、需要解释的某一方面)		

	班 级	组 别	组长签字	教师签字	日 期
计划评价					
	评语:				

决 策 单

学习领域	给排水工程施工		
学习情境	给排水工程施工组织设计	学　时	40
工作任务	编写单位工程施工方案	决策学时	1

方案对比	序号	方案的可行性	方案的先进性	实施难度	综合评价
	1				
	2				
	3				
	4				
	5				
	6				

决策评价	班　　级	组　　别	组长签字	教师签字	日　　期

评语：

决 策 单

实 施 单

学习领域	给排水工程施工		
学习情境	给排水工程施工组织设计	学　　时	40
工作任务	编写单位工程施工方案	实施学时	4
实施方式	小组成员合作,共同研讨,确定动手实践的实施步骤,教师引导		
序　　号	实施步骤	使用资源	
1			
2			
3			
4			
5			
6			
7			
8			
9			
10			
11			
12			
13			
14			
15			
16			

实施说明：

班　级	组　别	组长签字	教师签字	日　期

作 业 单

学习领域	给排水工程施工		
学习情境	给排水工程施工组织设计	学　时	40
工作任务	编写单位工程施工方案	作业方式	动手实践,学生独立完成
编写单位工程施工组织设计			

根据实际工程资料,小组成员进行任务分工,分别进行动手实践,共同完成编写单位工程施工组织设计

姓　名	学　号	班　级	组　别	教师签字	日　期

作业评价	评语:

检 查 单

学习领域	给排水工程施工				
学习情境	给排水工程施工组织设计		学　时	40	
工作任务	编写单位工程施工方案		检查学时	1	
序号	检查项目	检查标准	组内互查	教师检查	
1	工程概况编制	工程概况内容完整			
2	施工方案选择	合理选择施工组织方式、选择施工方法和施工机械、确定施工顺序			
3	制定各项技术组织措施	合理制订保证质量、保证安全生产、保证工期、保护成品的技术组织措施等			
4	单位工程施工进度计划编制	单位工程施工进度计划施工顺序、工序搭接符合施工工艺、质量、安全等要求,进度安排合理;图面整洁美观			
5	成果展示	规范			
组　别	组长签字	班　级	教师签字	日　期	
检查评价	评语:				

评 价 单

学习领域			给排水工程施工				
学习情境	给排水工程施工组织设计				学　时		40
工作任务	编写单位工程施工方案				评价学时		1
考核项目	考核内容及要求	分值	学生自评 （100%）	小组评分 （20%）	教师评分 （70%）		实得分
计划编制 （25分）	工作程序的完整性	10	—	40%	60%		
	步骤内容描述	10	10%	20%	70%		
	计划的规范性	5	—	40%	60%		
工作过程 （50分）	工程概况编制	10分	—	40%	60%		
	施工方案选择	10分	10%	20%	70%		
	制订各项技术组织措施	10分	—	30%	70%		
	单位工程施工进度计划编制	10分	10%	20%	70%		
	展示成果	10分	10%	30%	60%		
学习态度 （5分）	上课认真听讲,积极参与讨论,认真完成任务	5分	—	40%	60%		
完成时间 （10分）	能在规定时间内完成任务	10分	—	40%	60%		
合作性 （10分）	积极参与组内各项任务,善于协调与沟通	10分	10%	30%	60%		
总分（Σ）		100分	5	30	65		
班　级	姓　名	学　号	组　别	组长签字	教师签字	总　评	日　期
评价评语	评语:						

教学反馈单

学习领域	给排水工程施工			
学习情境	给排水工程施工组织设计	学 时		40
	序 号	调查内容	是	否	备注
	1	能说出依次施工、平行施工以及流水施工的区别吗？			
	2	了解流水施工的特点吗？组织条件有哪些？			
	3	知道流水施工的表达方式有哪些吗？			
	4	能说出流水施工参数包括那些吗？			
	5	掌握绘制横道图的方法了吗？			
	6	了解什么是网络计划吗？			
	7	掌握网络计划的基本原理吗？			
	8	能说出网络图与横道图各自的特点吗？			
	9	掌握双代号网络图的绘制规则吗？			
调查项目	10	了解虚箭线的概念吗？			
	11	知道虚箭线有什么作用吗？			
	12	掌握进行虚箭线判定的方法了吗？			
	13	知道什么叫网络计划的优化吗？			
	14	掌握流水施工参数的确定方法了吗？			
	15	掌握网络计划优化的内容吗？			
	16	了解网络计划优化的方法吗？			
	17	了解施工组织设计的编制依据吗？			
	18	掌握施工组织设计的编制程序吗？			
	19	掌握施工组织设计的具体内容吗？			
	20	你对小组成员之间的合作是否满意？			

你的意见对改进教学非常重要，请写出你的建议和意见：

		被调查人信息		
班 级	姓 名	学 号	组 别	调查时间

参 考 文 献

［1］刘灿生．给排水工程施工手册［M］.2 版．北京:中国建筑工业出版社,2010.

［2］给水排水管道工程施工及验收规范(GB 50268—2008)［S］.北京:中国建筑工业出版社,2009.

［3］建筑给水排水及采暖工程施工质量验收规范(GB 50242—2002)［S］.北京:中国建筑工业出版社,2002.

［4］GB 50202—2002.建筑地基基础工程施工质量验收规范［S］.北京:中国计划出版社,2002.

［5］李杨．市政给排水工程施工［M］.北京:中国水利水电出版社,2010.

［6］边喜龙．给水排水工程施工技术［M］.2 版．北京:中国建筑工业出版社,2011.

［7］张胜峰．建筑给排水工程施工［M］.北京:水利水电出版社,2010.

［8］郭雪梅．建筑给排水工程建造［M］.北京:机械工业出版社,2011.

［9］宋文学．给排水施工组织与项目管理［M］.北京:中国水利水电出版社,2010.

［10］边喜龙,陈伯君．给水排水工程预算与施工组织［M］.北京:化学工业出版社,2010.

［11］全国二级建造师执业资格考试用书编写委员会．建设工程施工管理［M］.4 版．北京:中国建筑工业出版社,2013.

［12］全国一级建造师执业资格考试用书编写委员会．建设工程施工管理［M］.4 版．北京:中国建筑工业出版社,2015.